高等学校理工科材料类规划教材

热处理工艺与设备

HEAT TREATMENT TECHNOLOGY AND EQUIPMENT

主　编　张立文

副主编　张　驰

U0244339

大连理工大学出版社

Dalian University of Technology Press

图书在版编目(CIP)数据

热处理工艺与设备 / 张立文主编. -- 大连：大连
理工大学出版社，2019.4
ISBN 978-7-5685-1787-4

Ⅰ. ①热… Ⅱ. ①张… Ⅲ. ①热处理－生产工艺－高
等学校－教材②热处理设备－高等学校－教材 Ⅳ.
①TG156②TG155

中国版本图书馆 CIP 数据核字(2018)第 288956 号

热处理工艺与设备
RECHULI GONGYI YU SHEBEI

大连理工大学出版社出版

地址：大连市软件园路 80 号　邮政编码：116023
发行：0411-84708842　邮购：0411-84708943　传真：0411-84701466
E-mail：dutp@dutp.cn　URL：http://dutp.dlut.edu.cn
大连图腾彩色印刷有限公司印刷　　　大连理工大学出版社发行

幅面尺寸：185mm×260mm	印张：16	字数：365 千字
2019 年 4 月第 1 版		2019 年 4 月第 1 次印刷

责任编辑：李宏艳　邵　青　　　　　　责任校对：闫诗洋
封面设计：奇景创意

ISBN 978-7-5685-1787-4　　　　　　　定价：39.80 元

本书如有印装质量问题，请与我社发行部联系更换。

前　言

　　"金属热处理工艺与设备"是金属材料工程专业的必修课。主要学习各种热处理工艺，了解常用的热处理设备，为分析、制定金属热处理工艺和探索新的金属热处理工艺奠定基础，搭建起金属热处理原理和实际金属工零件热处理生产及科研的桥梁，服务于现代制造业的发展。

　　本课程的任务是在"材料科学基础""固态相变原理"等先修课的基础上，进一步使学生掌握和了解金属材料的热处理工艺与设备，提高解决金属材料热处理领域实际问题的能力；掌握金属材料热处理过程的加热工艺；掌握金属材料热处理过程的退火与正火工艺；掌握金属材料热处理过程的淬火与回火工艺；能够完成常用金属材料热处理工艺的设计；了解金属材料的化学热处理工艺；掌握常用的金属材料热处理加热设备的结构、特点和用途，能够完成常用金属材料热处理加热设备的选型和应用；掌握常用的金属材料热处理冷却设备的结构、特点和用途，能够完成常用金属材料热处理冷却设备的选型和应用。

　　本书依据课程发展需要，将热处理工艺和热处理设备合二为一，对知识体系进行了梳理和精炼，力求深度和广度适当，并兼顾应用的实用性，同时引入了近年来热处理行业发展的新技术、新工艺介绍。本书主要内容如下：

　　第1章介绍金属热处理工艺及其分类和热处理工艺的发展。

　　第2章介绍金属的加热，包括加热介质的类型及特点、确定加热工艺的原则、加热缺陷及预防。

　　第3章介绍钢的退火与正火。

　　第4章介绍钢的淬火与回火。

　　第5章介绍钢的表面淬火，包括感应加热表面淬火、火焰加热表面淬火及其他高能量密度加热表面淬火。

　　第6章介绍钢的化学热处理，包括钢的渗碳、钢的渗氮、钢的碳氮共渗与氮碳共渗、钢的渗硼及钢的渗金属等。

　　第7章介绍热处理加热设备，包括各种热处理加热炉、热处理感应加热装置、热处理火焰表面加热装置及激光表面热处理装置等。

　　第8章介绍热处理冷却设备，包括各种淬火槽、淬火压床和淬火机、喷射式淬火装置及冷处理设备。

在本书编写过程中我们参阅并引用了国内外相关教材、科技著作及论文,在此特向有关作者表示衷心的感谢!

感谢大连理工大学教材建设出版基金项目立项资助。感谢大连理工大学材料科学与工程学院的大力支持和帮助。感谢大连理工大学材料科学与工程学院金属材料工程专业负责人赵杰教授的鼓励和支持。

由于编者水平有限,加上时间紧迫,书中难免有疏漏和错误之处,敬请广大读者批评指正。

编　者
2019 年 4 月

目　录

第二篇 热处理设备

第1章

绪 论

1.1 金属热处理工艺及其分类

在现代制造业中,金属热处理的地位举足轻重。国际工业界公认:金属热处理水平的高低是决定机械制造业先进性的关键因素。热处理的产值只占制造业总产值的 1% 左右,但高水平的热处理有可能使零件的寿命提高几倍甚至几十倍,从而有可能使整机的附加值增加几倍甚至几十倍。所以热处理界有句老话:"搞好热处理,零件一顶几",生动地说明了热处理的重要性。

通过加热、保温和冷却的方法使金属和合金内部组织结构发生变化,以获得工件的使用性能所要求的组织结构,这种技术称为金属热处理工艺。研究热处理工艺规律和原理的学科称为金属热处理工艺学。

在前期的课程中,学习了金属热处理原理或固态相变原理,对金属热处理的基本原理有了一定的了解。但仅明白金属热处理原理还不足以进行金属热处理的生产和科研,对具体的金属热处理工艺过程和实现具体金属热处理的设备还需进一步学习和了解。在本课程中,主要学习各种基本的热处理工艺,了解各种常用的热处理设备。为分析、制定金属热处理工艺和探索新的金属热处理工艺奠定基础,搭建起金属热处理原理与实际金属热处理生产和科研的桥梁。

根据国标 GB/T 12603—2005,金属热处理工艺分类按照基础分类和附加分类两个主层次进行划分,每个主层次中还可以进一步细分。

根据工艺总称、工艺类型和工艺名称(按获得的组织状态或渗入元素进行分类)三个层次划分的金属热处理工艺分类及代号见表 1-1。按工艺类型可分为整体热处理、表面热处理和化学热处理三大类。

整体热处理按工艺名称可分为退火、正火、淬火、淬火和回火、调质、稳定化处理等。

表面热处理按工艺名称可分为表面淬火和回火、物理气相沉积、化学气相沉积等。

化学热处理按工艺名称可分为渗碳、碳氮共渗、渗氮、氮碳共渗等。

表 1-1 金属热处理工艺分类及代号

工艺总称	代号	工艺类型	代号	工艺名称	代号
热处理	5	整体热处理	1	退火	1
				正火	2
				淬火	3
				淬火和回火	4
				调质	5
				稳定化处理	6
				固溶处理;水韧处理	7
				固溶处理+时效	8
		表面热处理	2	表面淬火和回火	1
				物理气相沉积	2
				化学气相沉积	3
				等离子体增强化学气相沉积	4
				离子注入	5
		化学热处理	3	渗碳	1
				碳氮共渗	2
				渗氮	3
				氮碳共渗	4
				渗其他非金属	5
				渗金属	6
				多元共渗	7

附加分类是对基础分类中某些工艺的具体条件进行了更加细化的分类。包括实现工艺的加热方式及代号(表 1-2)、退火工艺及代号(表 1-3)、淬火冷却介质和冷却方法及代号(表 1-4)以及化学热处理中渗非金属、渗金属、多元共渗工艺按渗入元素的分类。

表 1-2 加热方式及代号

加热方式	代号	加热方式	代号	加热方式	代号
可控气氛(气体)	1	火焰	5	固体装箱	9
真空	2	激光	6	流态床	10
盐浴(液体)	3	电子束	7	电接触	11
感应	4	等离子体	8		

表 1-3 退火工艺及代号

退火工艺	代号	退火工艺	代号	退火工艺	代号
去应力退火	St	石墨化退火	G	等温退火	I
均匀化退火	H	脱氢处理	D	完全退火	F
再结晶退火	R	球化退火	Sp	不完全退火	P

表 1-4 淬火冷却介质和冷却方法及代号

冷却介质和冷却方法	代号	冷却介质和冷却方法	代号	冷却介质和冷却方法	代号
空气	A	热浴	H	形变淬火	Af
油	D	加压淬火	Pr	气冷淬火	G
水	W	双介质淬火	I	冷处理	C
盐水	B	分级淬火	M		
有机聚合物水溶液	Po	等温淬火	At		

热处理工艺代号按照如下规则编制：基础分类代号采用了 3 位数字系统，附加分类代号与基础分类代号之间用半字线连接，采用两位数和英文字母做后缀的方法。热处理工艺代号标记规定如图 1-1 所示。

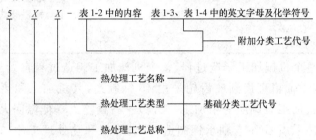

图 1-1 热处理工艺代号标记规定

常用热处理工艺代号可参见表 1-5。

表 1-5 常用热处理工艺代号

工艺	代号	工艺	代号	工艺	代号
热处理	500	形变淬火	513-Af	离子渗碳	531-08
整体热处理	510	气冷淬火	513-G	碳氮共渗	532
可控气氛热处理	500-01	淬火及冷处理	513-C	渗氮	533
真空热处理	500-02	可控气氛加热淬火	513-01	气体渗氮	533-01
盐浴热处理	500-03	真空加热淬火	513-02	液体渗氮	533-03
感应热处理	500-04	盐浴加热淬火	513-03	离子渗氮	533-08
火焰热处理	500-05	感应加热淬火	513-04	流态床渗氮	533-10
激光热处理	500-06	流态床加热淬火	513-10	氮碳共渗	534
电子束热处理	500-07	盐浴加热分级淬火	513-10M	渗其他非金属	535
离子轰击热处理	500-08	盐浴加热盐浴分级淬火	513-10H+M	渗硼	535(B)
流态床热处理	500-10	淬火和回火	514	气体渗硼	535-01(B)
退火	511	调质	515	液体渗硼	535-03(B)
去应力退火	511-St	稳定化处理	516	离子渗硼	535-08(B)
均匀化退火	511-H	固溶处理；水韧化处理	517	固体渗硼	535-09(B)
再结晶退火	511-R	固溶处理＋时效	518	渗硅	535(Si)
石墨化退火	511-G	表面热处理	520	渗硫	535(S)
脱氢退火	511-D	表面淬火和回火	521	渗金属	536
球化退火	511-Sp	感应淬火和回火	521-04	渗铝	536(Al)

（续表）

工艺	代号	工艺	代号	工艺	代号
等温退火	511-I	火焰淬火和回火	521-05	渗铬	536(Cr)
完全退火	511-F	激光淬火和回火	521-06	渗锌	536(Zn)
不完全退火	511-P	电子束淬火和回火	521-07	渗钒	536(V)
正火	512	电接触淬火和回火	521-11	多元共渗	537
淬火	513	物理气相沉积	522	硫氮共渗	537(S-N)
空冷淬火	513-A	化学气相沉积	523	氧氮共渗	537(O-N)
油冷淬火	513-O	等离子体增强化学气相沉积	524	铬硼共渗	537(Cr-B)
水冷淬火	513-W	离子注入	525	钒硼共渗	537(V-B)
盐水淬火	513-B	化学热处理	530	铬硅共渗	537(Cr-Si)
有机水溶液淬火	513-Po	渗碳	531	铬铝共渗	537(Cr-Al)
盐浴淬火	513-H	可控气氛渗碳	531-01	硫氮碳共渗	537(S-N-C)
加压淬火	513-Pr	真空渗碳	531-02	氧氮碳共渗	537(O-N-C)
双介质淬火	513-I	盐浴渗碳	531-03	铬铝硅共渗	537(Cr-Al-Si)
分级淬火	513-M	固体渗碳	531-09		
等温淬火	513-At	流态床渗碳	531-10		

热处理贯穿于整个机械加工制造过程，整个机械加工制造过程自始至终都与热处理密切相关。例如，车床主轴箱直齿圆柱齿轮采用 45 钢制造，其机加工和热处理工序如下：下料→锻造→正火→粗加工→调质→精加工(滚齿)→高频淬火→低温回火→拉孔→成品；轴承套圈和钢球等零件采用 GCr15 轴承钢制造，其机加工和热处理工序如下：下料→热锻套圈或热轧钢球→正火→退火(球化退火)→淬火→冷处理→回火→磨削→附加回火→超精加工→成品；高速大马力曲轴采用 35CrMoA 钢制造，其机加工和热处理工序如下：下料→锻造→正火→机加工(去皮)→调质→粗加工→去应力退火→半精加工→去应力退火→精加工(半精磨)→气体渗氮→精磨→成品。

1.2 金属热处理工艺的发展

我国的金属热处理工艺历史悠久，《汉书·王褒传》中记载："巧冶铸干将之朴，清水淬其锋。"说明当时就有了淬火等工艺，而且达到了很高的技术水平。但古代的热处理技术由于缺乏热处理理论指导，主要靠技师的经验积累，发展缓慢，有些甚至已经失传。

1887 年，奥斯蒙德(Osmond)使用理查德的热电高温计比较精确地测定了钢的临界点温度。以后几年的金相研究又确定了钢中的组织成分，如铁素体、渗碳体和珠光体等。1898 年，罗伯特·奥斯汀(Robert Auston)作出了铁-碳相图。图 1-1 是 Fe-Fe₃C 合金

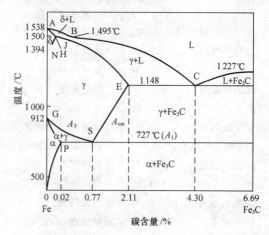

图 1-1　Fe-Fe₃C 合金平衡状态图

平衡状态图。铁-碳相图告诉我们在什么温度范围内要发生什么转变，以及平衡时相的化学成分。但它不能告诉我们在某一温度所发生转变的速度。

1930 年,达文鲍尔特(Davenport)和贝茵(Bain)完成了共析钢过冷奥氏体的恒温转变图,即 TTT 曲线。图 1-2 是共析钢的 TTT 曲线。

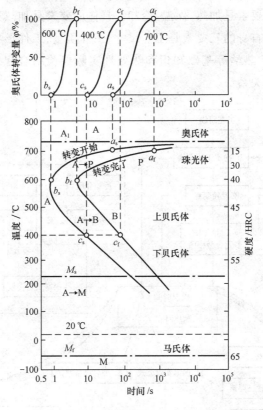

图 1-2 共析钢的 TTT 曲线

以后人们又测定了各种钢过冷奥氏体的连续冷却转变图,即 CCT 曲线。图 1-3 是共析钢的 CCT 曲线。

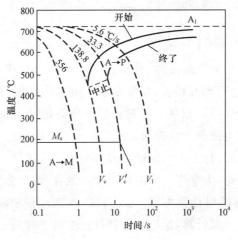

图 1-3 共析钢的 CCT 曲线

铁-碳相图、TTT 曲线和 CCT 曲线是指导金属热处理生产实践的重要理论依据。有了金属热处理理论的指导,金属热处理才成为一门科学,得到了迅猛发展。

热处理工艺的三个要素是加热、保温、冷却。具体的要素是加热速度、保温温度和时间、冷却速度。热处理工件自身的三要素是工件尺寸、工件质量、工件形状。要合理制定热处理工艺需要热处理原理、传热学等基础知识和热处理实际经验结合起来。图 1-4 表示热处理工艺过程和相关知识的关系。

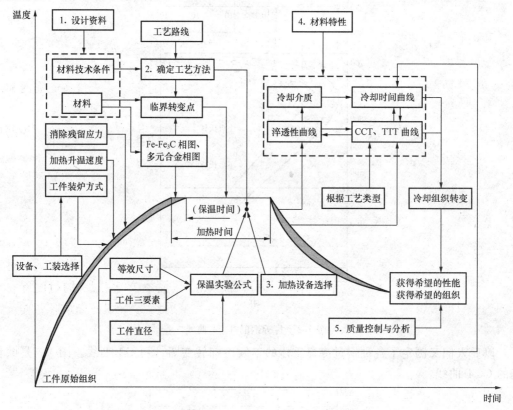

图 1-4　热处理工艺过程和相关知识的关系

在金属的热处理过程中会发生传热、相变、扩散、化学反应、应力和应变等多种物理和化学变化,这些物理和化学过程相互耦合,非常复杂。由于热处理问题的复杂性,很难建立热处理过程精确定量的理论体系及对热处理过程进行精确定量的预测。迄今为止,热处理的生产和研究还在很大程度上依赖于经验和试探式的实验方法。

随着计算机科学的发展,计算机数值模拟方法得到迅速发展。有可能将传热学、相变理论、扩散理论、化学反应理论、力学等学科的理论知识融合,建立金属热处理过程的数学物理模型。采用有限元等数值模拟计算方法,可以对热处理过程中工件内部的温度场—组织场—应力场进行耦合数值模拟计算,给出热处理过程中每一时刻工件内部的温度场、组织场和应力场的分布信息,预测热处理后工件内部的组织分布、残余应力分布等,实现虚拟热处理生产。还可以进一步预测热处理工艺结果是否符合组织、性能的要求,进行安全评估等。

利用数值模拟不仅可以对现工艺进行校核,而且可以优化热处理工艺方案和参数,从而使热处理工艺的制定建立在更为可靠的科学基础上。日本的井上达雄、法国的 Denis S.、瑞典的 Ericcson 以及中国的潘健生、刘庄、高守义等在热处理过程温度场、组织场、应力场的数值模拟方面做了许多工作,但金属热处理过程的计算机数值模拟和虚拟热处理生产技术目前还处于初级阶段,还需要大量的投入和长期的研究开发才能成熟。

1.3 热处理设备简介

热处理设备是完成热处理工艺的重要保证,能够设计或选用先进合理的热处理设备,充分满足热处理工艺参数的要求,是提高产品质量的关键。在实际生产车间中使用的热处理设备有很多种,通常把完成热处理工艺操作的设备称为主要设备,把与主要设备配套的和维持生产所需的设备称为辅助设备。

热处理主要设备包括热处理加热设备、冷却设备、表面处理设备及工艺参数检测控制仪表等。热处理加热设备主要包括各种加热炉和加热装置(如感应加热装置、火焰加热装置等)。其中热处理炉是热处理车间普遍使用的加热设备,不同生产车间所配置的加热炉各不相同。对于产品品种较多,工艺方法也比较多,但生产量比较少的车间,一般采用周期作业加热设备,主要炉型有箱式电阻炉、井式电阻炉、盐浴炉、感应加热装置等。如果有大型工件的车间,还要设置台车炉。对于产品种类较少、生产批量较大、热处理工艺种类较少的车间,大多采用连续作业炉,如推杆炉、输送带炉等,同时配有一些周期作业的普通作业炉。对于生产工具、模具类的热处理生产车间,主要具备的热处理设备应为各种浴炉,同时配有一些普通热处理加热设备。对于渗碳、渗氮以及要求无氧化的热处理工件,其车间应具备连续或周期的渗碳炉、渗氮炉和真空炉等。

热处理冷却设备主要包括淬火设备和冷处理设备。其中淬火设备包括各种淬火槽,主要有一般淬火槽、机械化淬火槽,其中机械化淬火槽又包括周期作业和连续作业方式。淬火槽选型取决于所处理产品的批量、形状尺寸、质量要求等。对于薄壁类零件,为了防止在淬火过程中产生变形,一般采用淬火压床,即在淬火的同时加压,然后及时进行回火。

有些淬火工件需要冷却至室温以下,使钢中的残余奥氏体继续转变为马氏体,以进一步提高钢件的硬度,并稳定组织,对于这类零件的热处理需要采用冷处理设备来实现。常用的冷处理设备有冷冻机、干冰冷却装置和液氮冷却装置等。

采用热处理设备还可以对工零件表面进行机械强化或化学强化。表面机械强化装置是利用金属丸抛击或压力辊压等方式,使工件形成表面压应力或预应力状态,包括抛丸机、辊压机等。表面改性装置可以通过气相沉积和离子注入等实现表面改性。表面氧化装置是通过化学反应在工件表面生成一层致密的氧化膜的装置,它由一系列的槽子组成,通常称为发蓝槽或发黑槽。

在热处理工艺执行的过程中,能否准确地控制好热处理工艺温度、时间等,是影响热处理质量的关键,因此需要选择合适的工艺参数检测和控制仪表,以实现对温度、流量、压力等参数的检测、指示和控制。随着计算机控制技术的应用,热处理工艺参数控制除常规工艺参数控制外,还包括工艺过程的静态和动态控制,以及生产过程的机电一体化控制、计算机模拟仿真等。

要保证热处理工件的整个热处理工序,除了需要上述热处理加热设备、冷却设备、检测仪表外,还需要一些辅助设备的协助才能完成,比如装卸料的起重运输设备,清理热处理后工件表面氧化皮、盐渣、油污等的清理设备和清洗设备,各种炉气氛、加热介质、渗剂制备设备,动力输送管路及辅助设备,防火、除尘生产安全设备,以及工夹具等。

第一篇 热处理工艺

第2章

金属的加热

金属热处理的基本过程是将金属工件放在一定的介质中加热到一定温度，保温一定时间，然后以一定冷却速度冷却的过程。通过改变金属的表面或内部的显微组织结构来改变其性能。

在各种热处理操作中，例如退火、正火、淬火、回火、表面热处理和化学热处理等，都离不开最基本、最重要的加热工序。通过对工件加热可以改变其热力学状态、晶体结构、物理化学性质及化学成分分布等，从而获得所需要的性能。本章主要介绍加热介质的类型及特点、加热工艺的确定和加热缺陷及预防。

2.1 加热介质的类型及特点

金属加热方式分为直接加热和间接加热两大类。直接加热是利用金属内部的电热—热能转换，电磁—热能转换，低能粒子轰击的动能—热能转换，不通过加热介质向被加热的工件传送热量；间接加热则是依靠固体、液体、气体等媒介以热对流、热传导和热辐射的方式向工件表面传递热量。图 2-1 给出了工业上常用的加热方式及介质的类型。

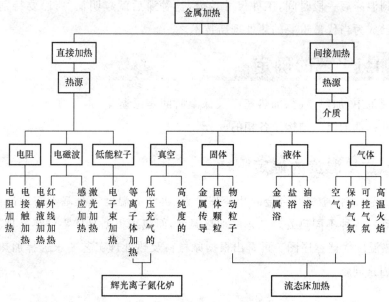

图 2-1　工业上常用的加热方式及介质的类型

将工件直接埋入燃烧的固体燃料(煤、焦炭)中加热是最古老的方法。但由于温度难以控制,这一方法早已淘汰。20世纪50年代以来,国外发展了流态床加热(流动粒子加热),开始采用外热源间接加热石英砂、刚玉砂粒子的流态床加热,后来又利用导电粒子的内热式流动粒子炉,并采用煤气-空气混合燃料气体代替空气的外热式流动粒子炉。我国内热式流动粒子炉已在一些生产部门应用。所用粒子尺寸在0.05~2.00 mm,传热方式是热辐射、热对流、热传导共存的综合传热。由于粒子与工件表面之间有空隙,热辐射传热仍占有重要地位。对于内热式的石墨流动床,石墨粒子间在电场作用下产生的电火花将释放一定的能量来加热工件。流动粒子炉平均传热系数比空气炉高一倍以上,比盐浴炉低。在流态床中适用于形状不十分复杂的中小件加热和化学热处理。

熔融金属、熔盐、油是工业上广泛使用的液体加热介质。液体介质中的传热方式主要以热传导为主,兼有热对流及热辐射传热。由于液体加热介质的传热系数比空气炉高很多,所以具有加热速度快、温度均匀、表面氧化脱碳倾向小、工件变形小、易于实现局部或表面加热等优点。改变介质的化学成分或通入特定的气体可以在加热中进行化学热处理。

在燃油炉、燃气炉和电阻炉中加热时,在高温下以辐射传热为主,而在600 ℃以下当炉气能循环时以对流传热为主。

真空加热是在真空度为$133\sim133\times10^{-6}$ Pa的物质空间中进行,由于空气稀薄,氧的分压降到很低,因此,在工件加热过程中不仅不会产生氧化、脱碳及其他化学腐蚀,而且还具有表面净化、脱脂、除气等作用,可以获得洁净光亮的表面。由于真空度高、空气稀薄、气体分子平均自由程大大降低,工件加热主要靠热辐射方式进行,热对流传热作用显著减少,从而使加热速度更为缓慢。另外真空中加热工件实际温度低于仪表指示温度,即工件升到预期温度比仪表到温滞后一段时间,工件尺寸越大,这种滞后就越明显,所以要特别注意。目前真空热处理已成为当代最重要的热处理新技术之一。

2.2　加热工艺的确定

在加热规范中,加热温度、加热速度及保温时间是最基本、最重要的工艺参数。它决定了加热后工件内部的组织结构及各相的成分。

2.2.1　加热温度的确定

确定加热温度时,金属及合金的相变临界点、再结晶温度等是基本的理论依据,但还不能就凭此来确定各种不同热处理工艺的加热温度,而应当根据具体零件热处理目的来确定。图2-2为加热温度优选程序图。可看出根据原材料及热处理工艺要求选择加热温度是一个较复杂的多因素问题。

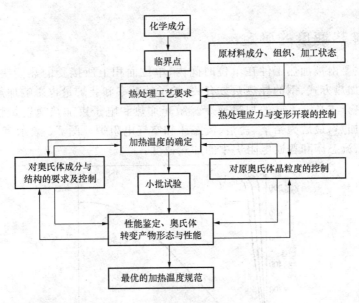

图 2-2　加热温度优选程序图

碳钢的退火、正火及淬火加热温度范围如图 2-3、图 2-4 所示。

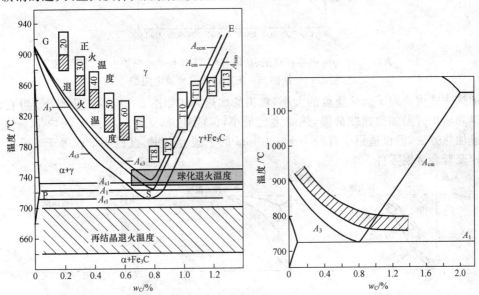

图 2-3　碳钢的退火、正火加热温度范围　　　图 2-4　碳钢淬火温度区间

对于碳钢及低合金钢提供下列加热温度范围：

退火温度：亚共析钢　　　　　　　$A_{c3}+(30\sim50)℃$

　　　　　共析和过共析钢　　　　$A_{c1}+(20\sim30)℃$

正火温度：亚共析钢　　　　　　　$A_{c3}+(100\sim150)℃$

　　　　　共析和过共析钢　　　　$A_{cm}+(30\sim50)℃$

淬火温度：亚共析钢　　　　　　　$A_{c3}+(30\sim50)℃$

　　　　　共析和过共析钢　　　　$A_{c1}+(30\sim50)℃$

2.2.2　加热速度的确定

加热速度主要由被加热工件在单位时间内、单位面积上所接受的热能决定。除此之外还与加热介质、加热方式、钢的导热系数有关,炉子的功率和装炉量也影响加热速度。

不同的加热介质具有不同的加热速度。激光加热和电子束加热速度最快,其次为高频感应加热、火焰加热,最后为铅浴、盐浴、流态床和空气电阻炉。图 2-5 表示直径为 16 mm 钢棒在铅浴、盐浴、流态床和普通电阻炉中的加热速度。

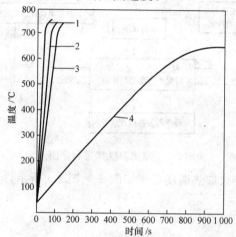

图 2-5　直径为 16 mm 钢棒在铅浴、盐浴、流态床和普通电阻炉中的加热速度

1—铅浴;2—盐浴;3—流态床;4—普通电阻炉

加热方式也决定了加热速度的大小,常用的加热方式如图 2-6 所示。从图 2-6 可看出阶梯加热和随炉升温加热速度最慢,热应力也最小,但能耗大,工时长。高温入炉是一种节能的快速加热方法,但仅适用于直径小于 400 mm 的中碳合金钢、直径小于或等于 600 mm 的中碳钢及低合金钢零件。

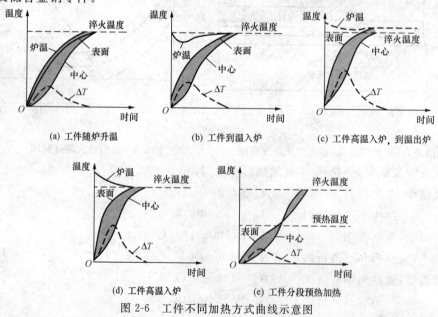

图 2-6　工件不同加热方式曲线示意图

1. 工件随炉升温

这种加热方式加热时间长,速度慢。优点是在加热过程中工件表面与心部的温差小。适用于大型铸件、高合金钢复杂零件、大型高合金钢工具模具淬火加热。适用炉型:真空炉大多采用这种加热方式,盐浴炉不适用。

2. 工件到温入炉

炉子已经到温,然后工件入炉进行加热。优点是加热时间相对较短,但是加热过程中工件表面与心部的温差较大。适用于退火、正火、淬火、回火、化学热处理。适用炉型:盐浴炉、流态粒子炉。

3. 工件高温入炉,到温出炉

工件采用高于正常的加热温度 $100 \sim 150 \ ℃$ 入炉加热,到温后出炉。这种加热速度最快,工件表面与心部的温差也最大。适用工件材料:一般直径为小于或等于 700 mm 的碳钢、低合金钢等,小零件和工具淬火也经常采用。适用炉型:盐浴炉、箱式炉、井式炉等。

4. 工件高温入炉

炉子首先升温到高于工艺要求的温度,然后工件装炉,降温后再升温到要求的正常温度。优点是加热速度较快,但工件表面与心部的温差热也较大。适用锻件退火、正火、小件碳钢淬火。适用炉型:箱式炉、井式炉。

5. 工件分段预热加热

将工件在升温阶段的某处增加一段预热温度加热,然后将工件转移到另外已经到温的炉子中加热。优点是工件表面与心部的温差热较小,热应力也较小。适用工件及材料:大型铸锻件的热处理加热及较大工模具钢件的热处理加热。

2.2.3　加热时间的确定

热处理加热过程的时间 $\tau_{加}$ 应当是工件升温时间 $\tau_{升}$ 、透烧时间 $\tau_{透}$ 与保温时间 $\tau_{保}$ 之和:

$$\tau_{加} = \tau_{升} + \tau_{透} + \tau_{保}$$

式中　$\tau_{升}$——工件入炉开始计时到表面到达炉温仪表指示温度所需要的时间;

　　　$\tau_{透}$——工件心部与表面温度趋于一致所需要的时间;

　　　$\tau_{保}$——达到热处理要求而需要恒温保持的时间。

图 2-7 所示为热处理工艺加热冷却概念图。

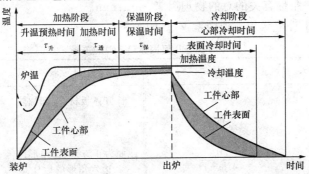

图 2-7　热处理工艺加热冷却概念图

图 2-8 是各种形状和尺寸的钢件在不同介质中的加热时间的比较。

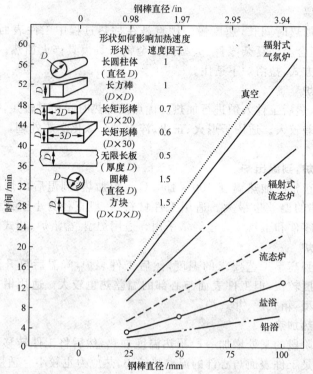

图 2-8　各种形状和尺寸的钢件在不同介质中的加热时间的比较

加热时间计算方法很多,这里主要介绍薄件和以工件有效厚度计算加热时间。

1. KW 加热时间计算方法

对于钢而言,薄件的厚度极限可达 280 mm,当工件厚度小于 280 mm 即可认为是薄件,此时常用工件的几何因素 $W=V/F$ 为基础计算加热时间,即

$$\tau_{加}=KW$$

式中　V——工件体积,mm³;

　　　F——工件表面积,mm²;

　　　W——工件的几何因素,mm;

　　　K——与加热条件有关的总的物理因素,min/mm。

表 2-1 给出了工件形状与几何因素 V/F 的关系。

表 2-1　　　　　　　　　　　　工件形状与几何因素 (V/F) 的关系

工件形状	$\dfrac{V}{F}$	工件形状	$\dfrac{V}{F}$
球	$\dfrac{D}{6}$	长方体板材,全部加热	$\dfrac{BaL}{2(BL+Ba+aL)}$
圆柱体,全部加热	$\dfrac{DL}{4L+2D}$	正方体	$\dfrac{B}{6}$
圆柱体,一端加热	$\dfrac{DL_1}{4L_1+D}$	截面为正方形、三角形或等边六角形的棱柱	$\dfrac{D_1L}{4L+2D_1}$
空心圆柱体,全部加热	$\dfrac{(D-d)L}{4L+2(D-d)}$		

注:D 为外径,D_1 为周径(多角形内切圆周径);B 为正方体棱柱高及板度;d 为内径;L 为长度;L_1 为加热区长度;a 为板厚。

对于在空气炉中加热，K 的取值范围为 $3.5 \sim 5.0$ min/mm；对于在盐浴炉中加热，K 的取值范围为 $0.7 \sim 1.0$ min/mm。

表 2-2 是钢件在空气炉和盐浴炉中的加热时间计算表。

表 2-2　　　　　　　　　　　　　　钢件加热时间计算表

工件形状	盐浴炉			空气炉			备注
	$K/(\text{min} \cdot \text{mm}^{-1})$	W/mm	KW/min	$K/(\text{min} \cdot \text{mm}^{-1})$	W/mm	KW/min	
圆柱	0.7	$(0.167 \sim 0.25)D$	$(0.117 \sim 0.175)D$	3.5	$(0.167 \sim 0.5)B$	$(0.117 \sim 0.35)B$	l/D 值大取上限，否则取下限
板	0.7	$(0.167 \sim 0.5)B$	$(0.117 \sim 0.35)B$	4.0	$(0.167 \sim 0.5)B$	$(0.6 \sim 2)B$	l/B 值大取上限，否则取下限
薄管 $(\delta/D < 1/4,$ $l/D < 20)$	0.7	$(0.25 \sim 0.5)\delta$	$(0.175 \sim 0.35)\delta$	4.0	$(0.25 \sim 0.5)\delta$	$(1 \sim 2)\delta$	l/δ 值大取上限，否则取下限
厚管 $(\delta/D \geqslant 1/4)$	1.0	$(0.25 \sim 0.5)\delta$	$(0.25 \sim 0.5)\delta$	5.0	$(0.25 \sim 0.5)\delta$	$(1.25 \sim 2.5)\delta$	l/D 值大取上限，否则取下限

2. αD 加热时间计算方法

在实际生产中常用一个经验公式计算加热时间：

$$\tau_{加} = \alpha D k \tag{2-3}$$

式中　α——加热系数，min/mm；

　　　D——工件有效厚度，mm；

　　　k——工件装炉修正系数（通常取 $1.0 \sim 1.5$）。

加热系数 α 表示工件单位厚度所需的加热时间，其大小主要与钢的化学成分、工件尺寸和加热介质有关，见表 2-3。

表 2-3　　　　　　　　　　　　　　常用钢的加热系数

材料		加热系数 $\alpha/(\text{min} \cdot \text{mm}^{-1})$			
		$< 600\ ℃$ 箱式炉预热	$750 \sim 850\ ℃$ 盐浴加热或预热	$800 \sim 900\ ℃$ 箱式或井式炉加热	$1\ 100 \sim 1\ 300\ ℃$ 高温盐浴炉加热
碳钢	直径 < 50 mm	—	$0.30 \sim 0.40$	$1.0 \sim 1.2$	—
	直径 > 50 mm	—	$0.40 \sim 0.45$	$1.2 \sim 1.5$	—
合金钢	直径 < 50 mm	—	$0.45 \sim 0.50$	$1.2 \sim 1.5$	—
	直径 > 50 mm	—	$0.50 \sim 0.55$	$1.5 \sim 1.8$	—
	高合金钢	$0.35 \sim 0.40$	$0.30 \sim 0.35$	—	$0.17 \sim 0.20$
	高速钢	$0.40 \sim 0.50$	—	—	$0.14 \sim 0.25$

工件有效厚度 D 是指能保证工件得到良好加热条件的厚度。表 2-4 给出不同形状工件有效厚度的计算方法。

表 2-4   工件有效厚度的确定

工件形状	有效厚度	工件形状	有效厚度
$D < h$	D	$D > h$	h
$\dfrac{D-d}{2} > h$	h	$\dfrac{D-d}{2} < h$	$\dfrac{D-d}{2}$
$2/3L$	D		

矩形截面工件的有效厚度与圆形截面工件的有效厚度的换算关系如图 2-9 所示。复杂工件以其主要工作部分的尺寸作为有效厚度。对于装箱加热的工件,按箱体的外形尺寸来计算有效厚度。

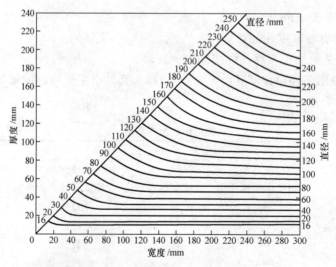

图 2-9   矩形截面工件与圆形截面工件的有效厚度的换算关系

工件的装炉方式对加热有较大的影响,表 2-5 给出不同装炉方式的 k 值。可见工件堆积越密,k 值越大,所以实际生产中应尽量使工件之间保持适当的距离,减小 k 值,缩短加热时间。

表 2-5　　　　　　　　　　　不同装炉方式的装炉系数 k 值

工件装炉方式(单层)	k	工件装炉方式(单层或多层)	k
底部架空　　$d\ominus$	1	(堆叠圆柱)	1.7
底部无热源　　$2d$	1.2	d	2
$0.5d$	1.4	$0.5d$	2.2
$2d$	1.8	(紧密排列)	4

表 2-6 是典型钢件在盐浴炉中加热时采用 KW 法及 αD 法计算的加热时间和实际所用加热时间的对比。

表 2-6　　　　　　　　　典型钢件在盐浴炉中的计算和实用加热时间对比

工件形状及尺寸/mm	计算时间/min		实用时间/(min)		淬火后/硬度(HRC)	备注
	KW	αD	到温	保温		
45, $\phi 40$, 270	6.51 $\left(\dfrac{D}{6.1}\right)$	12	6.25	0.25	58	
9SiCr, $\phi 30$, $\phi 18$, $\phi 15$, 12, 10, 35	2.66 $\left(\dfrac{D}{8},D\text{ 为平均直径}\right)$	8	2.5	0 / 5	65 / 64	隐针 M+A$_R$+C$_R$ / 隐针 M+A$_R$+C$_R$ M 针略明显
CrMn, 110, 135, 12	3.5 $\left(\dfrac{B}{3.5}\right)$	4.8	3.17	0.33	66	

表 2-7 是典型钢件在空气炉中加热时采用 KW 法及 αD 法计算的加热时间和实际所用的加热时间对比。可见采用 αD 法计算得到的加热时间普遍比采用 KW 法计算得到的加热时间长。实际加热时间接近 KW 法计算得到的加热时间。

表 2-7　　　　　　　　　　　典型钢件在空气炉中的计算和实用加热时间对比

工件尺寸/mm	材料	件数	按 αD 法计算的加热时间/min	按 KW 法计算的加热时间（入炉始算）/min	工件实际到温时间（入炉始算）/min	按 KW 法工件实际保温时间/min	按 KW 法时间与 αD 法时间比例 KW：αD
φ20×180	45	1	20(20+0)	16.5(0.825D)	12	4.5	0.825
φ40×60	45	1	40(40+0)	26.2(0.66D)	21	5.2	0.655
φ50×70	45	1	50(50+0)	32.8(0.66d)	30	2.8	0.655
φ80×120	45	1	80(80+0)	52.5(0.66D)	50	2.5	0.655
φ100×150	45	1	102(100+2)	65.6(0.66D)	64	1.6	0.655
φ30×1 130	65Mn	1	33(30+3)	25.9(0.66D)	18	7.9	0.780
φ42×650	45	4	62(42+20)	35.6(0.85D)	34	1.6	0.575
φ80×600	40CrNiMo	1	160(120+40)	66(0.83D)	60	6	0.41
φ85×580	40CrNiMo	3	157.5(127.5+30)	69.5(0.81D)	65	4.5	0.42
φ95×660	40CrNiMo	2	182.5(142.5+40)	76.3(0.8D)	70	6.3	0.42
φ100×760	40CrNiMo	1	190(150+40)	81(0.81D)	70	11	0.42
27×250×310	CrWMn	2	47.5(40.5+7)	45.5(1.67B)	45	0.5	0.96
32×53×140	45	4	37(32+5)	30.6(0.95B) (K=0.35)	23	7.6	0.82

2.3　加热缺陷及预防

　　钢铁在大气中加热可能会产生氧化、脱碳、欠热、过热和过烧等现象。有些缺陷可以挽救,有些缺陷会使工件报废,因此必须予以重视。

2.3.1　氧　化

　　钢铁在氧化性气氛(如 O_2、CO_2 和 H_2O)中加热都会产生氧化,当温度大于 560 ℃时,发生如下反应:

$$3Fe+2O_2 \xrightarrow{>560\ ℃} Fe_3O_4$$

$$Fe+CO_2 \xrightarrow{>560\ ℃} FeO+CO$$

$$Fe+H_2O \xrightarrow{>560\ ℃} FeO+H_2$$

　　不仅铁原子可以被氧化,合金原子也可以被氧化。钢铁的氧化分为两种:一种是表面氧化,生成氧化膜;另一种是内氧化,在一定深度的表层中发生晶界氧化。表面氧化影响工件的尺寸,内氧化影响工件的性能。

　　研究表明,钢铁在 560 ℃以下加热时,表面氧化膜由两层氧化物组成:内层是 Fe_3O_4,表层是 Fe_2O_3。由于这种氧化膜结构致密,与基体结合牢固,包裹在钢的表面,阻止了氧的继续渗入,氧化速度很慢,这时可以不必考虑防氧化问题。

　　钢在 560 ℃以上加热时,表面氧化膜由三层氧化物组成:Fe_2O_3、Fe_3O_4 和 FeO,其厚度之比约为 1:10:100,实际上主要由 FeO 组成。它是以 FeO 为基的缺位固溶体,称为维氏体

（Wusfite）。维氏体的结构松散，与基体结合不牢，易剥落，所以这种氧化膜不起防护作用，氧很容易穿过氧化膜继续向里氧化。所以，氧化膜中一旦出现 FeO，就使氧化速度大大加快。而且，温度越高，氧化越强烈，如图 2-10 所示。

钢的内氧化在 $800\sim950\ ^{\circ}\mathrm{C}$ 较长时间的加热时发生，气氛中的 O_2 和 CO_2 除了进行表面氧化之外，还沿奥氏体晶界向里扩散。当钢中含有 Cr、Si、Ti 等化学合金元素时，这些元素与氧的亲和力远比铁大，因此优先被氧化，沿晶界生成氧化物使晶界附近合金浓度降低，奥氏体稳定性变小，淬火时会沿晶界形成屈氏体网。在抛光而未浸蚀的试样中便可看到沿晶界内氧化的黑色产物，浸蚀之后显示出黑色屈氏体网，掩盖了内氧化物。

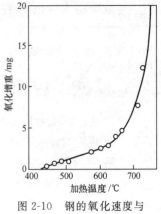

图 2-10　钢的氧化速度与加热温度的关系

淬火加热造成的内氧化层很薄，一般只有几微米，淬火后都能磨去，不影响使用，渗碳或碳氧共渗层中的内氧化较深，如果淬火后磨不掉，就会影响表层性能。

防止氧化的办法有：
（1）采用脱氧良好的盐浴加热。
（2）在可控气氛中无氧化加热。
（3）采用敞焰少无氧化加热。在利用煤气作燃料时，如果使工件在气体燃料不完全燃烧的产物中加热，则可以实现少无氧化加热，这种方法称为敞焰少无氧化加热。
（4）在真空中无氧化加热。
（5）利用防氧化涂层。

2.3.2　脱　碳

钢在脱碳性气氛中加热，气氛中的 O_2、CO_2、H_2O 和 H_2 等便与钢表层中的固溶碳发生化学反应，生成气体逸出钢外，使钢的表层碳浓度降低，即发生脱碳。脱碳严重时，可以使表层变成铁素体。脱碳反应如下：

$$Fe_3C+O_2 \Longrightarrow CO_2+3Fe$$
$$C_{\gamma\text{-Fe}}+O_2 \Longrightarrow CO_2$$
$$C_{\gamma\text{-Fe}}+CO_2 \Longrightarrow 2CO$$
$$C_{\gamma\text{-Fe}}+2H_2 \Longrightarrow CH_4$$
$$C_{\gamma\text{-Fe}}+H_2O \Longrightarrow CO+H_2$$

表层脱碳后，内层的碳便向表层扩散，这样就使脱碳层逐渐加深。加热时间越长，脱碳层越深。

应当指出，钢的脱碳与渗碳是一对可逆反应，反应向哪个方向进行，取决于介质的碳势与钢中碳浓度的相对高低。在某一定温度下，介质气氛与钢之间达到动态平衡（既不脱碳也不增碳）时，钢的含碳量即为介质的碳势。若介质的碳势低于钢中碳浓度，则发生脱碳。若介质的碳势高于钢中碳浓度，就发生渗碳。当介质的碳势与钢中碳浓度相等时，两者达到平衡，既不脱碳也不渗碳。所以，防止脱碳的根本办法是采用可控气氛加热，使气氛的碳势与钢中碳浓度相等。此外,在氮气或惰性气体等中性气氛中加热也可防止脱碳。前面提到的防氧化措施,也都可以用于防止脱碳。已经脱碳的工件,可以在可控气氛中加热以恢复原来的碳浓度,称为复碳处理。

2.3.3 欠 热

加热温度过低或者保温时间过短,都会产生奥氏体化不完全的缺陷,称为欠热,也叫加热不足。亚共析钢淬火时,由于欠热,组织中存在一些铁素体,对性能影响很坏。过共析钢欠热淬火后,由于碳浓度不够而硬度不足,并且由于奥氏体合金度不够而淬透层不够深。钢在正火时,由于欠热而不能完全消除网状组织。球化退火时,由于欠热,组织中会残留粗片状珠光体。

造成欠热的原因主要是工艺不合理或者操作不当。测温仪表指示偏高也会造成实际加热温度偏低,因而加热不足。

2.3.4 过 热

加热温度过高或者保温时间过长,会造成奥氏体晶粒过分粗大的缺陷,称为过热。在淬火组织中,过热表现为马氏体针粗大。在正火组织中,过热会产生魏氏组织。过热使钢的韧性降低,容易脆断。

造成过热的原因主要是操作不当或者工艺不合理,在快速加热时尤其要防止过热。仪表指示偏低或者控温失灵也会造成跑温而过热。过热或欠热的工件都必须返修。

2.3.5 过 烧

由于加热温度达到固相线温度,使奥氏体晶界局部熔化,或者晶界发生氧化,这种现象称为过烧。图2-11是45钢过烧组织。钢一旦过烧,将彻底报废。

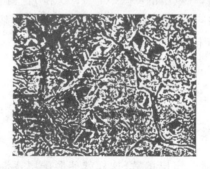

图 2-11　45钢过烧组织

造成过烧的原因主要是设备失控或者操作不当,在高速钢淬火时最容易发生。火焰炉加热时,局部温度过高也会造成过烧。所以维护仪表、电偶正常工作,才能防止发生过烧事故。

复习思考题

1. 常用的加热方式和加热介质有哪些？
2. 确定加热温度的依据是什么？碳钢的退火、正火、淬火温度应如何选择？为什么？
3. 怎样计算加热时间？
4. 加热不当会产生哪些缺陷？如何防止？

第3章

钢的退火与正火

3.1 钢的退火

3.1.1 退火的定义及目的

将钢铁加热到适当温度,保持一定时间,然后缓慢冷却以获得接近平衡状态组织结构的热处理工艺称为退火。

实际生产中,退火的种类很多。加热到 A_1 以上的退火,统称为相变重结晶退火。通过这类退火可以改变钢中珠光体、铁素体、碳化物的形态及分布,从而改变其性能,如降低硬度、提高塑性、消除内应力、细化晶粒、改善加工性能等。加热到 A_1 以下的退火,统称为低温退火。这类退火无相变发生,其目的不在于改变组织形态与分布,而在于消除加工硬化、去应力等。退火的种类如图 3-1 所示。

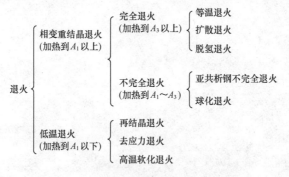

图 3-1 退火的种类

退火的目的分为以下几点:

(1)降低硬度,提高切削加工性能。经铸、锻、焊成型的工件,往往硬度偏高,机械加工困难,经退火之后,硬度降到 HB200~250,易于切削加工。

(2)提高塑性,便于冷变形加工。冷变形使工件加工硬化,经退火之后,可消除加工硬化,提高塑性,便于冷变形加工。

(3)消除铸、锻、焊件过热组织缺陷,改善性能。经铸、锻、焊成型的工件,往往因过热产生粗大的魏氏组织,经完全退火后可以消除缺陷,改善性能。

(4)改善铸、锻件化学成分偏析(主要是枝晶偏析)。

(5)减少固溶于钢中的氢,防止氢脆。

(6)球化退火为淬火做良好的组织准备。

3.1.2　退火工艺及应用

1. 扩散退火

扩散退火又称为均匀化退火。为了减少铸、锻件化学成分的偏析和降低组织的不均匀性,将其加热到高温,长时间保温,然后进行缓慢冷却,减少偏析,使化学成分均匀。扩散退火只能改善枝晶偏析,该工艺加热温度接近于固相线,时间长,能耗大,效果并不十分明显。

扩散退火温度的上限一般不超过固相线,一般由下式确定:

$$t = A_{c3} + (150 \sim 250)℃ \tag{3-1}$$

钢中合金元素含量越高,所需加热温度越高。但是,一般要低于固相线 100 ℃左右,以防过烧。

扩散退火对硫、磷含量低而偏析程度又小的优质钢是没有意义的。但对于含有较高硫元素和磷元素、偏析较严重、夹杂物又多的钢来说,扩散退火又无能为力。因此不可盲目地采用扩散退火来消除严重偏析。经热轧、热锻后的钢坯,由于偏析区经过变形,大大缩短了扩散距离。因此,在这种情况下进行扩散退火效果最显著。

表 3-1 指出 40CrNi(SAE4340)钢在扩散退火前后机械性能变化的对比。从中看出经均匀化退火后,强度指标($\sigma_{0.2}$、σ_b)基本没有变化,而塑性指标(α_k、ψ)沿截面方向显著提高。而沿轧制方向塑性指标变化不大。

表 3-1　　　　　　　　　　　40CrNi 钢扩散退火前后机械性能比较

处理状态	试样部位	机械性能				
		$\sigma_{0.2}$/MPa	σ_b/MPa	δ_{10}/%	ψ/%	α_k/(J·cm^{-2})
扩散退火前 (带状组织)	轧制方向(//)	838	946	18.6	61.2	804
	截面方向(⊥)	835	943	12.8	24.3	308
扩散退火后	轧制方向(//)	838	938	20.6	60.8	842
	截面方向(⊥)	835	947	15.3	34.0	382

处理条件:1 200 ℃保温 100 h,843 ℃正火五次。

2. 脱氢退火

白点是钢中的内部缺陷,呈圆形或椭圆形的银白色斑点,直径为零点几毫米至数十毫米,在腐蚀后的横截面表现为不同长度的锯齿状发裂。白点缺陷的存在会大大降低钢的机械性能,甚至导致零件的开裂。对于大型锻件,一经发现白点必须报废。

溶解于固溶体中的氢是造成钢中出现白点缺陷的主要原因。热轧或存在于亚晶界、位错、晶粒边界及宏观区域中的分子氢,不易自钢中扩散逸出,也不会造成白点,这类分子态的氢只能在以后的热轧、锻造等压力加工过程中消除。

研究表明氢在铁中的溶解度随温度的下降而减小,氢在 α-Fe 中的溶解度小(2 cm³/100 g),而

在 γ-Fe 中的溶解度大($10\ cm^3/100\ g$)。氢在铁中的扩散系数随温度升高而增大,也与铁的点阵类型有关。氢在 α-Fe 中扩散系数比在 γ-Fe 中大得多。在 $600\ ℃$ 下,氢在 α-Fe 中扩散系数为 $2.0×10^{-8}\ m^2/s$,在 γ-Fe 中扩散系数为 $1.7×10^{-9}\ m^2/s$,相差一个数量级。

用退火的方法可以使固溶氢脱溶。为了使钢中的固溶氢脱溶,应当选择在使氢的溶解度达到最小的组织状态,同时又应使氢在钢中的扩散速度尽可能快的温度,所以一般可通过在奥氏体等温分解的过程中长期保温来完成。

对大型锻件,为锻后尽快消除白点,应冷却到珠光体转变速度最快的那个温度范围(C曲线上的"鼻尖"温度区),以尽快获得铁素体与碳化物混合组织。同时,在此温度区间长时间保温或再加热到低于 A_1 的较高温度下保温,进行脱氢处理。对于高合金钢,也可在锻后首先进行一次完全退火,以改善组织,细化晶粒,使氢的分布更加均匀,并降低奥氏体的稳定性,从而有利于白点的消除。几种典型的脱氢退火工艺如图 3-2 所示。

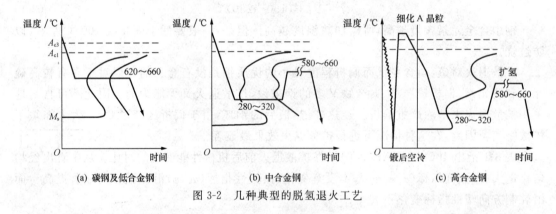

图 3-2　几种典型的脱氢退火工艺

3. 再结晶退火

经冷变形后的金属加热到再结晶温度以上,保持适当时间,使形变晶粒重新结晶为均匀的等轴晶粒,以消除形变强化和残余应力的退火工艺叫再结晶退火。图 3-3 所示为冷变形碳钢在加热时组织结构与性能变化的示意图。

在金属学中我们已经知道,在 $T_2 \sim T_3$ 将发生再结晶过程,经过再结晶退火可使冷变形晶粒多边形化,内应力消除,硬度、强度下降,塑性显著提高。当温度越接近临界点,多边形晶粒越粗化。

从图 3-4 中可以看出再结晶退火时间对形变的锰钢机械性能的影响,65Mn 钢在经过 20% 形变量的加工后,在 $680\ ℃$ 退火,当保温时间在 1 h 以上时,机械性能变化趋向稳定。

一般钢材再结晶退火温度在 $600 \sim 700\ ℃$,保温时间 $1 \sim 3$ h,空冷。对含碳量小于 0.2% 的普通碳钢,若在冷变形时在临界变形度范围($6\% \sim 15\%$),则再结晶退火以后将形成粗晶。因此应尽量避免在该范围内形变。这种工艺适用于冷变形低碳钢材、18-8 不锈钢及有色金属合金。

4. 去应力退火

为了消除因塑性变形加工、锻造、焊接等造成的及铸件内存在的残余应力而进行的退火统称为去应力退火。

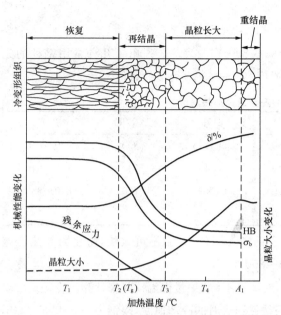

图 3-3　冷变形碳钢在加热时组织结构与性能的变化

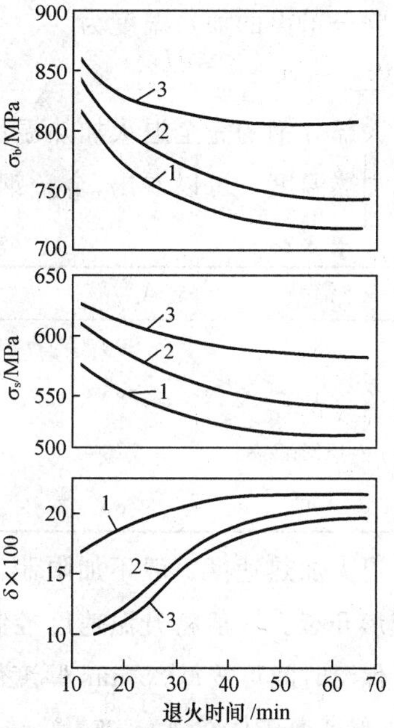

图 3-4　退火时间对机械性能的影响
（680 ℃，形变量 20％）

冷加工过程中形成的残余应力的大小、分布、方向对工件的尺寸、稳定性及力学性能有重要的影响。残余应力是在环境介质中构成应力腐蚀的重要原因，因此应尽可能消除残余应力。

去应力退火一般在稍低于再结晶温度下进行。如，对于钢铁材料，去应力退火温度一般在 550～650 ℃；对模具钢及高速钢，去应力退火温度可升高到 650～750 ℃；淬火回火的工件消除残余应力则需要比回火温度低 25 ℃。

图 3-5 给出了一种低碳合金结构钢在不同温度下残余应力与退火时间的关系。温度越高，消除残余应力越充分，退火时间越短。

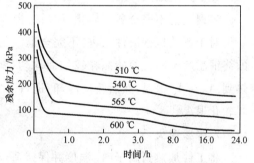

图 3-5　不同温度下退火时间与残余应力的关系
（试样尺寸：直径为 6.5 mm；C 0.18％，
Cr 1.65％，Ni 2.91％，Mo 0.42％）

为了不致在冷却时再次发生附加的残余应力，保温后缓慢冷却到 500 ℃以下再空冷。对于大型部件则应采取更慢的冷却速度，甚至要控制在每小时若干摄氏度的冷却速度，待冷却到 300 ℃以下时才能空冷。

5. 完全退火

将钢完全奥氏体后，缓慢冷却，获得接近平衡状态组织的退火工艺叫完全退火。

完全退火主要用于亚共析钢，目的是细化晶粒，消除过热缺陷，降低硬度，提高塑性，改善切削加工性能及消除应力。

完全退火的加热温度为

$$T = A_{c3} + (30 \sim 50)\,℃ \tag{3-2}$$

大部分钢的完全退火加热温度都在 780～880 ℃。表 3-2 列出了几种常用钢种的完全退火加热温度。可以看出,合金钢的加热温度高于式(3-2)给出的数值。

表 3-2 　　　　　　　　常用钢种的安全退火加热温度

钢号	$A_{c3}/℃$	$T/℃$	钢号	$A_{c3}/℃$	$T/℃$
35	800	840～860	35CrMo	800	830～850
45	780	800～840	65Mn	740	780～840
45Mn2	770	810～840	40CrNiMo	770	840～880
40Cr	785	830～850			

退火加热速度一般不加限制,对高合金钢和大锻件,升温不可太快,防止因导热性差引起变形开裂。一般将升温速度控制在 100～200 ℃/h。

保温时间可按每 25 mm 厚度保温 1 h,或者每 1 t 装炉量保温 1 h 来计算。冷却速度要足够慢,保证奥氏体在 A_1～650 ℃转变。普通缓慢退火时的冷却速度,碳钢为 100～200 ℃/h,低合金钢为 50～100 ℃/h,高合金钢为 10～50 ℃/h。

6. 不完全退火

将钢进行不完全奥氏体化,随后缓慢冷却的退火工艺叫不完全退火。

对于亚共析钢锻件来讲,不完全退火的目的主要是使其软化并消除内应力。如果锻件的终锻温度不高且原始晶粒较细而均匀,就不需要进行完全退火。此时只需将这类锻件加热到 A_{c1}～A_{c3} 保温,然后缓慢冷却,进行不完全退火就可以达到上述目的,所以这种工艺也叫软化退火。

7. 等温退火

将工件加热到高于 A_{c3} 温度并保持适当时间后,较快地冷却到珠光体转变温度区间的某一温度并等温保持,使奥氏体转变为珠光体型组织,然后随炉冷却或在空气中冷却的退火工艺称为等温退火。

由于完全退火必须缓慢冷却才能保证在预期的过冷度下进行珠光体转变,因此若工件截面较大,那么越近心部,冷速越慢,转变温度越高,退火硬度越低,而且工艺周期长,尤其是中、高合金钢。为此,形成奥氏体后快冷到 A_{r1}－(30～40) ℃的温度在炉中进行等温分解,可以大大缩短工艺周期。

等温退火是完全退火、不完全退火的工艺改进,其目的与完全退火、不完全退火一样。等温退火时过冷奥氏体向珠光体转变的温度越低,转换所需时间越短。珠光体的层片间距随过冷度的增加而减小,从而使退火后的硬度升高。

等温退火的工艺曲线见表 3-3。

表 3-6　　　　35CrNi 钢大锻件完全退火与等温退火的比较

方法	工艺曲线	机械性能				
		σ_b/MPa	σ_s/MPa	$\sigma_{10}\times100$	$\phi\times100$	HB
完全退火	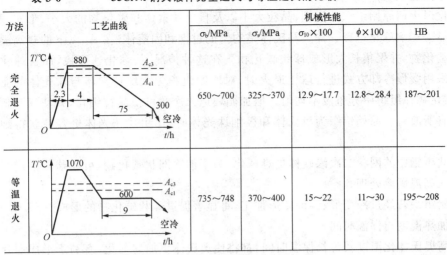	650~700	325~370	12.9~17.7	12.8~28.4	187~201
等温退火		735~748	370~400	15~22	11~30	195~208

注：主要成分 C: 0.34%，Cr: 0.88%，Mn: 0.58%，Ni: 1.87%

等温退火的分解温度由毛坯所需硬度决定，一般选择在低于临界点 30~100 ℃，等温退火保温时间应当包括在等温转变曲线上规定的组织转变时间与毛坯截面降到等温温度时的均温透冷时间。

等温退火由于总的工艺周期短，在等温转变时截面组织比较均匀一致，因此特别适用于大型工件及合金钢件退火。除此优点外，在等温退火过程中可以伴随着脱氢退火处理。

8. 球化退火

使钢中碳化物球状化而进行的退火工艺叫球化退火。球化退火工艺主要用于共析钢和过共析钢，目的是降低硬度，便于机加工，并为淬火做准备。球化退火后的组织是粒状珠光体。

球化退火后的硬度取决于钢中碳化物的析出分数、分布及形态。对于含碳量高的钢，碳化物数量多，退火后硬度也相应升高。细小的圆形碳化物均匀地分布在马氏体基体上将使其耐磨性、接触疲劳强度、断裂韧性得到改善与提高。

（1）影响碳化物球化的因素

①化学成分

含碳量对钢中碳化物球化具有重要影响。钢中含碳量越高、碳化物数量越多，在较宽的奥氏体化温度范围内加热越易于球化。高碳钢比低碳钢更容易获得球状珠光体。

合金元素对碳化物球化过程的影响比较复杂，因为合金元素特别是碳化物形成元素将影响碳化物的成分、结构及其在奥氏体中的溶解度，并影响碳在钢中的扩散以及合金元素本身的再分配过程，从而对球化过程产生复杂影响。对过共析钢碳化物球化的一般规律研究表明，钢中若没有碳化物形成元素，则球化较快；反之，加入碳化物形成元素将使球化变慢。其阻碍作用的程度与合金元素形成碳化物的强烈程度成正比。显然，首先减慢作用是由于合金元素本身在奥氏体中的扩散激活能较高，其次减慢作用与降低碳在奥氏体中的扩散速度有关。

②原始组织

球化退火前原始组织的类型、晶粒大小以及自由铁素体和碳化物的大小、形态、数量、分布等均显著影响球化过程。淬火马氏体是均匀的过饱和固溶体,在 A_1 以下的较高温度回火将析出碳化物,并聚集长大形成球状碳化物。在这种情况下,球化速度快,而且球化组织均匀。若采用缓慢冷却方式进行球化退火时,对原始组织为大块铁素体与珠光体的亚共析钢来说,碳化物在组织中分布极不均匀。增加循环退火次数可使晶粒细化,并使亚共析钢碳化物分布有所改善。原始组织为奥氏体和极细珠光体时,比粗片珠光体更容易获得细小球状碳化物。

过共析钢中的网状二次渗碳体更难球化,为了消除网状碳化物,可在球化前进行一次正火处理或高温固溶处理。

原始组织若经过冷变形、温锻变形加工,将显著促进球状碳化物的形成。

③加热温度与保温时间

提高奥氏体化温度及延长保温时间,都将使奥氏体更加均匀化,有利于形成层片状珠光体,不利于球化。含碳量与最佳球化退火温度的关系如图 3-6 所示。钢的含碳量越高,允许的球化加热温度范围越宽。

当原始组织是马氏体或贝氏体时,在小于 A_1 温度下长时间保温,可获得均匀的球状珠光体组织。但原始组织若为片状珠光体,用此方法则很困难,除非经过冷加工形变后再球化。当球化温度一定时,球化时间过长,碳化物粒度变粗,硬度也随之下降。

④冷却速度

用不完全退火法进行球化退火时,冷却速度是能否得到球化组织的重要因素之一。提高冷却速度将降低转变温度,从而使碳化物球化时的临界扩散距离减小。研究表明,钢中存在形成球状-层状碳化物的临界冷速。提高奥氏体化温度使球化临界冷速减小,使球化更加困难。工业上一般用 $10\sim20$ ℃/h 的冷速缓冷球化。图 3-7 所示为钢在冷却过程中碳化物尺寸的变化。可以看出,碳化物粒子尺寸依冷速增加而减小。即缓冷球化退火时的冷速还会影响到球状碳化物的尺寸,这显然是由于在快冷时扩散受到抑制的结果。

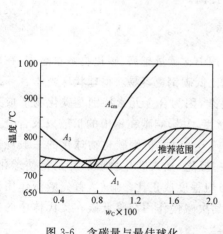

图 3-6　含碳量与最佳球化
退火温度的关系

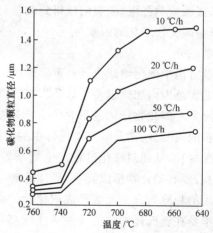

图 3-7　钢在冷却过程中碳化物尺寸的变化
(C:0.99%,Cr:1.40%,780 ℃加热
5 h,10~100 ℃/h冷速冷却到上述
横坐标指示温度)

⑤形变

层状珠光体经过塑性变形可以加速球化过程。研究表明,在室温下层状珠光体变形量或提高退火温度($<A_1$)都将提高球化速度。

(2)球化退火工艺

①接近 A_{c1} 长时间保温球化退火(低温退火)

在临界点附近长时间保温,片状渗碳体向球状渗碳体转化是在表面能驱使下的自发过程。这种球化退火工艺见表 3-4。

表 3-4　　　　　　　　　　　　　　低温退火工艺

工艺曲线	工艺参数	适用范围
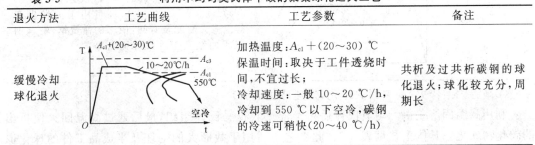	加热温度:$A_{c1}-(10\sim30)$ ℃ 保温时间:决定原始组织弥散度与工件尺寸,几十小时到一百小时 冷却速接:<50 ℃/h,冷却到 $450\sim550$ ℃空冷	高合金结构钢及过共析钢降低硬度,改善切削加工性能;冷变形钢的球化退火,球化效果差,原始组织粗大者不适用;细珠光体在低温球化后仍保持大量细片状碳化物

②利用不均匀奥氏体中碳的聚集球化

利用不均匀奥氏体中未溶碳化物或奥氏体中高浓度碳偏聚区的非自发形核作用来加速球化,可使碳的扩散距离大为缩短,从而有利于粒状渗碳体的分散析出,尽管片状渗碳体析出时消耗的应变能最小,但在上述条件下形成球状渗碳体所消耗的总能量却比形成片状渗碳体低。研究指出,设碳化物以片状析出时碳的扩散距离为 L_1,球状析出时碳的扩散距离为 L_s,只有当 $L_s<L_1$ 时才能形成球状珠光体;而当 $L_s=L_1$ 时,为球状-层状碳化物的临界扩散距离。残余碳化物越多且分布弥散,L_s 越小;退火时冷速越慢,碳越能充分扩散,则越易形成球化组织。高碳钢奥氏体中易有较多的残余碳化物,因此易于球化;而低碳钢中,未溶碳化物少,L_s 很大,易于形成层状珠光体。高碳钢利用在临界点上下反复循环加热和短时间停留数次,可使未溶碳化物数量大大增加,L_s 减少,从而达到较好的球化效果。

这种球化退火工艺特点是将钢加热到略高于 A_{c1},并短时间保温形成不均匀的奥氏体及部分未溶碳化物,然后缓慢冷却或低于临界点等温分解,或在 A_1 附近循环加热冷却使碳化物球化,其工艺见表 3-5。

表 3-5　　　　　　　　　　利用不均匀奥氏体中碳的聚集球化退火工艺

退火方法	工艺曲线	工艺参数	备注
缓慢冷却球化退火		加热温度:$A_{c1}+(20\sim30)$ ℃ 保温时间:取决于工件透烧时间,不宜过长; 冷却速度:一般 $10\sim20$ ℃/h,冷却到 550 ℃以下空冷,碳钢的冷速可稍快($20\sim40$ ℃/h)	共析及过共析碳钢的球化退火;球化较充分,周期长

（续表）

退火方法	工艺曲线	工艺参数	备注
等温球化退火	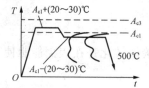	加热温度：$A_{c1}+(20\sim30)$ ℃ 保温时间：取决于工件透烧时间 等温温度：$A_{c1}-(20\sim30)$ ℃ 等温时间：取决于 TTT 曲线及工件截面尺寸，等温后空冷	过共析碳钢及合金工具钢的球化退火；球化充分，易控制；周期较短，适宜大件
周期（循环）球化退火	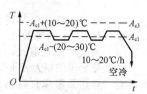	加热温度：$A_{c1}+(10\sim20)$ ℃ 等温温度：$A_{c1}-(20\sim30)$ ℃ 保温时间：取决于工件截面均温时间 循环周期：视球化要求等级而定，以 $10\sim20$ ℃/h 缓冷到 550 ℃以下空冷	过共析碳钢及合金工具钢的球化退火；周期较短，球化充分；控制较难，不适宜大件

③形变球化退火

将工件在一定温度下施行一定的形变加工然后再在小于 A_1 温度下进行长时间保温，这种工艺叫作形变球化退火。表 3-6 为形变球化退火工艺。

表 3-6 形变球化退火工艺

形变球化退火工艺	工艺曲线	工艺参数	适用范围
低温形变球化退火	T 700 ℃ 7h P_t　P_a 形变率 50%　空冷	形变温度及形变量：由材料成分而定 加热温度：$A_{c1}+(10\sim20)$ ℃ 保温时间：依形变量及材料而定	低、中碳碳素钢及低合金结构钢冷变形加工后的快速球化退火
高温形变球化退火	T $A_{c1}+(30\sim50)$ ℃　A_{c3} 形变率 80%　30～50 ℃/h　A_{c1} 5　6min　30min　650 ℃ $A_{c1}-(10\sim20)$ ℃　空冷	加热温度：$A_{c1}+(30\sim50)$ ℃或相当于终锻温度 缓冷退火时冷速：$(30\sim50)$ ℃/h 等温退火温度及时间：依 CCT 曲线及工件尺寸而定	轧、锻件的锻后余热形变球化退火；可用于大批生产的弹簧钢、轴承钢等

④高温固溶淬火、高温回火球化（快速球化退火）

利用高温固溶获得均匀奥氏体后再经淬火获得马氏体组织，最后通过高温回火使析出的碳化物球化。具体工艺见表 3-7。此工艺不适用于截面大的毛坯及半成品工件的球化退火。

表 3-7 快速球化退火工艺

工艺曲线	工艺参数	备注
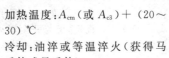	加热温度：A_{cm}（或 A_{c3}）＋（20～30）℃ 冷却：油淬或等温淬火（获得马氏体或贝氏体） 高温回火：680～700 ℃，1～2 h	共析、过共析碳钢及合金钢的锻件快速球化退火或淬火工件返修重淬前的预处理，变形较大，工件尺寸不能太大（仅限于小件）

常用退火工艺的特点及适用范围列于表 3-8 中。

表 3-8 常用退火工艺

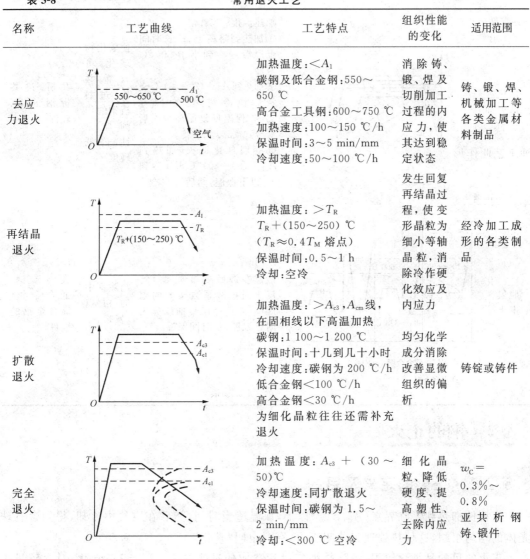

名称	工艺曲线	工艺特点	组织性能的变化	适用范围
去应力退火		加热温度：＜A_1 碳钢及低合金钢：550～650 ℃ 高合金工具钢：600～750 ℃ 加热速度：100～150 ℃/h 保温时间：3～5 min/mm 冷却速度：50～100 ℃/h	消除铸、锻、焊及切削加工过程的内应力，使其达到稳定状态	铸、锻、焊、机械加工等各类金属材料制品
再结晶退火		加热温度：＞T_R T_R＋（150～250）℃ （$T_R \approx 0.4 T_M$ 熔点） 保温时间：0.5～1 h 冷却：空冷	发生回复再结晶过程，使变形晶粒为细小等轴晶粒，消除冷作硬化效应及内应力	经冷加工成形的各类制品
扩散退火		加热温度：＞A_{c3}，A_{cm}线，在固相线以下高温加热 碳钢：1 100～1 200 ℃ 保温时间：十几到几十小时 冷却速度：碳钢为 200 ℃/h 低合金钢＜100 ℃/h 高合金钢＜30 ℃/h 为细化晶粒往往还需补充退火	均匀化学成分消除改善显微组织的偏析	铸锭或铸件
完全退火		加热温度：A_{c3}＋（30～50）℃ 冷却速度：同扩散退火 保温时间：碳钢为 1.5～2 min/mm 冷却：＜300 ℃ 空冷	细化晶粒、降低硬度、提高塑性、去除内应力	w_C＝0.3%～0.8% 亚共析钢铸、锻件

（续表）

名称	工艺曲线	工艺特点	组织性能的变化	适用范围
等温退火	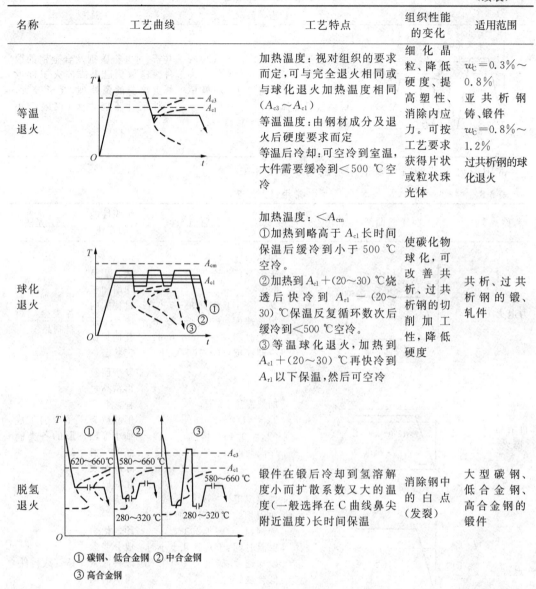	加热温度：视对组织的要求而定，可与完全退火相同或与球化退火加热温度相同（$A_{c3} \sim A_{c1}$） 等温温度：由钢材成分及退火后硬度要求而定 等温后冷却：可空冷到室温，大件需要缓冷到<500 ℃空冷	细化晶粒、降低硬度、提高塑性、消除内应力。可按工艺要求获得片状或粒状珠光体	$w_c = 0.3\% \sim 0.8\%$ 亚共析钢铸、锻件 $w_c = 0.8\% \sim 1.2\%$ 过共析钢的球化退火
球化退火		加热温度：<A_{cm} ①加热到略高于 A_{c1} 长时间保温后缓冷到小于 500 ℃空冷。 ②加热到 $A_{c1} + (20 \sim 30)$ ℃烧透后快冷到 $A_{r1} - (20 \sim 30)$ ℃保温反复循环数次后缓冷到<500 ℃空冷。 ③等温球化退火，加热到 $A_{c1} + (20 \sim 30)$ ℃再快冷到 A_{r1} 以下保温，然后可空冷	使碳化物球化，可改善共析、过共析钢的切削加工性，降低硬度	共析、过共析钢的锻、轧件
脱氢退火		锻件在锻后冷却到氢溶解度小而扩散系数又大的温度（一般选择在 C 曲线鼻尖附近温度）长时间保温	消除钢中的白点（发裂）	大型碳钢、低合金钢、高合金钢的锻件

3.2 钢的正火

3.2.1 正火的定义及目的

将钢件加热到上临界点（A_{cm}，A_{c3}）以上，保温适当时间，然后在空气中冷却，得到含有珠光体的均匀组织，这种热处理工艺叫正火，有时也叫"常化"。

正火的目的是细化组织，消除热加工过程造成的过热缺陷，使组织正常化；对含碳量小于 0.3% 的低碳钢，正火可以提高硬度，改善切削加工性能；对于过共析钢，正火可以消除网状二次渗碳体,为球化退火做准备;对于中碳钢,用正火代替调质处理,可以减少调质带来的变形,为高频淬火做组织准备;此外,对于大件用正火代替淬火可简化操作,降低成本。

3.2.2　正火工艺及应用

低碳钢的正火加热温度为 $A_{c3}+(100\sim150)$ ℃;中碳钢为 $A_{c3}+(50\sim100)$ ℃;高碳钢为 $A_{cm}+(30\sim50)$ ℃。表 3-9 为常用钢种的正火加热温度。可以看出,钢中含碳量越低,正火温度越高。正火加热时间通常等于工件有效厚度乘以加热系数(s/mm),在箱式炉中加热,温度在 800～950 ℃,碳钢加热系数为 50～60 s/mm,合金钢加热系数为 60～70 s/mm;若在盐浴炉中加热,温度在 800～900 ℃,碳钢加热系数为 15～25 s/mm,合金钢加热系数为 20～30 s/mm。

表 3-9　　　　　常用钢种的正火加热温度

钢号	$A_{c3}(A_{cm})$/℃	T/℃	钢号	$A_{c3}(A_{cm})$/℃	T/℃
20	850	890～920	60Si2Mn	810	830～860
20Cr	840	870～900	T8	730	760～780
20CrMnTi	825	920～970	T10	800	830～850
50CrV	790	850～880			

含碳量小于 0.3% 的低碳钢正火是为了改善切削加工性能;合金钢的轧、锻、铸件的正火主要用于改善冶金及热加工过程中造成的某些组织缺陷,并作为最终热处理之前的预备热处理。

对铸、锻件采用两次以上的重复正火称为多重正火。其目的是通过相变重结晶消除热加工过程造成的过热组织,使组织均匀。第一次正火采用 $A_{c3}+(150\sim200)$ ℃;第二次采用略高于 A_{c3} 的较低温度,这样可以显著细化奥氏体晶粒,使组织均匀细小。

正火冷却方式为空冷。对于大件来说,为了增大冷却速度,必须采用鼓风冷却、喷雾冷却。

3.3　退火、正火后的组织及缺陷

3.3.1　退火、正火后的组织

退火工艺和正火工艺之间并无本质的区别,退火工艺是保温后随炉缓慢冷却,而正火工艺是保温后出炉空冷或风冷。二者所获得的金相组织都是珠光体类型的均匀组织。由于冷速不一样,使得正火的珠光体组织比退火态片层间距小,领域也较小。共析钢退火珠光体平均片层间距约为 0.5 μm,而正火时约为 0.2 μm。由于正火冷速较快,因此先共析产物(自由铁素体、渗碳体)不能充分析出,即先共析产物析出数量较平均冷却时要少。同时奥氏体的成分偏离共析成分而出现伪共析组织。对于过共析钢,退火后的组织为珠光体＋网状碳化物。当正火时网状碳化物的析出受到抑制,从而得到全部细珠光体组织,或沿晶界仅析出少量条状碳化物(不连续网)。由于合金钢中碳化物更稳定,不易充分固溶到奥氏体中,因此,退火后不易形成层状珠光体而呈粒状珠光体。合金钢正火后获得粒状索氏体或屈氏体,硬度较高,不宜采用正火作为切削加工前预先处理工艺。在正常规范下通过退火、正火均使钢的晶粒细化。但如果加热温度过高,使奥氏体晶粒粗化,正火后极易形成魏氏组织,使冲击韧性大大降低,可以通过完全退火使晶粒细化加以改善。

3.3.2 退火、正火后的缺陷

钢在退火、正火时由于操作不当,可能会产生一些缺陷。除了在第1章第3节中所介绍的氧化、脱碳、欠热、过热、过烧之外,还会产生如下缺陷。

1. 硬度偏高

常在含碳量大于0.45%的中碳、高碳钢锻件中出现此种现象,主要是由于退火时奥氏体化温度低,冷速过快,球化不充分或碳化物弥散度较大所造成的;也往往与装炉量过大,炉温不均匀有关。这种缺陷可以通过第二次退火得到改善。

2. 球化不完全

过共析钢球化退火后若球化不完全,组织中会有细小片状碳化物存在,造成硬度偏高,而且在淬火加热时易溶解,因此,会使淬火开裂倾向增加,残余奥氏体量较多。可以通过补充的低温球化退火改进,并严格控制球化退火的奥氏体化温度、时间及冷却规范。

3. 退火石墨碳

对于碳素工具钢来说,若终锻温度过高(>1 000 ℃),冷却缓慢,或退火加热温度过高,在石墨化温度范围长时间停留,或多次返修退火,均会导致在钢中出现石墨碳,并在其周围形成低碳大块铁素体,严重时断口呈黑色。由于石墨对基体有分割作用,在使用中易造成崩刃及早期磨损,同时容易形成淬火软点,因此一旦出现石墨化,钢件彻底报废。

复习思考题

1. 名词解释

扩散退火、脱氢退火、再结晶退火、去应力退火、完全退火、不完全退火、等温退火、球化退火。

2. 退火与正火的目的是什么?

3. 如何消除过共析钢中的网状二次渗碳体?

4. 扩散退火能否完全改善钢中的偏析?为什么?

5. 片状珠光体采用何种热处理工艺可以转变为粒状珠光体?试述球化机理。

6. 退火和正火操作不当会产生哪些缺陷?如何防止?

第**4**章

钢的淬火与回火

4.1 淬火的定义、目的及分类

1. 淬火的定义

将钢加热到临界点以上,保温一定时间,然后在一定的介质中快速冷却获得马氏体(或下贝氏体+马氏体)组织的热处理工艺叫淬火。

将钢加热到临界点以上对于亚共析钢要大于 A_{c3};对于共析钢和过共析钢要大于 A_{c1},并在该温度下保持一定时间使钢奥氏体化,然后在大于临界淬火冷却速度 v_c 的冷却介质中冷却。最后获得马氏体+少量残余奥氏体或下贝氏体+马氏体+少量残余奥氏体的组织。不同钢种的临界冷却速度由钢的过冷奥氏体连续冷却转变曲线(CCT 曲线)确定。图 4-1 所示为 40MnB 钢的 CCT 曲线。临界冷却速度实际上受珠光体转变或贝氏体转变的孕育期控制。因此,凡影响孕育期长短的因素,都会影响钢的临界冷却速度。

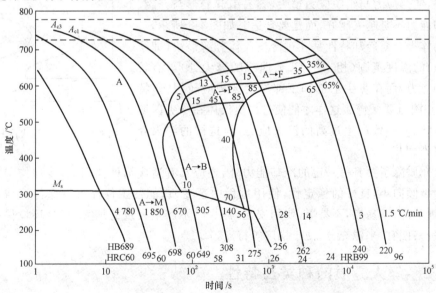

图 4-1 40MnB 钢的 CCT 曲线

2. 淬火的目的

淬火是为了获得马氏体或下贝氏体＋马氏体组织,这些组织都不是热处理所得到的最终组织。淬火必须与回火相配合,才能获得所需要的性能。所说的淬火目的实际上是指淬火＋回火的共同目的。钢件淬火的主要目的是提高硬度、强度、耐磨性和韧性。淬火钢经高温回火后可获得很好的综合机械性能。所以,淬火是强化钢件的主要手段之一。

3. 淬火的分类

淬火种类很多。按淬火加热温度可分为完全淬火、不完全淬火、亚温淬火。按淬火部位的不同又可分为整体淬火、局部淬火、表面淬火。按加热介质的不同又可分为盐浴淬火、火焰淬火、高频淬火、真空淬火、激光淬火和电子束淬火。按冷却方式的不同又可分为直接淬火、双液淬火、喷雾淬火、等温淬火、分级淬火。

4.2 淬火冷却介质

在淬火过程中所采用的冷却介质称为淬火介质。淬火介质可以是固体(如激光淬火和电子束淬火靠工件自身的热传导)、液体(如常用的水和油)或气体(如空气和各种惰性气体)。

4.2.1 对淬火介质的要求

淬火介质选用的合适与否将直接影响淬火质量。淬火介质首先要有足够的冷却能力,其冷却速度必须大于钢件的临界淬火冷却速度 v_c。工件尺寸一定时,冷却速度越快越有可能获得较大的淬硬深度。但过快的冷却速度又将增加工件截面温差,使热应力与组织应力增大,容易引起变形与开裂。因此冷却能力不是越大越好,而是要合适。如图 4-2 所示,一种理想的淬火介质冷却特性是在过冷奥氏体分解最快(即孕育期最短)的温度范围(相当于 CCT 曲线的鼻尖处)具有较强的冷却能力,而在鼻尖上部和下部温度区域应较缓慢,特别在 M_s 点附近要缓慢。这样才能使过冷奥氏体在鼻尖区域不发生分解,又不致产生过高的淬火应力,但这样的淬火介质很难找到。

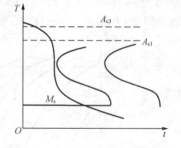

图 4-2　理想的淬火冷却曲线

淬火介质除了要具有一定的冷却能力外,还应具有适应钢种范围宽,冷却均匀性好,淬火变形开裂倾向小,良好的稳定性,使用过程中不变质,能使工件淬火后保持清洁,不粘工件,不腐蚀工件,不易燃,不易爆,使用安全,淬火时不产生大量的烟雾,符合环境保护要求,无公害,价格便宜,来源充分,便于推广等特点。

4.2.2 淬火介质的种类及特性

1. 淬火介质的种类

(1)按物态分类

淬火介质按物态可分为液体、气体和固体三大类,如图 4-3 所示。

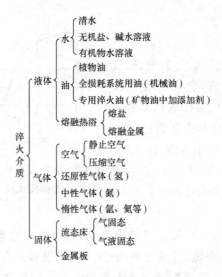

图 4-3　淬火介质按物态分类

（2）按有无物态变化分类

淬火介质按有无物态变化可分为有物态变化型和无物态变化型两大类，如图 4-4 所示。

2. 淬火介质的特性

（1）无物态变化的淬火介质的特性

无物态变化的淬火介质主要指熔盐及熔融金属，它们多用于分级淬火和等温淬火及回火。这类淬火介质的沸点都高于工件的淬火温度。其冷却方式是靠周围介质的传导和对流将工件的热量带走。因此冷却能力除取决于介质本身的物理性质（如比热、导热性、流动性）外，还与工件与介质间

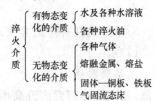

图 4-4　淬火介质按有无物态
变化分类

的温差有关。这类介质在工件较高温度下冷速很快，而在工件接近介质温度时冷速迅速降低。

常使用的硝盐浴冷却速度与油近似。硝盐中的水含量对冷却能力影响很大，水含量增加，易使工件周围的硝盐沸腾从而提高冷却能力，对高合金钢工件淬火则应尽量减少硝盐中水的含量，如可加热到 260～280 ℃，保温 6～8 h，以消除水分的影响。

（2）有物态变化的淬火介质的特性

有物态变化的淬火介质按基本组成可分为水基型与油基型。按冷却特性又可分为形成薄膜型（即在淬火时在被淬火液包围的工件表面形成一层薄膜）和非形成薄膜型（即在淬火过程中冷却介质不在工件表面发生某种物理沉积，淬火冷却介质浓度不发生变化）。

这类淬火介质冷却过程分为三个阶段：气膜沸腾期、气泡沸腾期和对流传热阶段。如图 4-5 所示。

①气膜沸腾期

这类淬火介质的沸点远比工件的淬火温度低。当赤热的工件淬入这类介质中时，立即使周围介质强烈汽化，在工件表面形成大量过热蒸气。这时由于工件与介质间温差很大。供热很快，致使汽化速度大于蒸气逸出和冷凝速度，于是在工件表面形成一层厚而绝热的蒸气膜，使冷速大大降低。这一阶段称为气膜沸腾期。此时工件的热量通过蒸气膜向周围淬

火介质辐射或对流传热。

②气泡沸腾期

随着工件温度逐渐降低。供热减慢,蒸气的逸出和冷凝速度逐渐大于汽化速度。蒸气膜逐渐变薄,最后完全破裂,蒸气膜沸腾期即告结束。转入气泡沸腾期,此时冷却介质直接与工件表面接触,剧烈汽化沸腾,由于水的汽化热很大。工件被急剧冷却,其冷速可达 789 ℃/s,随着工件表面温度逐渐降低,沸腾逐渐减弱。

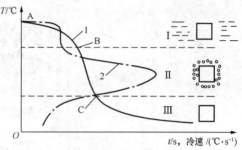

图 4-5 有物态变化的淬火介质的冷却曲线和冷却速度曲线

③对流传热阶段

当工件温度降到水的沸点以下时,气泡沸腾期结束,冷却过程转入对流传热阶段,工件的冷却主要靠介质的传导与对流,冷速变慢,直到工件冷至淬火介质温度。

蒸气膜破裂的温度,即是气泡沸腾期开始的温度。一般称之为特性温度。特性温度的高低,对冷却速度影响很大。特性温度高,则快速冷却的温度区也高,工件冷却就快。

淬火介质的流动和搅拌以及提高工件表面介质的压力,均会使蒸气膜早期破裂或不易稳定存在。

3. 常用的几种淬火介质的冷却特征

(1)水

水是最常用的淬火介质,其化学稳定性很高,热容量较大,室温时为钢的八倍。水的沸点低,其汽化热随温度升高而降低。静止水和循环水的冷却特性如图 4-6 所示。可以看出水温升高,冷却能力急剧下降。高中温区水的冷却能力并不强,比如在需要快冷的 $650 \sim 400$ ℃,水的冷速很小,大约只有 200 ℃/s。而在需要慢冷的 400 ℃ 以下,水的冷速却很大,在 300 ℃ 左右达到最大值 800 ℃/s。即使工件能淬硬,其热应力和组织应力也很大,这正是纯水很少被采用的原因。

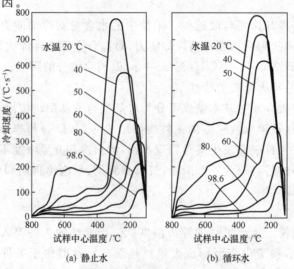

图 4-6 静止水和循环水的冷却特性

(2)盐水和碱水

为了改善水的冷却特性,常向水中加入一些添加剂,一般加入食盐或苛性钠,形成一系列水基淬火剂。图 4-7 为不同浓度的盐水冷却特性曲线。

从图中可以看到出于加入了食盐,把最大冷却速度温度移向中高温区(650~400 ℃)。盐水的浓度在 5%~10% 为好,还可大大地提高介质冷却能力,这是因为淬火时,食盐在工件表面析出并爆炸,不断破坏蒸气膜的形成,使气泡沸腾期提早到来,提高冷却能力。使冷却速度可达 2 000 ℃/s 以上。同水一样,盐水温度升高,其冷却能力大大降低,一般盐水温度在 20~40 ℃ 为宜。

碱水溶液常用浓度为 10%NaOH 或 50%NaOH 水溶液,冷却特性曲线如图 4-8 所示。

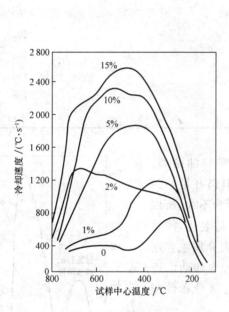

图 4-7 不同浓度的盐水冷却特性曲线

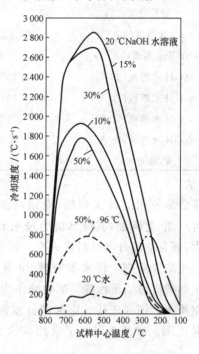

图 4-8 碱水溶液的冷却特性曲线

从图中可以看出 10% 碱水溶液冷却特性较为理想。浓度增大到 15%,冷速大增,但低温区冷速过大。浓度为 50% 时,冷却特性又变得较为理想。特别是 96 ℃ 的 50%NaOH 水溶液冷却特性最为理想,常用于断面较大、水淬易裂而油淬不硬的碳素钢件。碱水淬火优点是工件表面光洁,缺点是有不好的气味,有腐蚀性,容易老化变质,故碱水不如盐水用得广泛。

我国研制的过饱和硝盐水溶液,简称三硝淬火剂,成分为:$NaNO_3$,25%;$NaNO_2$,20%;KNO_2,20%。氯化锌碱水溶液:$ZnCl_2$,49%;NaOH,49%;肥皂粉,2% 加 300 倍水稀释,20~60 ℃。水玻璃淬火液:NaCl,11%~14%;$NaSiO_3$,7%~9%;Na_2CO_3,11%~14%;NaOH,0.5%;H_2O,62.5%~70.5%。这些介质都在一定程度上改善了常规无机盐淬火介质的冷却特性。

表 4-1 列出了常用淬火介质的冷却速度。

表 4-1   常用淬火介质的冷却速度

淬火介质	特性温度/℃	冷却速度 /(℃·s⁻¹)	
		400 ℃	200 ℃
静止水(20 ℃)	400	200	700
静止水(40 ℃)	350	100	550
静止水(80 ℃)	250	30	200
静止水(98.6 ℃)	200	20	20
循环水(20 ℃)	400	350	700
蒸馏水	350	150	700
水的乳浊液	300	100~200	500~700
1%NaCl 水溶液(20 ℃)	500	1 200	700
10%NaCl 水溶液(20 ℃)	650	2 200	700
10%NaOH 水溶液(20 ℃)	650	1 800	200
50%NaOH 水溶液(20 ℃)	650	1 100	100
50%NaOH 水溶液(70 ℃)	650	800	100
50%NaOH 水溶液(96 ℃)	650	500	100
矿物油	500	60	10

（3）油

油是最早使用的淬火介质,有植物油和矿物油两类。植物油有豆油、芝麻油,其冷却能力较水弱,但仍有足够的冷却能力,而且油温升高时对淬火冷却速度影响不大,所以是较为理想的淬火剂。但来源困难、价格高、易老化,故目前几乎全部被矿物油所代替。矿物油作为淬火介质主要用于合金钢淬火。图 4-9 是过饱和硝盐水溶液、水和油的冷却曲线对比图。表 4-2 列出了常用淬火油的牌号和性能指标。

为了改善油的冷却能力,还可采用提高油温,强烈搅拌循环以及加入添加剂等方法。油温提高之后,油的黏度显著减小,提高了流动性,有助于对流传热。搅拌能使高温阶段油膜早期破裂,提高了冷速。

淬火油在长期使用中,炭黑及残渣使黏度上升,造成冷却能力下降,称为淬火油的"老化"现象。油在淬火过程中不断发生氧化、聚合、热分解、汽化等过程,导致油变质。淬火油使用温度必须低于闪点 80~100 ℃,以防着火。油中水分增加,也能促进老化变质,并在低温区使冷速加快,形状复杂的工件在这种介质中冷却容易形成淬火裂纹。

使用油作为冷却介质易形成油烟,污染环境,要加强通风,并要防止油燃烧起火。

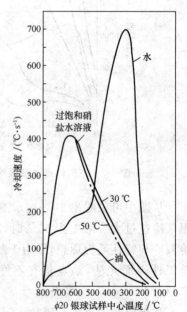

图 4-9   过饱和硝盐水溶液、水和油的冷却曲线对比图

表 4-2　　　　　　　　　　　　　　常用淬火油的牌号和性能指标

油的种类	牌号	运动黏度/ $10^{-6}(m^2 \cdot s^{-2})$	闪点/℃ (不低于)	凝点/℃ (不高于)	机械杂质/% (不大于)	灰分/% (大于)
5♯高速机械油	HJ-5	4.0～5.1	110	−10	—	0.005
7♯高速机械油	HJ-7	6.0～8.0	125	−10	—	0.005
10♯机械油	HJ-10	7～13	165	−15	0.005	0.005
20♯机械油	HJ-20	17～23	170	−15	0.005	0.005
30♯机械油	HJ-30	27～33	180	−10	0.007	0.007
40♯机械油	HJ-40	37～43	190	−10	0.007	0.007
50♯机械油	HJ-50	47～53	200	−10	0.007	0.007
52♯气缸油	HG-52	49～55	300	10	0.01	0.01

　　除上面介绍的三类常用冷却介质之外,国外又研制出了无毒、无臭、不燃和冷却能力在水和油之间可调的高分子聚合物水溶液。如聚乙烯醇水溶液、聚烯乙二醇、聚氧乙烯乙二醇和聚乙烯醇吡咯等,这些都成功地用于钢铁材料及铝合金件的淬火。20 世纪 70 年代末期国外又研制出了适用于贝氏体淬火的非马氏体淬火剂——碱性聚丙烯酸酯。其特点是黏度高,适用于等温淬火、锻件余热淬火、高速钢及马氏体不锈钢淬火。

4.2.3　淬火介质冷却特性的评定方法

1. 冷却曲线与冷速曲线法

　　冷却曲线法可以记录全部冷却过程,它是目前测定淬火介质冷却能力比较可行的方法。通常用一个探头(即试样)的淬火来完成这个试验,在探头内的几个位置上插入热电偶,通常是放在其几何中心或表面处,来测量冷却过程的冷却曲线。

　　冷却曲线法测量简便,应用最为广泛。它最有吸引力的特点之一是能够反映淬火冷却全过程,因而有可能在冷却曲线的温度-时间特性或时间-冷速特性的某些方面与物理性能(如硬度)建立起关系。现有的冷却曲线测试方法(特别是热探头的使用方法)种类繁多,同时人们在这些方法的基础上尝试发展出多种冷却曲线评价方法来预测淬火的最终效果。冷却曲线与冷速曲线见图 4-10。

　　英国伯明翰阿斯通(Aston)大学的 Wolfson 热处理中心(Wolfson Heat Treatment Centre)的工程部淬火介质专题组于 1982 年发表了《工业淬火介质冷却性能评定的实验室试验方法》。其中提出的 Drayton 探头使用 Inconel 600 合金,为 $\phi 12.5 \text{ mm} \times 60 \text{ mm}$ 的圆柱体。在探头几何中心安装 1 支测温热电偶。

　　国际材料热处理和表面工程联合会(IFHT)冷却科学和技术委员会于 1985 年提出了标准草案 ISO/DIS 9950《工业淬火油—测定冷却特性—试验室测试方法》。这个标准草案是以华福森热处理中心的方案为基础制定的,两者的主要内容完全相同。标准草案采用华福森的圆柱形镍合金探头,但也

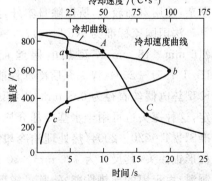

图 4-10　冷却曲线与冷速曲线

允许采用具有相同热性能的其他材料制定的探头(主要是指圆柱形银探头)。经过 10 年的应用和修订,1995 年提出了正式的国际标准 ISO 9950:1995《测定工业淬火油冷却特性的镍合金探头试验方法》。

ISO 法的开始试验温度为 850 ℃,试验是在 2 000 mL(或 1 000 mL)静止的油样中进行的,试验结果除绘制成冷却过程曲线,也绘制成冷却特性曲线,同时提出下列 6 个特征参数:

①最大冷速;

②最大冷速所在的温度;

③300 ℃时的冷速;

④冷至 600 ℃时的冷却时间;

⑤冷至 400 ℃时的冷却时间;

⑥冷至 200 ℃时的冷却时间。

ISO 9950:1995 镍合金探头试验方法不仅可用于实验室检测用的固定式检测装置,也可用于便携式的装置。它和华福森法都具有适用于工程使用的特点。应该指出,ISO 9950:1995 标准规定的镍合金探头试验方法适用于在实验室标准条件下测定静止的工业淬火油的冷却曲线,而应用于测定水溶性聚合物类淬火介质的冷却曲线则数据离散性较大。

IVF 探头是由瑞典生产工程研究院(Swedish Institute of Production Engineering Research)开发的。它基于 ISO 9950 标准,使用 Inconel 600 合金制造,$\phi 12.5$ mm×60 mm 圆柱体,测温点在探头几何中心。

LISCIC-NANMAC 探头呈圆柱形,长 200 mm,直径 50 mm,材质为 ANSI 304。在探头正中横截面上安装了 3 个热电偶。第一个热电偶安装在表面,它是特殊的扁平带状。第二个热电偶置于表面下 1.5 mm,第三个热电偶置于几何中心。此探头对热流测量相当灵敏,因为它测量从探头表面到心部的温度梯度。它的特性在于测量并记录探头温度的响应相当快(10^{-5}秒),从而可记录快速变化的温度。

日本现行冷却性能试验方法包括在 JIS K 2242—2012《热处理液体》中。该标准采用表面测温圆柱形银探头,又称为坂大式探头。探头本体尺寸为 $\phi 10$ mm×30 mm,测温点在圆柱体表面。这种探头的特点是灵敏度高,但这种探头的重复性和再现性较差,制造工艺极为复杂,使用寿命较短,所以除日本外,其他国家很少应用。

法国国家标准为 NFT 60178,探头型号为 SEM-51。这是一种圆柱形银探头,尺寸为 $\phi 16$ mm×48 mm,K 型热电偶丝直径 $\phi 1.0$ mm,测温点在探头几何中心。我国标准 JB/T 7951—2004《淬火介质冷却性能试验方法》所用探头基本上与法国探头相同。但所用 K 型热电偶丝直径为 0.5 mm,比法国的细,目的是为了提高探头的灵敏度。我国标准还规定,这种探头也可用于水基冷却介质的性能测定。我国热处理用油生产部门制定了行业标准 SH/T 0220—2004《热处理油冷却性能测定方法》,规定测定淬火油的探头为 ZJY-10 型圆柱形银探头,其尺寸为 $\phi 10$ mm×30 mm,测温点在探头几何中心。这两种银探头,都是中心测温,由于银的导热性能好,其灵敏度比较高。但是这种探头制造仍然比较复杂,重复性和再现性也较低,对于生产应用来说有一定的局限性。

表 4-3 列出了各种冷却曲线法热探头的主要特点。

表 4-3		冷却曲线法热探头的主要特点		
	材料	形状	尺寸	电偶数目和位置
Drayton 探头	Inconel 600	圆柱	$\phi 12.5$ mm×60 mm	1 个,探头几何中心
ISO 探头	Inconel 600 及其他,如银	圆柱	$\phi 12.5$ mm×60 mm	1 个,探头几何中心
IVF 探头	Inconel 600	圆柱	$\phi 12.5$ mm×60 mm	1 个,探头几何中心
法国 SEM-51 探头	银	圆柱	$\phi 16$ mm×48 mm	1 个,探头几何中心
中国 JB/T 7951-2004 探头	银	圆柱	$\phi 16$ mm×48 mm	1 个,探头几何中心
中国 ZJY-10 探头	银	圆柱	$\phi 10$ mm×30 mm	1 个,探头几何中心
日本坂大式探头	银	圆柱	$\phi 10$ mm×30 mm	1 个,探头表面
LISCIC-NANMAC 探头	AISI 304	圆柱	$\phi 50$ mm×200 mm	3 个,探头表面、表面下 1.5 mm 和几何中心

　　大连理工大学使用常用钢探头测量了常用钢在不同淬火介质中的冷却曲线。对常用钢材进行分类,选择调质钢、弹簧钢、渗碳钢、滚动轴承钢、碳素工具钢、低合金工具钢、低碳结构钢、热作模具钢等材料,使测量结果具有较强的代表性。如图 4-11 所示,钢探头设计为圆柱体,直径为 50 mm,长度为 100 mm。在探头同侧端面

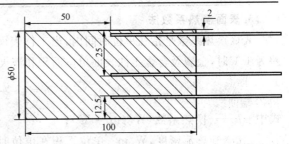

图 4-11　常用钢探头的基本构造(单位:mm)

上几何中心处、半径 12.5 mm 处和半径 23 mm 处(表面以下 2 mm 处),深度 50 mm 处,安装三根外径 1.0 mm 的 K 型镍铬-镍硅铠装热电偶,偶丝直径为 0.18 mm,响应时间为 0.01 s。常用钢探头的这种热电偶布置方式不仅能全面表征淬火过程中热探头近表面、内部和心部的冷却行为,而且还可以进一步为冷却介质换热系数和工件边界处热流的计算提供数据。

　　图 4-12 是 42CrMo 钢在水中淬火的冷却曲线与冷速曲线。

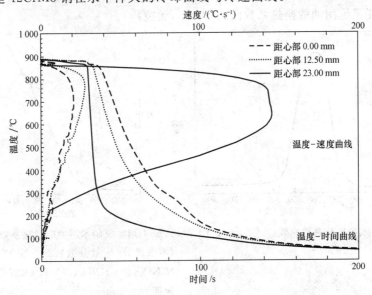

图 4-12　42CrMo 钢在水中淬火的冷却曲线与冷速曲线

2. 淬火冷却强度法（烈度法）

把淬火介质从热工件吸收热量的能力定义为淬火烈度，用符号 H 表示。淬火烈度代表淬火介质的冷却强度。目前通用的 H 值是"Grossman H 值"。H 值越大，介质的冷却能力越强。规定静止水的 H 值为 1.0。淬火烈度只是大致反映淬火介质平均换热系数的高低。表 4-4 是不同淬火介质的 H 值。

表 4-4 　　　　　　　　　　　　　　　　不同淬火介质的 H 值

淬火介质	H 值					
	无搅动	轻度搅动	中等搅动	良好搅动	强搅动	剧烈搅动
油	0.25～0.30	0.30～0.35	0.35～0.40	0.40～0.50	0.50～0.80	0.80～1.10
水	0.90～1.00	1.00～1.10	1.20～1.30	1.40～1.50	1.60～2.00	4.00
盐水	2.00	—	—	—	—	5.00

3. 表面换热系数法

表面换热系数是指在单位时间内，当工件表面单位面积和淬火介质流体之间的平均温度差为 1 ℃时，金属及合金工件表面单位面积和淬火介质流体之间所传递的热量，用下式表示：

$$h = \frac{q}{T_w - T_c}$$

式中　　h——换热系数，$W/(m^2 \cdot ℃)$；

　　　　q——热流密度，W/m^2，单位面积在单位时间内传递的热量。

换热系数是反映表面热量传递的速率。与冷却曲线相比，换热系数曲线能更加直观地反映介质淬火的冷却能力。换热系数是淬火过程中计算机数值模拟的重要热边界条件，有了它就可以准确模拟出工件淬火冷却过程的温度场，进而精确模拟出工件淬火冷却过程的组织场和淬硬层深度。所以换热系数的测量、计算和应用也正在逐渐引起人们的重视。图 4-13 是水的换热系数曲线（20 ℃，无搅拌）。图 4-14 是三硝水溶液的换热系数曲线（搅拌速度为 0.2 m/s）。图 4-15 是 $w(NaCl)10\%$ 水溶液的换热系数曲线（无搅拌）。图 4-16 是 L-AN22 全损耗系统用油的换热系数曲线（20 ℃，无搅拌）。

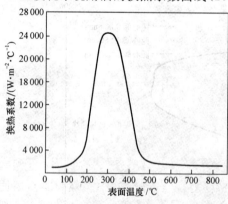

图 4-13　水的换热系数曲线（20 ℃，无搅拌）

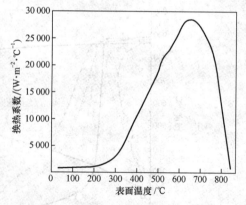

图 4-14　三硝水溶液的换热系数曲线（溶液成分（质量分数）：25％ NaNO₃，20％ NaNO₂，20％KNO₃，35％H₂O，27 ℃，搅拌速度为 0.2 m/s）

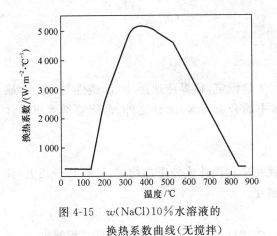

图 4-15 w(NaCl)10%水溶液的
换热系数曲线(无搅拌)

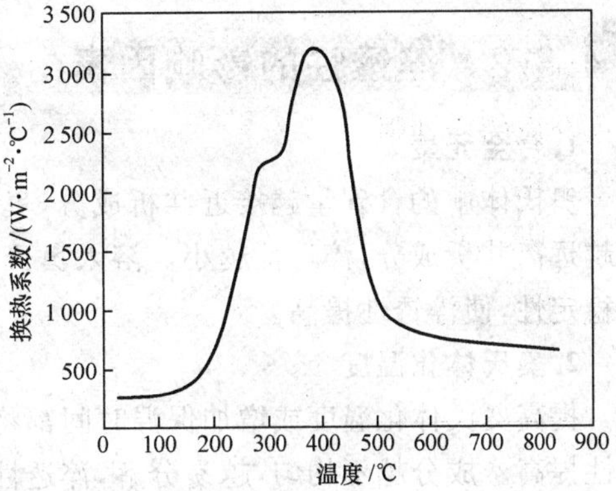

图 4-16 L-AN22 全损耗系统用油的换热
系数曲线(20 ℃,无搅拌)

4.3 钢的淬透性

4.3.1 淬透性的定义

淬透性是指钢在淬火时获得淬硬层的能力,它是钢材本身的一个固有属性。淬硬层深度一般规定为工件表面至半马氏体点之间的距离。

淬硬性是指钢在大于临界冷却速度冷却时,获得的马氏体组织所能达到的最高硬度,淬硬性主要与钢的含碳量有关。钢中马氏体硬度与含碳量的关系如图 4-17 所示。

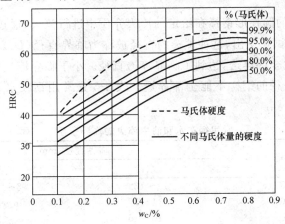

图 4-17 钢中马氏体硬度与含碳量的关系

钢的淬透性与零件的淬透深度是两个完全不同的概念。淬透性乃是钢材本身所固有的属性。而零件的淬透深度除取决于钢材的淬透性之外,还与所采用的冷却介质、零件尺寸等外部因素有关。

在同一奥氏体化温度下,同一种钢的淬透性是相同的。但是,水淬比油淬的淬透层深,小件比大件的淬透层深。决不能说小件比大件的淬透性大。谈淬透性,必须排除工件的形状、尺寸和介质的冷却能力等淬火条件的影响。

4.3.2 淬透性的影响因素

1.合金元素

奥氏体中的含碳量越接近共析成分,奥氏体越稳定,临界冷速越小,淬透性越大。含碳量越远离共析成分,淬透性越小。溶入奥氏体中的合金元素,除钴之外,都能够增大奥氏体的稳定性,使淬透性提高。

2.奥氏体化温度

提高奥氏体化温度或增加保温时间都将使钢中奥氏体成分更加均匀,晶粒趋于长大,淬透性提高。成分越不均匀,越易分解,淬透性越小。

3.未溶的第二相

奥氏体中未溶的第二相越多,越容易分解,淬透性越小。反之,未溶的第二相越少,淬透性越高。

4.原始组织

钢的原始组织中,珠光体形态和弥散度对淬透性影响很大,碳化物越分散、细小,越易于溶入奥氏体中,淬透性越高。

4.3.3 淬透性的试验方法

淬透性的试验方法有断口评级法、临界直径法和顶端淬火法。断口评级法目前很少使用。这里只介绍临界直径法和顶端淬火法。

1.临界直径法

取若干不同直径的圆柱形钢棒在给定的淬火介质中进行淬火,通过金相检验,将心部含有50%淬火马氏体的试棒挑出,这种试棒的直径被称为临界直径(D_0)。如果心部获得半马氏体组织,那么可以说全部淬透,达到了临界淬透直径。小于临界淬透直径的钢棒可以全部淬透,大于临界淬透直径的钢棒不能全部淬透。表 4-5 是常用钢在水和油中淬火的临界直径。

钢号	临界直径/mm	
	水冷	油冷
45	13～16.5	6～9.5
60	11～17	6～12
T10	10～15	<8
65Mn	25～30	17～25
40Cr	30～38	19～28
35CrMo	36～42	20～28
40MnB	50～55	28～40
50CrVA	55～62	32～40
20CrMnTi	22～35	15～24
30CrMnSi	40～50	23～40
38CrMoAlA	100	80

表 4-5　　常用钢在水和油中淬火的临界直径

临界直径 D_0 与冷却条件有关。为排除冷却条件的影响,引入了理想临界直径的概念,

一般用 D_i 表示。理想临界直径是指在淬火冷却强度无限大（$H=\infty$）的理想冷却介质中淬火冷却时，钢材的淬透临界直径。理想临界直径只取决于钢的成分，而与试样的尺寸和冷却介质无关，可直接表征钢的淬透性的高低。如图 4-18 所示，利用理想临界直径可以很方便地将某种淬火条件下的临界直径换算成任何淬火条件下的临界直径。

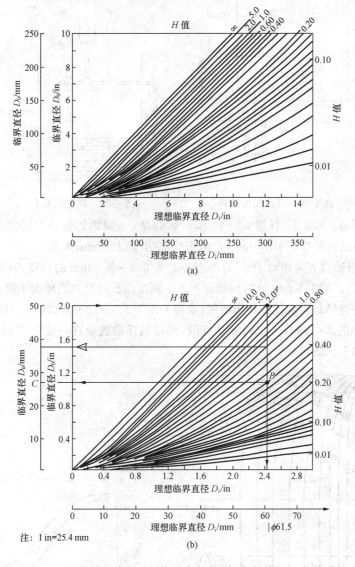

图 4-18　理想临界直径 D_i、临界直径 D_0 与淬火烈度 H 的关系

2. 顶端淬火法

顶端淬火法又被称为端淬试验，是目前世界上应用最广泛的淬透性试验方法。其主要特点是方法简单，适用范围广，可用于测定优质碳素钢、合金结构钢、弹簧钢、轴承钢及合金工具钢等的淬透性。端淬试验所用的试样为 $\phi 25\ mm \times 100\ mm$ 圆柱形试棒，如图 4-19 所示。端淬试验台如图 4-20 所示。

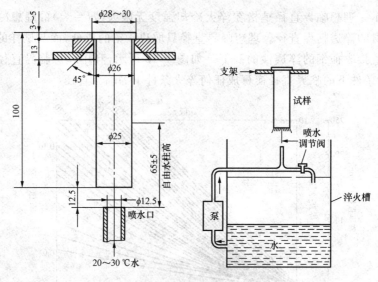

图 4-19　端淬试验试样　　　图 4-20　端淬试验台

　　试样加热到 $A_{c3}+30$ ℃,保温 $30\sim40$ min,然后在 5 s 以内迅速放在端淬试验台上喷水冷却。喷水管口距试样顶端为 12.5 mm,自由水柱高为 65 ± 5 mm,水温 $4\sim60$ ℃。待试样全部冷透后,将试样沿轴线方向相对 180 °的两边各磨去 $0.2\sim0.5$ mm 的深度,获得两个相互平行的平面,然后从距顶端 1.5 mm 处沿轴线自下而上测定洛氏硬度。当硬度下降缓慢时可以每隔 3 mm 测一次,并将结果画成硬度分布曲线(参照 GB/T 225—2006),如图4-21所示。

　　由于各种钢的成分均有一定的波动范围,所以端淬曲线也在一定范围内波动,形成一个"淬透性带",如图 4-22 所示。

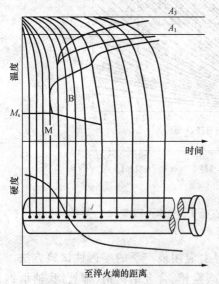

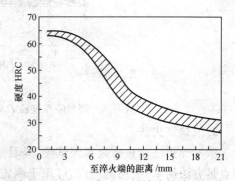

图 4-21　端淬试样在离顶端不同距离处的冷速　　图 4-22　GCr15 钢 840 ℃淬火的淬透性带
　　　　　在 CCT 曲线上的对应关系

　　按 GB/T 225—2006 规定,用端淬试验测定结构钢的淬透性,用 $J\dfrac{HRC}{d}$ 来表示钢的淬透性。d 表示曲线拐点距水冷端的距离,HRC 为该处的硬度。$J\dfrac{42}{5}$ 表示距水冷端 5 mm 处的硬度为 HRC42。由图 4-22 的端淬曲线可以看到:距水冷端 1.5 mm 处硬度最高,可以代表该钢的淬硬性;曲线拐点处的硬度与半马氏体组织的临界硬度大致相同。

4.3.4　端淬曲线的应用

1. 根据端淬曲线求沿工件截面硬度

端淬曲线可以用来分析工件淬火后截面硬度的分布。例如对于 φ50 mm 的 GCr15 的轴,其油淬后的截面硬度可按如下方法获得。图 4-23 为由端淬曲线换算为截面硬度分布的关系曲线。在图 4-23(b)纵坐标处找到 50 mm 处;由此引横轴平行线交曲线于 $a_表$、$b_{3R/4}$、$c_{R/2}$、$d_心$,再从各交点作纵轴平行线交横轴于 7.25 mm、12.5 mm、16.0 mm、19.0 mm 处,再查 GCr15 钢的端淬曲线图 4-22,求得表面、3R/4、R/2 和心部的硬度分别为 HRC55、HRC37、HRC32、HRC30。

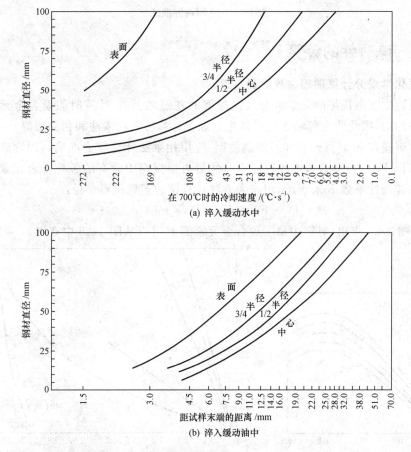

(a) 淬入缓动水中

(b) 淬入缓动油中

图 4-23　由端淬曲线换算为截面硬度分布的关系曲线

2. 根据端淬曲线选择热处理工艺

例如,用含碳量为 0.4% 钢制造直径为 45 mm 的轴,要求淬火后在截面 3R/4 处马氏体含量为 80%,R/2 处硬度大于 HRC40,问可否油淬?

从图 4-17 中找出含碳量为 0.4％的钢淬火后含有 80％马氏体的硬度为 HRC45,再从图 4-23(a)纵坐标上直径 45 mm 处作水平线,从该水平线与曲线 3R/4、R/2 的交点处作垂线交横轴于 5.25 mm、7.2 mm 处,再查 40 钢端淬曲线图 4-24,求得 3R/4 与 R/2 处对应的硬度分别为 HRC45 和 HRC42,满足要求。若改用油淬,用类似方法求得,满足不了要求。因此必须用水淬。

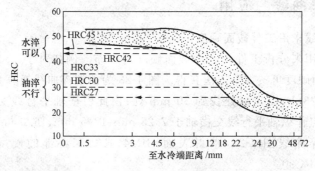

图 4-24　40 钢端淬曲线

4.3.5　淬透性的计算

1. 根据化学成分计算理想临界直径

此法是建立在奥氏体的化学成分及晶粒度的基础之上的,计算时假设合金元素均在奥氏体中扩散均匀,碳化物全部溶于奥氏体中。通常计算法有相乘法和相加法等。

对于含碳量在 0.35％～0.60％的调质钢,应用相乘法计算较为准确。用含碳量及奥氏体晶粒度求出 Fe-C 合金的基本淬透性 D_{ic},然后再根据钢中含有的各种合金元素对淬透性贡献大小用淬透性系数 F 来表示,用连乘方法计算钢的理想临界直径:

$$D_i = D_{ic} \times F_{Mn} \times F_{Cr} \times F_{Ni} \times F_{Si} \times F_{Mo} \times \cdots \quad (4\text{-}2)$$

式中,D_{ic}由图 4-25 查出,对钢中每一种合金元素的 F 可以从图 4-26 中查出。

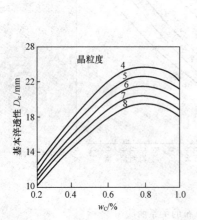

图 4-25　含碳量与基本淬透性 D_{ic} 的关系　　　图 4-26　不同合金元素的淬透性系数

2. 根据化学成分计算端淬曲线

试验表明,合金元素在距顶端 10 mm 以内对淬透性影响较明显,大于 10 mm 后其影响趋于一个常数。假设在顶端,所有合金元素的淬透性系数为零,即在该处的硬度完全由含碳量控制,因此可用数学模型来描述成分与不同顶端距离处硬度的关系。

贾斯特(Just. E)给出如下数值方程:

$$J_{6-80} = 95\sqrt{C} - 0.002\,8S^2\sqrt{C} + 20Cr + 38Mo + 14Mn + 6Ni +$$

$$6Si + 39V + 96P - 0.8K - 12\sqrt{S} + 0.9S - 13HRC \qquad (4-3)$$

式中　J_{6-80} ——距顶端 6～80 mm 处各点硬度;

　　　 S ——合金元素到顶端距离,mm;

　　　 K ——奥氏体晶粒度 ASTM。

式(4-3)适用于距顶端 6～80 mm 处各点的硬度预测。在顶端处的硬度由下式决定:

$$J_0 = 60\sqrt{C} + 20HRC \quad (C < 0.6\%) \qquad (4-4)$$

式(4-4)适用于 $w_C < 0.6\%$,$w_{Cr} < 2\%$,$w_{Mn} < 2\%$,$w_{Ni} < 4\%$,$w_{Si} < 0.4\%$,$w_{Mo} < 0.5\%$,$w_V < 0.2\%$,奥氏体晶粒度 $K = 1.5～11$ 级的钢。

4.4　淬火应力变形和开裂

4.4.1　淬火应力

在淬火过程中由于工件不同部位的温度差异及组织转变的不同时性所引起的内应力叫淬火应力;在工件热处理过程中所形成的内应力称为瞬时应力;热处理后在工件内存在的应力则称为残余应力。

根据内应力形成的原因不同,又可分为由温度不同引起热胀冷缩不均匀而产生的热应力和由相变不同及组织不均匀所产生的组织应力。

热应力是热处理过程中普遍存在的一种内应力。在低于 A_1 点急冷情况下,表面冷速比心部快得多,如图 4-27 所示,因而表面冷缩也比心部快得多。表面的收缩受到温度较高的心部阻碍,于是在试样表面产生拉应力,心部为压应力。到了冷却后期,表面温度已降低。心部冷却速度加快,表面反过来阻碍心部的收缩,使热应力反向。心部为拉应力,表面为压应力。最终的残余应力状态是表面为压应力,而心部为拉应力,如图 4-27(c)所示。

热应力的大小与下列因素有关:钢的线胀系数越大,热应力越大;钢的屈服强度越高,热应力越大;钢的加热或冷却速度越快,则工件表层与心部温差越大,热应力越大;钢的导热性越小,则工件表层与心部温差越大,热

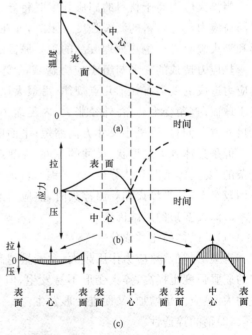

图 4-27　圆柱纯铁棒在快冷过程中热应力的变化

应力越大;工件断面越大,则内外温差越大,热应力越大。

组织应力又称为相变应力,是由于快速冷却时表面与心部不同时发生相变而产生的应力。在钢中马氏体比容最大,奥氏体比容最小。奥氏体向马氏体转变时。比容变化最大。含碳量越高,淬火时比容变化越大。淬火时工件表面首先冷到 M_s 点以下发生马氏体转变,体积要膨胀,心部尚未转变,必然要阻碍表面膨胀,使表面受压,而表面使心部受拉。随着温度降低,表面已大部分转变完毕,心部才冷到 M_s 点以下而转变开始。此时,心部要膨胀,但表面已形成马氏体硬壳,阻碍心部胀大,使之受压,心部则使表面受拉。所以最终的组织应力状态是表面存在拉应力,而心部存在压应力。

组织应力的大小与钢在马氏体相变温度范围的温差有关。截面温差增大,组织应力增加。此外,相变时体积胀大越多,组织应力也越大;钢的淬透性越好,零件尺寸越大,则淬火后组织应力越大。

零件在热处理时只要有相变发生,必然要产生热应力和组织应力。此外,因零件表面和心部组织转变条件不同,沿截面的组织结构不均匀也能形成内应力。例如,零件表面脱碳和增碳、表面局部淬火、快速加热等导致零件表层与心部组织结构的不均匀,弹塑性变形不一致从而产生附加应力。因此,热处理后的残余应力是热应力、组织应力和附加应力综合作用的结果。

4.4.2 淬火变形和开裂

1.淬火变形的规律

当淬火应力高于材料的屈服强度时将导致淬火工件变形,即发生尺寸畸变和形状畸变。当淬火应力超过材料的断裂强度极限时,即在工件上出现淬火裂纹,严重时开裂。严重的变形和淬火裂纹是产生热处理废品的重要原因之一。

热应力造成的变形与组织应力造成的变形是不同的,如图 4-28 所示。由图可以看出,热应力造成的变形有如下几点规律:沿最大尺寸方向收缩,沿最小尺寸方向伸长;平面凸起,趋于球面;直角变为钝角;外径胀大,内径缩小。而组织应力造成的变形恰与上述相反:沿最大尺寸方向伸长,沿最小尺寸方向缩短;平面凹小;直角变为锐角;外径缩小,内径胀大。

但是具体到一定形状、尺寸的工件,在热应力和组织应力共同作用下发生的变形是异常复杂的,要具体情况具体分析:碳素钢水淬时热应力的作用突出;合金钢油淬时组织应力的作用较突出;分级淬火和等温淬火时,热应力起主要作用,组织应力则较小。

2.淬火变形的影响因素

(1)奥氏体的化学成分

含碳量越低,热应力作用越大;含碳量越高,组织应力作用越大。随合金元素含量提高,钢的屈服强度也提高,淬火变形不易发生,但导致钢的导热性降低,因而工件心部与表面温差增大,热应力也增加,又促进变形发生。

(2)钢的淬透性

淬透性低时要急冷淬火,所以热应力为主。淬透性高时可缓冷淬火,所以组织应力为主。工件被淬透时组织应力为主,淬不透时热应力为主。

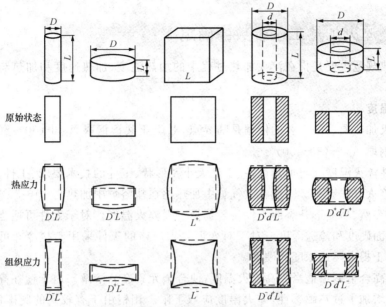

图 4-28 热应力和组织应力造成的变形

（3）淬火温度

淬火温度越高，淬火变形越大。

（4）淬火冷却速度

冷速越大则淬火应力越大，淬火变形也越大。但热应力变形主要取决于 M_s 点以上的冷速，组织应力变形主要取决于 M_s 点以下的冷速。

（5）原始组织

若粒状珠光体的比容大于片状珠光体，淬火时的体积变化就小于后者。粒状珠光体越弥散则比容越大，淬火前后的比容变化越小。原始组织不均匀，有带状组织等，淬火变形也不均匀，沿带状组织方向的膨胀量大于垂直方向的膨胀量。

（6）工件形状

形状越简单，规则对称，其变形越小。形状越复杂，壁厚越不均匀、对称的工件，变形越大。

当工件中存在的拉应力超过钢的断裂强度时就要产生裂纹。裂纹通常垂直于最大拉伸变形方向。因此工件产生不同形式的裂纹主要取决于所受的应力分布状态。纵向裂纹主要在切向的拉伸应力超过材料的断裂强度时产生；当在工件内表面形成大的轴向拉应力超过材料断裂强度时形成横向裂纹；网状裂纹在表面二向拉伸应力作用下形成；而剥离裂纹产生在很薄的淬硬层内，当应力发生急剧改变并在径向作用过大拉应力时可能产生这种裂纹。由于工件设计不良、原材料缺陷等原因存在应力集中或工艺操作不当产生过大热处理应力时，会促进淬火裂纹的产生。

4.5 淬火工艺

4.5.1 淬火加热工艺参数的确定

淬火加热规范主要是指在淬火加热过程中的加热温度、加热速度和加热与保温时间三个工艺参数。

1. 加热温度

确定淬火加热温度最主要的依据是临界点,对于亚共析钢取 $A_{c3}+(30\sim50)℃$;对于共析和过共析钢取 $A_{c1}+(30\sim50)℃$。

确定工件淬火温度还与加热设备、工件大小及形状、工件的技术要求、工件的原始组织、淬火介质及淬火方法有关。一般在空气炉中加热比在盐浴炉中加热高 $10\sim30℃$,对形状复杂、截面变化突然、易变形开裂的工件一般选择下限淬火温度。对于大件可适当提高淬火温度,以提高表面硬度和淬透深度。对于对变形要求严格的工件采用硝盐冷却可适当提高淬火温度,以利于提高淬透深度和硬度。

对于中、高合金钢可适当提高淬火温度,使合金元素充分溶解。由于锰在高碳钢中降低了其临界点,增加了过热敏感性,淬火温度应取下限。钼钢由于有较高的脱碳敏感性,也不宜在高温加热。对于淬透性低的低碳钢,可以提高淬火温度获得低碳板条马氏体。对于中碳钢及中碳合金钢,适当提高淬火温度可以减少孪晶马氏体的形成,获得更多的板条马氏体,以提高韧性。高碳钢采用低温淬火或快速加热,可减少固溶于奥氏体中的碳,淬火时可形成一定量的板条马氏体,减少孪晶马氏体间显微裂纹。此外,提高淬火加热温度或延长保温时间都会使奥氏体中含碳量增加、马氏体点降低从而增加了残余奥氏体量。

部分常用淬火钢的淬火温度与临界点列于表 4-6 中。

表 4-6 常用淬火钢的淬火温度与临界点

钢号	临界点/℃		淬火温度/℃	钢号	临界点/℃		淬火温度/℃
	A_{c1}	A_{c3}			A_{c1}	A_{c3}	
45	724	780	820~840 盐水 840~860 碱浴	40SiCr	755	850	900~920 油或水
T7	730	770	780~800 盐水 810~830 碱浴	35CrMo	755	800	850~870 油或水
CrWMn	750	940	830~870 油	60SiMn	755	810	840~870 油
9CrSi	770	870	850~870 油 860~880 碱浴、硝盐	18CrMnTi	740	825	830~850 油
Cr12MoV	810	1 200	1 020~1 150 油	30CrMnSi	760	830	850~870 油
W18Cr4V	820	1 330	1 260~1 280 油	20MnTiB	720	843	860~890 油
40Cr	743	782	850~870 油	40MnB	730	780	820~860 油
60Mn	727	765	850~870 油	38CrMoAl	800	940	930~950 油

2. 加热速度

对形状简单的碳钢、低合金钢锻件的淬火可以施行快速加热。对直径小于 600 mm 的中碳钢、低中碳低合金钢和直径小于 400 mm 的中碳合金结构钢,形状简单的工件可直接到温装炉快速加热。对形状复杂、要求变形小或用高合金钢制造的工件、大型合金钢锻件必须控制加热速度,防止变形与开裂。对这类钢以 30～70 ℃/h 升温至 650～700 ℃,保温一定时间,均温后,再以 50～100 ℃/h 升温到淬火温度。

3. 加热与保温时间

加热与保温时间是工件入炉到达指定温度所需时间、工件透烧时间与组织转变所需时间三部分之和。在实际生产中常用加热系数来简便估算加热时间,该时间按工件入炉后升温到仪表限定温度开始计时:

$$\tau_{加} = \alpha D k \tag{4-5}$$

式中　k——与装炉量有关的一个系数,一般取 1.5;

　　　D——工件有效厚度,mm;

　　　α——加热系数,min/mm,见表 2-3。

高速钢含有大量合金元素,为使碳化物充分溶解,淬火温度高达 1 200～1 280 ℃,此时要严格控制加热温度和保温时间,防止过热和尖角熔化。为减少高温加热时间,可进行两次预热。

4.5.2　淬火冷却方法

1. 单液淬火

单液淬火有时也叫直接淬火,它是将奥氏体化的工件直接淬入单一淬火介质中冷却到底的一种方法。如图 4-29 所示,这是一种最简单最常用的淬火方法,单独用水或油冷淬火,操作简单。但冷却特性不够理想,难免变形,有时甚至淬裂。所以单液淬火选择合适的淬火介质是十分重要的。

2. 双液淬火

将奥氏体化后的工件先淬入冷却能力较强的介质中冷却,使过冷奥氏体躲过 C 曲线孕育期较短的鼻尖处,待冷到 250～300 ℃ 再转到另一种缓和的介质中冷却的工艺称为双液淬火(图 4-30)。

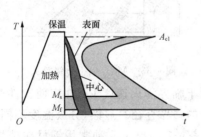
图 4-29　单液淬火

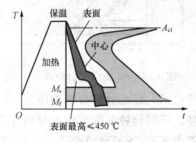
图 4-30　双液淬火

一般双液淬火采用水淬＋油冷,工件入水有鸣声,局部发生振动,鸣声停止或振动停止的瞬间,立即出水入油。一般可按工件直径或厚度每 3～6 mm 水冷 1 s 来计算水冷时间。由此演变而来的油淬＋空冷主要用于合金钢。在油中可按每 1 mm 油冷 1 s 计算冷却时间。

双液淬火一般希望在临界温度范围内快冷,防止过冷奥氏体发生分解,而在马氏体点附近缓冷,从而减小淬火应力,防止变形开裂。

3. 预冷淬火

为了减少淬火应力,防止变形开裂,可将奥氏体化后的工件出炉后在空气中(或其他预冷炉中)预冷到稍高于 A_{r1}(或 A_{r3})的温度,再进行淬火的工艺叫预冷淬火(图 4-31)。预冷的目的是减少淬火工件内外温差,降低激冷程度。实施此工艺的要点是正确控制预冷时间(工件出炉至淬火冷却之前停留时间)和淬火的实际温度。预冷温度不能过低。要防止析出游离铁素体和网状碳

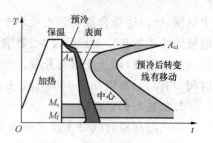

图 4-31 预冷淬火

化物,更不能发生珠光体转变。可根据 C 曲线来选定预冷温度。可根据下面的经验公式控制预冷时间:

$$\tau = l_2 + (3 \sim 4)s \tag{4-6}$$

式中 τ——工件预冷时间,min;

s——危险截面厚度,mm。

预冷温度为 $A_{r1}(A_{r3}) + 10 \ ℃$,空气中冷却不均匀,棱角处或截面薄的地方降温快,实际精确测温又很困难,所以一般靠经验"目测"。工件出炉后最好转到预冷炉中等温预冷,这样好控制,但也带来操作上的麻烦。一般采用空气预冷一定时间后直接淬火。

4. 分级淬火(马氏体分级淬火)

将奥氏体化后的工件淬入温度在 M_s 点附近的盐浴中,保持适当时间,待工件心部和表层都达到介质温度后取出空冷,以获得马氏体组织的淬火工艺。分级淬火可分为 M_s 点以上分级淬火和 M_s 点以下分级淬火,分别如图 4-32 和图 4-33 所示。分级淬火由于减少了淬火应力,从而减少了淬火变形与开裂。同时,分级淬火还使高碳工具钢及合金工具钢的韧性有一定提高,显然这与淬火应力降低和残余奥氏体量增加有关。

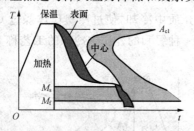

图 4-32 M_s 点以上分级淬火

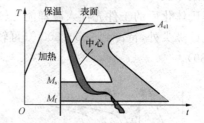

图 4-33 M_s 点以下分级淬火

分级淬火的关键是分级盐浴的冷速一定要大于临界淬火速度 V_c,并应使工件获得足够的淬硬深度。不同钢种在分级淬火时均有其相应的临界直径。显然,分级温度不同,分级盐浴的冷却能力不同,均可导致临界直径的变化。表 4-7 列出了几种常用钢材在硝盐中分级淬火的临界直径与在水、油中淬火时的临界直径的对比。

表 4-7　　　　　几种钢材在不同介质中淬火时的临界直径对比

淬火方法	临界直径/mm					
	45	30CrNiMo	45Mn	GCr15	5CrMnMo	5CrNiMo
分级淬火	2.25	7.25	7.25	12.50	22.00	42.50
油冷	7.25	12.50	12.50	19.75	32.25	57.25
水冷	10.00	19.75	19.75	32.25	47.50	86.50

由表 4-7 可以看出,分级淬火时工件的临界直径比油淬、水淬时都要小,因此,对大截面碳钢、低合金钢零件不宜采用分级淬火。

为了提高钢的淬透性,降低临界淬火速度,其淬火温度可比普通淬火温度提高 $10 \sim 20\ ℃$,如 $45 \sim 50$ 钢淬火温度为 $840 \sim 850\ ℃$;$T7 \sim T8$ 钢淬火温度为 $810 \sim 830\ ℃$。

分级温度的选择取决于钢种的淬透性、要求的硬度以及零件的尺寸、形状、变形等要求。一般说来,淬透性较好的钢可选择比 M_s 点稍高的分级温度(高 $10 \sim 30\ ℃$),要求淬火后硬度高、淬透层较深的工件应选择较低的分级温度,较大截面零件分级温度要取下限(比 M_s 低 $80 \sim 100\ ℃$),形状复杂、变形要求严格的小型零件,则应取分级温度的上限。

对于形状复杂、变形要求严格的高合金钢工模具,可以采用多次分级淬火。分级温度应当选择在过冷奥氏体稳定性较大的温度区域,以防止在分级中发生其他非马氏体转变。如高速钢刀具,往往采用 $600\ ℃$ 和 $400\ ℃$ 两次分级淬火,以防止变形。

分级停留时间主要取决于零件尺寸。截面小的零件一般在盐浴中停留 $1 \sim 5$ min 即可。经验上分级时间(以 s 计)可按 $30 + 5d$ 估计,d 为零件有效厚度(mm)。

5. 等温淬火(贝氏体等温淬火)

将奥氏体化的工件,在下贝氏体转变温度区间($400 \sim 260\ ℃$)保温,使其转变为以下贝氏体为主的淬火工艺(图 4-34)。由于贝氏体转变的不完全性,空冷到室温后获得以下贝氏体为主并含有一定量的淬火马氏体和残余奥氏体。

等温淬火除了可获得较高硬度外,还可获得较高

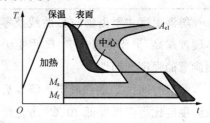

图 4-34　贝氏体等温淬火

韧性。由于等温淬火可显著减少热应力和组织应力,所以淬火变形显著减小。表 4-8 列出了 0.74% 碳钢等温淬火与普通淬火回火机械性能对比数据。

表 4-8		0.74%碳钢等温淬火与普通淬火回火机械性能对比				
热处理	平均硬度/HRC	强度极限/MPa	延伸率 $\delta/\%$	面缩率 $\psi/\%$	冲击值 N.M	组织
$310\ ℃$ 等温淬火	50.4	1 950	1.9	34.5	48.7	下贝氏体+少量残余奥氏体
淬火、回火	50.2	1 700	0.3	0.7	4.1	回火马氏体

影响等温淬火工艺的因素有淬火温度、等温盐浴的冷却速度、等温温度和时间等。

等温淬火的加热温度与普通淬火相同,仅将淬透性较差的碳钢及低合金钢的淬火温度在正常淬火温度基础上提高 $30 \sim 80\ ℃$。对大件也适当提高淬火温度,以利于提高钢的淬透性。等温淬火多用于中碳以上的钢,目的为了获得下贝氏体,以提高强度、硬度、韧性和耐磨性。低碳钢不采用等温淬火,因为低碳贝氏体不如低碳马氏体性能优良。

等温淬火时零件的冷却速度取决于等温盐浴的温度、冷却能力以及零件尺寸。对较大

零件可采用预冷贝氏体等温淬火(图 4-35),即先将零件淬入较低温度的分级盐浴中停留较短时间,躲过珠光体转变最短孕育期范围(C 曲线鼻尖区域),然后再放入较高温度的等温盐浴中。利用在硝盐中分级形成的少量马氏体,在随后的等温淬火中促进贝氏体的形成。

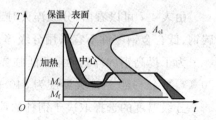

图 4-35 预冷贝氏体等温淬火

表 4-9 列出了几种钢材等温淬火时最大淬透深度及硬度。等温淬火对尺寸大的零件不适合。

表 4-9　　　　　　　　几种钢材等温淬火时最大淬透深度及硬度

钢号	最大直径或厚度/mm	最高硬度 HRC	钢号	最大直径或厚度/mm	最高硬度 HRC
T10	4	57~60	65Mn2	16	53~56
T10Mn	5	57~60	70MnMo	16	53~56
65	5	53~56	5CrMnMo	13	52
65Mn	8	53~56	5CrNiMo	25	54

等温温度主要由钢的 C 曲线及零件要求的组织性能而定。等温温度越低,形成的贝氏体硬度越高,贝氏体量越多,尺寸变化也明显增加。一般认为在 M_s ~ M_s +30 ℃ 等温可以获得满意的强度和韧性。

等温时间由 C 曲线确定。等温后一般可以空冷以减少附加淬火应力。等温淬火后的回火温度应比等温温度低 20 ℃,防止硬度进一步降低,使残余奥氏体转变为下贝氏或回火马氏体。

6.冷处理

工件淬火到室温后,继续在 0 ℃ 以下的淬火介质中冷却的热处理工艺称为冷处理。

对尺寸稳定性要求很高的精密零件如量具、精密轴承、油泵油嘴偶件、精密丝杆都必须进行冷处理。有些钢的马氏体终了点 M_f 低于室温,故室温下保留一定量的残余奥氏体,为使其转变为淬火马氏体,则需要进行冷处理。

对陈化稳定敏感材料应在淬火后立即进行冷处理。工模具钢的 M_f 点多数大于 −60 ℃,因此,一般冷到 −80 ~ −60 ℃ 即可。冷处理后要进行回火或时效,以获得更稳定的回火马氏体组织,并使残余奥氏体进一步转变和稳定化,同时消除淬火应力及磨削应力。

4.6 钢的回火

4.6.1 回火的定义及目的

将淬火的钢件重新加热到 A_{c1} 点以下某一预定温度,保温预定时间,然后冷却到室温的热处理工艺称为回火。

钢件淬火后,具有较高的硬度及淬火应力,片状高碳马氏体还具有很大的脆性。因此一般很少直接使用。通过回火可以在适当降低硬度的同时,消除大部分淬火应力而改善钢的塑性、韧性。同时使工件尺寸稳定性大大提高。通过回火可以在很大范围内改善钢的强度、塑性、韧性间的配合,从而可以满足各种机械零件对性能提出的不同要求。图 4-36 所示为不同含碳量的碳素钢从淬火状态到接近 A_1 回火状态的性能变化范围,中间的阴影部分就是不同温度回火后所能达到的强度和硬度范围。

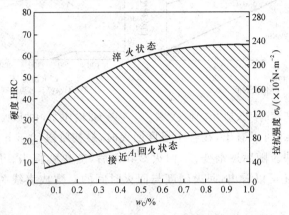

图 4-36 不同含碳量的碳素钢从淬火状态到接近 A_1 回火状态的性能变化范围

淬火钢件的回火是淬火马氏体分解、碳化物析出、聚集长大、残余奥氏体转变及铁素体发生回复和再结晶的综合过程。回火温度决定了工件最终组织与性能。回火不足可以进行补充回火,一旦回火过度就前功尽弃,必须重新淬火。

马氏体时效钢、高碳高合金工具钢的回火是最终获得弥散硬化效应的主要工序,其作用与一般回火过程有所不同。

4.6.2 回火工艺

在实际生产中采用如下几种回火工艺:

1. 低温回火

低温回火(150~250 ℃)获得回火马氏体组织,硬而耐磨,强度高,疲劳抗力大。多用于刃具、量具、冷冲模具、滚动轴承、精密偶件、渗碳和碳氮共渗淬火后的零件。

2. 中温回火

中温回火(350~500 ℃)得到回火托氏体组织,屈强比(σ_s/σ_b)高,弹性好。主要用于含碳量为 0.6%~0.9% 的碳素弹簧钢及含碳量为 0.45%~0.75% 的合金弹簧钢。为避免发生第一类回火脆性,一般弹簧钢回火温度不应低于 350 ℃。

3. 高温回火

高温回火(500~650 ℃)得到回火索氏体组织,强度和韧性的综合性能高。多用于受变载荷的轴类、连杆、连接件等。淬火加高温回火又称为“调质”。

回火工艺参数主要包括回火温度、回火时间以及回火冷却方式。确定回火工艺参数主要根据两种实验曲线:一种是回火动力学曲线,另一种是回火性能曲线,分别如图 4-37 和图4-38 所示。

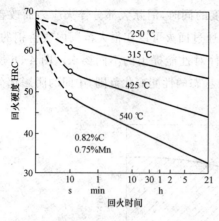

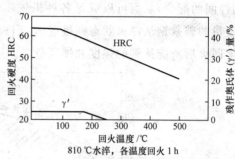

图 4-37　共析钢的回火动力学曲线　　　图 4-38　共析钢的回火性能曲线

由回火动力学曲线可以看出,在各个温度回火时,最初阶段(0.5 h 内)进行得很快,而且温度越高,进行得越快。随后逐渐变慢,回火 2 h 以后,变化就很小。所以在生产中回火时间一般不超过 2 h。还可以看出,回火硬度与回火时间的对数成直线关系,这在许多钢中都得到证实。

在确定回火工艺参数时,必须考虑回火温度和时间的作用。同一个回火性能要求,既可以通过较低温度、较长时间回火得到,也可以通过较高温度、较短时间回火得到。

回火温度可以根据性能要求从回火性能曲线上查出,再根据回火动力学曲线确定回火时间。目前,常用钢种的回火温度和时间都已积累了成熟的经验数据,但这些经验数据都是与特定的工件和回火设备相联系的。

为了综合考虑回火温度和时间的作用,有人总结出一个回火特性函数:

$$P=T(c+\lg \tau) \tag{4-7}$$

式中　P——回火参数,根据回火硬度或强度要求,可从"主回火曲线"上查得;

　　　T——回火温度,K;

　　　τ——回火时间,h。

　　　c——常数,对于碳素钢可查图 4-39 求得。

目前在国外,已经把回火特性函数和主回火曲线列入一些钢铁材料标准中,而不再使用回火性能曲线和回火动力学曲线。图 4-40 是德国钢铁协会颁布标准中所载的 5CrNiMo 钢的主回火曲线。

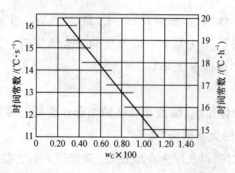

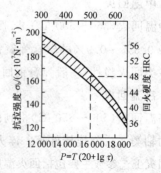

图 4-39　回火特性函数中的常数 c 与含碳量的关系　　　图 4-40　5CrNiMo 钢的主回火曲线

5CrNiMo 钢在 450～750 ℃回火时,回火特性函数为

$$P = T(20 + \lg \tau) \tag{4-8}$$

如果要求回火硬度为 HRC48,由主回火曲线上查得 P＝16 000,则

$$16\,000 = T(20 + \lg \tau) \tag{4-9}$$

若先选定回火温度 T＝500 ℃(773 K),则可以计算回火时间 τ＝5 h。反之,若先选定 τ,则可计算出 T。这样制定回火工艺就方便而且科学多了。

利用回火特性函数还可以进行回火参数的换算。这时不知道 P 也可以。例如,T8 钢的刃具回火时,其特性函数为

$$P = T(16.7 + \lg \tau) \tag{4-10}$$

已知在 200 ℃回火 10 h 能满足硬度要求,若在 220 ℃回火,要达到同样硬度,所需的时间可由下式求出:

$$473(16.7 + \lg 10) = 493(16.7 + \lg \tau) \tag{4-11}$$

求得 τ＝1.9 h,即在 220 ℃回火 1.9 h 便可满足同样性能要求。各种钢的回火特性函数和主回火曲线可由手册中查到。

在制定回火工艺时应注意如下几点:

(1)在同样温度下回火,淬火硬度越高,则回火硬度也越高。所以,回火工艺参数应根据实际淬火硬度加以修正。

(2)有二次硬化的钢,淬火温度不同,其回火温度也不同。例如 Cr12MoV 钢 980 ℃淬火后无二次硬化现象,故采用 200 ℃低温回火一次或两次即可。若从 1 080 ℃淬火则有二次硬化现象,故采用 520 ℃高温回火两次。

(3)一般地说,等温淬火后也应回火。但是,碳素钢及低合金钢等温淬火在 1 h 以上者,转变充分,残余奥氏体很少,可以不回火。对残余奥氏体多的钢,等温淬火后必须回火,回火温度应低于等温温度 20 ℃左右,并应避开低温回火脆性区。

(4)低碳钢淬火时,板条马氏体已自回火,因此可以不回火。但是低碳合金钢淬火后还是进行一次低温回火为好。

(5)回火时必须躲过低温回火脆性区,低温回火一般不超过 250 ℃。如硬度和强度要求恰好在脆性区内,可以采用较高温度短时快速回火来取代,或改为等温淬火。高温回火脆性区内回火后要快冷(油冷),特别是含 Cr、Ni、Mn、Si 的合金钢高温回火后必须油冷,而含有 W、Mo 的钢可以空冷。

(6)断面较大的件,特别是合金钢模具,油冷淬火不要冷到室温,待冷到 200 ℃左右(出油后不着火),立即转到回火炉中,采用带温回火。可以减少变形,防止开裂,且不会影响性能。

4.6.3　回火缺陷与预防

1. 硬度不合格

硬度不合格主要包括回火后硬度偏高或偏低,或硬度不均匀。后者大多数是在成批回火零件中出现,主要原因是回火温度不合适、炉温失控或炉温不均匀。同批零件回火硬度不均大多是由于回火炉本身温度不均匀造成的,如炉气循环不均匀,装炉量过大等。严格控制

炉温和炉温的均匀性可消除这种缺陷。

2. 回火后变形

回火后变形主要是由于淬火应力在回火过程中重新分布引起的,因此对形状扁平、细长的零件要采用加压回火或趁热校直等办法弥补。

3. 回火脆性

由于回火工艺选择不当,在回火脆性区回火或高温回火后没有及时快冷会引起第一、二类回火脆性。对产生第一类回火脆性的零件须重新加热淬火,回火时避开回火脆性区。对产生第二类回火脆性的零件可以重新加热回火并快冷。

4. 网状裂纹

在高速钢、高碳钢中若表面脱碳,则在回火时内层比容变化大于表层,在表层形成多向拉应力而造成网状裂纹。同时由于回火时表层加热速度过快,产生表层快速优先回火而形成多向拉应力,也会形成网状裂纹。在真空或保护气氛中加热,可以避免表层脱碳。

5. 回火时突然断裂

对于高碳高合金钢制造的复杂刀具、模具及高冷硬轧辊,由于淬火应力很大,如果没有在淬火后及时回火,将存在开裂的危险。在许多情况下,如高冷硬轧辊回火时发生突然断裂,往往与未及时回火有关。所以高碳高合金钢制造的复杂刀具、模具及高冷硬轧辊在淬火后应及时回火。

4.7 淬火与回火工艺的发展

4.7.1 形变热处理

形变强化与热处理强化是金属及合金最基本的两种强化方法,长期以来在冶金、机械及其他工业部门中得到了极为广泛的应用。

在金属材料或机器零件的制造过程中,如将压力加工(锻,轧等)与热处理工艺有效地结合起来,则可同时发挥形变强化与热处理强化的作用,获得由单一的强化方法所不能达到的综合机械性能。这种综合的强化工艺称为形变热处理。

形变热处理除了能获得优异的机械性能外,由于将压力加工和热处理工艺紧密结合起来,还可省去热处理时的重新高温加热,从而节省大量能源、加热设备和车间面积,同时还可以减少材料的氧化烧损及脱碳、变形等热处理缺陷。

根据形变与相变之间的关系,把形变热处理分成三种基本类型:在相变前形变、在相变过程中形变、在相变后形变。有些方法有待进一步研究探索。目前国内外成熟应用的有如下几种形变热处理方法:

1. 高温形变正火

最成功的高温形变正火乃是当前钢板、钢材生产中采用的控制轧制技术。其基本原理是在轧制过程中控制形变量、形变速度以及形变温度,使低碳合金钢通过在奥氏体状态下形变细化晶粒来达到高强度及好的强韧性要求。当前,对含铌的铁素体、珠光体钢实行三阶段控制轧制,具有最显著的强韧化效果。

2. 高温形变淬火

将钢材加热到稳定的奥氏体应保持一定时间,在奥氏体状态下锻压成形、随后利用余热进行淬火以获得马氏体组织的工艺称为高温形变淬火,如图 4-41 所示。锻热淬火、轧热淬火都属于此类。高温形变淬火与普通淬火相比能提高强度 $10\% \sim 30\%$,提高塑性 $40\% \sim 50\%$。此外,还可以降低脆性转变温度及缺口敏感性。由于这种工艺形变温度高、形变抗力小,容易安排在轧制或锻造生产流程中。高温形变淬火比中温形变淬火容易实施,例如利用锻造余热淬火可生产出强度高、韧性好、成本低的连杆、轴承、汽轮机叶片等。

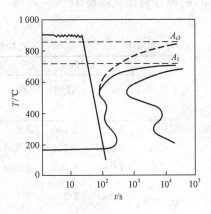

图 4-41　高温形变淬火工艺曲线

表 4-10 为 2Cr13 钢汽轮机 18 级动叶片采用辊锻淬火时的性能,与常规调质处理相比,强度提高了 5%,韧性提高了 74%,取得了明显的强韧化效果。

表 4-10　2Cr13 钢汽轮机 18 级动叶片辊锻淬火后性能与常规调质工艺的比较

工艺方法	工艺曲线	HB	$\sigma_{0.2}/$ MPa	$\sigma_b/$ MPa	$\sigma_{10}/\%$	$\psi/\%$	$\alpha_k/$ $(J \cdot cm^{-2})$
常规工艺	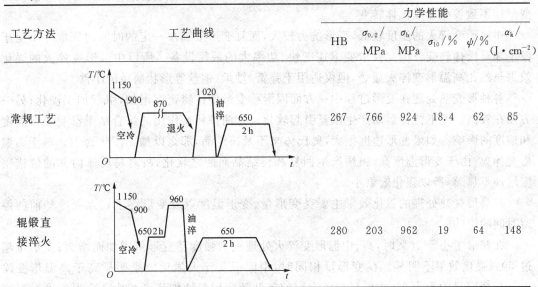	267	766	924	18.4	62	85
辊锻直接淬火		280	203	962	19	64	148

注:常规工艺在辊锻空冷后经过中间退火工序已发生相变重结晶,螺丝锻淬火的有益作用已被消除。

3. 中温形变淬火

中温形变淬火就是将钢加热到奥氏体状态,保持一定时间,急速冷到奥氏体亚稳定区进行一定量变形,然后淬火得到马氏体组织的综合处理工艺,工艺曲线如图 4-42 所示。中温形变淬火加上适当的回火,能在塑性、韧性基本保持不降的条件下,大幅度提高钢的屈服点及抗拉强度。

表 4-11 列出了 55Cr5Mo3W2V 及 27CrNi4Mo 等钢中温形变淬火后的主要性能,可看出在 δ 不变的条件

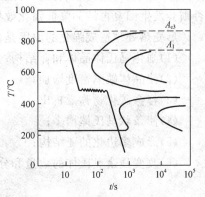

图 4-42　中温形变淬火工艺曲线

下,σ_s 较普通淬火提高 15%~20%,σ_b 较普通淬火提高 25%~49%。此外,疲劳强度也有明显提高。

表 4-11　　　　　几种形变热处理钢的强度和塑性

钢种	σ_b/MPa		σ_s/MPa		σ/%		形变热处理条件		
	形变淬火	普通淬火	形变淬火	普通淬火	形变淬火	普通淬火	变形量/%	变形温度/℃	回火温度/℃
50CrNiA	2 700	2 400	1 900	1 750	9	6	90	900	100
60Si2	2 800	2 250	2 230	2 080	7	5	50	950	200
75	1 750	1 300	1 500	800	6.5	4	35	1 000	350
55Cr5Mo3W2V	3 200	2 200	2 900	1 950	8	8	91	590	570
27CrNi4Mo	1 820	1 520	1 340	1 070	16	18	46	450	250

中温形变淬火要求钢材具有宽广的奥氏体亚稳定区域(即淬透性良好),才有可能进行变形而不致发生非马氏体转变。

中温形变淬火的温度较低,变形抗力较大,而且变形限制在一定的时间内完成才不至于发生非马氏体转变。因此要求变形速度快、功率大的锻压设备。所以中温形变淬火的强化效果虽然比高温形变淬火显著,但仅适用于弹簧、轴承、钢丝等形状简单的小件。

各种形变热处理在变形过程中一方面因滑移变形使位错密度增加,引起加工硬化;另一方面在较高温度下位错运动产生恢复引起软化。这两种相反作用的综合结果都受变形温度和速度的影响。如果变形速度很大,奥氏体来不及再结晶,那么以加工硬化为主。对于高温形变淬火,由于变形温度高,很快产生回复和再结晶而使之软化,故对马氏体内部的位错密度增加不显著,所以强化效果小。

各类形变热处理的强化效果主要受变形量、变形温度以及变形终了到淬火冷却前的停留时间的影响。

在变形量小于 60% 时,高、中温形变淬火处理钢的强度随变形量增加而增大;变形量超过 60% 强化效果不明显。在变形量相同时,中温形变淬火强化效果明显高于高温形变淬火。在变形量为 60% 时,中温形变淬火钢的塑性随变形量增加逐渐减小。变形温度对形变淬火钢的强度有重要影响,变形温度越低强度越高。变形后到淬火前的停留时间不宜太长,否则会发生回复再结晶降低强化效果。

形变热处理造成强化的原因是多方面的,主要有:

(1)细化马氏体晶体和亚结构;
(2)使晶体缺陷密度增加;
(3)合金碳化物弥散析出;
(4)使条状马氏体增多;
(5)形成多边的亚结构;
(6)改变残余奥氏体的数量和分布。

4.7.2　钢中奥氏体晶粒超细化处理

钢在加热过程中如果使奥氏体的晶粒度细化到十级以上,淬火回火后可以有效提高钢的强度、韧性,并显著降低钢的脆性转化温度。所以奥氏体晶粒超细化处理是提高钢的强韧性的一个途径。目前获得超细化奥氏体晶粒有三种途径:

一是采用具有极高加热速度的新能源,如大功率电脉冲感应加热(冲击加热淬火)、电子束加热、激光加热,在工件表面或局部获得超细化奥氏体晶粒,使淬火后硬度与耐磨性显著提高。

二是采用奥氏体逆相变的方法,该方法最早由格润之(R. A. Grange)提出。其过程如图 4-43 所示。首先将工件快速加热到略高于 A_{c3} 的温度,经短时间停留后再迅速冷却,循环数次。每加热一次,奥氏体晶粒就得到一次细化,又增加了下一次奥氏体化的形核率。同时,在快速加热时未溶的细小碳化物不但阻碍了奥氏体晶粒的长大,而且成为奥氏体的非自发核心,用这种循环加热的方法可以获得晶粒度为 13～14 级的超

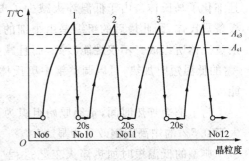

图 4-43　循环加热工艺

细晶粒,在奥氏体晶粒内还均匀地分布着高密度的位错。如直径为 1.6 mm 的 50CrVA 弹簧钢丝经过三次循环加热超细化后,晶粒可细化到 13～14 级,强度比同类油淬钢丝提高了 100～150 MPa,ψ 提高 5％左右,而且缠绕性能良好。

第三种途径是在奥氏体和铁素体两相区交替循环加热淬火。该方法的要点是首先加热到 720 ℃淬火,然后再加热到 650 ℃在($\alpha+\gamma$)二相区保温,此时在马氏体晶体边界形成细小的定向分布的条状奥氏体,α/γ 相界面显著增大,再重新加热到 730 ℃使奥氏体晶粒更加细化。经过四次循环,可得到极细的奥氏体晶粒。例如在含镍12％、钛 0.25％的低温钢中,采用这种方法得到了直径为 0.5～2 μm 的超细晶粒(晶粒度15～18级)。

4.7.3　控制马氏体、贝氏体组织形态的淬火

1. 低碳马氏体淬火

将低碳钢及低碳合金钢实行淬火强化,得到板条状低碳马氏体组织。研究表明,低碳马氏体具有较高的强度与良好的塑性、韧性配合(σ_b 为 1 200～1 500 MPa,$\sigma_{0.2}$ 为 1 000～1 300 MPa,$\delta>10％$,$\psi>40％$,$\alpha_k=60$ J/cm^2),同时还具有低的脆性转化温度。在静载荷、疲劳载荷及多冲负荷下,具有较低的缺口敏感性和过载敏感性。其性能优于调质后的中碳钢,并具有良好的加工工艺性能。

由于低碳钢临界淬火速度很大,淬透性差,为了获得较大的淬透深度,必须适当地提高淬火温度和延长保温时间,并在10％～15％NaOH 水溶液或10％NaCl 水溶液中激冷,但其变形较大,对变形要求严格的零件最好选用淬透性好的低合金结构钢。

2. 中碳钢高温淬火

提高某些中碳合金钢的淬火温度,将在淬火后得到较多的板条马氏体,并在板条之间存

在着厚度为 10 nm 左右的残余奥氏体薄膜。研究指出：将 40CrNiMo 钢加热温度从 870 ℃提高到 1 200 ℃淬火，不经回火，断裂韧性将提高 7％；在淬火经低温回火后，断裂韧性可提高 20％。在 3CrMnMo 钢中也发现适当提高淬火温度（从 840 ℃提高到 900 ℃）及延长中温回火（500～520 ℃）时间同样也可使断裂韧性适当提高。将用作热锻模具的 5CrNiMo 钢的淬火温度提高几十度，可明显提高其使用寿命。但温度提得太高会使奥氏体晶粒粗化，使冲击值降低，缩短模具使用寿命。

3. 高碳钢低温短时加热淬火

高碳钢在略高于 A_{c1} 温度加热淬火不仅可以获得更高的硬度、耐磨性及较好的韧性，而且细化了马氏体。由于低温淬火减少了奥氏体中的含碳量，并获得一定数量的韧性较好的板条马氏体，因此最后的组织是由很细的板条马氏体、细片状马氏体、自由碳化物和少量残余奥氏体所组成。不仅性能较好，而且减少了变形开裂倾向。通过对高碳钢实行在稍高于 A_{c1} 的低温短时加热，可以调整钢中奥氏体的碳浓度，从而改变淬火后的组织形态和机械性能。

为了缩短加热时间，希望原始组织为调质态或球化退火态。这种强化方法仅对含碳量大于 0.5％的中高碳钢效果明显。

典型的低温短时加热淬火工艺过程应当是采用调质处理作为预先热处理，预热 1～2次，然后再快速加热到淬火温度（感应加热或盐浴加热高温入炉），保温很短时间淬火。

如国内应用此工艺处理 T10V 凿岩机活塞，减少了脆性崩块现象，使寿命提高了一倍。又如国内某厂按此原理对 W6Mo5Cr4V2 高速钢采用低温淬火，控制淬火马氏体含碳量及残余奥氏体的数量，使标准件冷模寿命提高了三倍。采用低温淬火后，硬度、强度与普通淬火近似，韧性显著提高。因此大大减少了模具脆断事故。

4. 低碳合金钢复合组织淬火

利用扫描电镜研究低碳低合金钢马氏体与下贝氏体复合组织的断裂途径时发现，裂纹总在马氏体与下贝氏体的界面处改变方向，同时在这种复合组织断口上，准解理平面的尺度也显著减小。因此可以认为，在一定的冷速下，若在某些钢中首先形成了一部分下贝氏体，分割了原奥氏体晶粒，从而减小了随后形成的马氏体的尺寸，细化了马氏体晶体，增加了裂纹穿越不同位向马氏体领域的扩展功。

研究表明，12MnNiCrMoCu 钢淬火后，当存在 10％～20％ 第三类贝氏体的复合组织时，具有最好的韧性，并降低了钢的脆性转变温度。利用复合组织强韧化热处理的关键在于确定不同材料最佳复合组织的配比及复合组织形成条件的限制。已有实验发现，在含一定镍、硼的低碳低合金钢中易出现第三类贝氏体。

4.7.4 改善钢中第二相分布形态的强韧化淬火

1. 碳化物超细化淬火

研究表明在高碳钢中疲劳裂纹的萌生经常发生于基体马氏体与碳化物的界面处。钢中粗大的片状碳化物与基体马氏体之间的界面结合力很差，可以看成是裂纹萌生并扩展的策源地。所以在中、高碳钢中追求小、匀、圆的碳化物分布和形态，获得了很好的强韧化效果。

淬火时细化碳化物的主要途径是：

(1)高温固溶碳化物、低温淬火

这种工艺方法是斯蒂克(C. A. Stichels)于 1974 年首先提出来的,并成功地用于 GCr15 钢碳化物超细化热处理。其原理是将钢加热到高于 A_{c3} 正常淬火温度,使碳化物充分溶解,然后在低于 A_{r1} 温度中温范围内保温或直接淬火后在中温范围(450~650 ℃)回火,析出极细碳化物相;然后在低温下(稍高于 A_{c1} 温度)加热淬火。可获得小、匀、圆的碳化物。如 GCr15 钢 1 040 ℃奥氏体化 30 min,再在 425~650 ℃保温,抑制碳化物析出聚集而仅形成碳化物薄片,然后于 840 ℃加热保温小于 30 min 淬油,175 ℃回火。处理后碳化物尺度仅有 0.1 μm,从而使轴承钢的接触疲劳寿命提高 2~3 倍。

(2)调质后再低温淬火

高碳工具钢先调质可使碳化物分布弥散而均匀,再于低温下淬火可以显著改善淬火后钢中未溶碳化物的分布形态,从而提高了韧性和寿命。这种工艺已成功应用于冷冲模的热处理。

(3)形变超细化

轴承钢热处理可以将套圈与滚动体的高温形变与高温固溶工序相结合,然后基本上按高温固溶,中温分级停留冷却,低温淬火的工艺进行,其细化效果显著,提高了轴承的寿命。

2. 亚温淬火

近年来亚温(α+γ 双相区)淬火获得实际应用,可以在提高材料强韧性的同时,显著降低临界脆化温度,抑制可逆回火脆性,如用于普通低合金钢制冷容器及大型汽轮机转子的热处理。该工艺特点是在普通淬火与回火之间加进一次或多次亚温淬火,以便获得一定数量细小均匀分布的铁素体与马氏体的混合组织。图 4-44 为伯恩(Born)提出的低合金焊接结构钢(18MnMoNb)的亚温淬火工艺曲线。通过第一次高温固溶处理,再经第二次低温淬火,可以获得均匀分布的粒状铁素体与马氏体组织,再经 600 ℃回火提高其韧性及塑性。对 16Mn 钢、16MnV 钢也取得了同样的结果,即显著提高了在 350 ℃的热强性和韧性,改善了焊缝附近过热区的韧性,降低了脆性转化温度。瓦达(T. Wata)对 25Ni3Cr2Mo 转子钢采用亚温淬火工艺,不仅提高了其回火后的韧性,降低了回火脆性倾向及冷脆转变温度,而且消除了回脆状态的晶间断裂倾向。

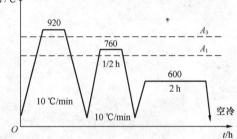

图 4-44　18MnMoNb 钢的亚温淬火工艺曲线

此外,对 45、40Cr、60Si2 钢在 α+γ 双相区内加热淬火回火,当淬火温度大于 A_{c1},α_k 开始下降,而在 A_{c3} 以下 5~10 ℃加热淬火,α_k 出现极大值。低于此温度或高于此温度 α_k 均较低。

亚温淬火后性能的上述变化,可能与 α 相的弥散分布减少了引起回火脆性的 P、Sb、Sn 等元素在晶界的偏聚程度,钢的晶粒细化,碳化物的弥散度增加有关。我国将 20 钢采用亚温淬火工艺,发展了用"重复韧化"工艺制造化工机械中用的弯头,可以满足在 −50 ℃工作的性能要求,节约了低温用合金钢。

复习思考题

1. 名词解释

临界淬火冷却速度、淬透性、淬硬性、临界直径、理想临界直径、淬火应力、残余应力、热应力、组织应力、直接淬火、双液淬火、预冷淬火、分级淬火、等温淬火、冷处理、形变热处理、亚温淬火。

2. 分析水、盐水、碱水的冷却特性,并指出影响其冷却能力的因素。

3. 举例说明钢的淬透性、淬硬性、淬硬深度三者之间的区别,并分别指出它们各自的影响因素。今有 $\phi100$ mm,45 钢制轴,讨论提高淬硬深度和淬硬性的可能性。

4. 分级淬火与等温淬火有何异同点?

5. 试分析热应力,组织应力和残余应力三者之间的区别及其影响因素,怎样减少淬火后的残余应力?

6. $\phi20$ mm,T12A 钢制冲头,淬火前原始组织为网状二次渗碳体+珠光体。试制订该冲头正确的预先热处理、淬火回火工艺规程(T12 钢,$A_{c1}=730$ ℃,$A_{cm}=820$ ℃,$A_{r1}=700$ ℃,$M_s=200$ ℃,要求硬度 HRC58~60)。

第5章

钢的表面淬火

5.1 表面淬火的定义、目的及分类

表面淬火是将零件需要硬化的表面进行快速加热淬火的一种方法。

许多工件是在弯曲、扭转载荷之下工作的,同时受到磨损和冲击。这时应力沿断面分布是不均匀的,越靠近表面应力越大,越靠近心部应力越小。因此,这种工件只需要一定厚度的表层得到强化,硬而耐磨,心部仍保留高韧性状态。解决的办法有两种:一是进行表面淬火,二是进行化学热处理。本章介绍表面淬火。

实现表面加热的关键是加热装置能提供高的热流密度。一般箱式电炉热流密度约为 $20 \, W/cm^2$,直径为 20 mm 的钢棒在电炉中加热时截面温差只有 $5\sim6 \, ℃$,直径为 100 mm 的钢棒截面温差也只有 $30 \, ℃$,因此不能实现快速加热。

一般认为若加热装置能提供 $\geqslant 10^2 \, W/cm^2$ 的能量密度,则其加热速度远比一般炉中加热要大,此时在零件表层内的温度梯度很高,就能实现表面加热淬火。

表面加热淬火可按其加热装置的不同来分类,见表 5-1。

表 5-1　　　　表面加热淬火方法的分类

分类	表面淬火方法	能量密度/ $(W \cdot cm^{-2})$	最大输出功率/ kW	硬化层深/ mm
感应加热淬火	感应加热表面淬火	$10\sim15\,000$	—	—
	工频加热淬火	$10\sim100$	$\leqslant1\,000$	大件>15
	中频加热淬火	$<5\times10^2$	$\leqslant1\,000$	$2\sim6$
	高频加热淬火	$2\times10^2\sim10^3$	$\leqslant500$	$0.25\sim0.5$
	高频脉冲加热淬火	$(1\sim3)\times10^4$	$\leqslant100$	$0.05\sim0.5$
火焰加热淬火	火焰加热表面淬火	$10\sim1\,000$	—	$2\sim10$
电阻表面加热淬火	电接触电阻加热淬火 电解液加热淬火	$\leqslant10^2\sim10^3$	$<20\sim30$	<0.3
激光加热淬火	激光表面加热淬火	一般 $10^3\sim10^4$	$2\sim10$	<0.2
电子束加热淬火	电子束表面加热淬火	一般 $10^3\sim10^4$	>2	<0.2
太阳能加热淬火	太阳能表面加热淬火	$(4\sim5)\times10^3$	<2	<1

5.2 表面淬火工艺原理

5.2.1 快速加热表面淬火对相变的影响

1. 对相变点的影响

快速加热将显著影响相变点,如图 5-1 所示,提高加热速度将使 A_{c3}、A_{cm} 线升高。当加热速度大于 200 ℃/s,在靠近低碳钢一侧的 A_{c3} 线和大于共析成分的高碳钢的 A_{cm} 线均趋向于平缓。试验表明:提高加热速度对 A_{c1} 的升高是有限的,即使以 10^6 ℃/s 的速度加热,A_{c1} 仅升高到 840 ℃。但加热速度对转变终了温度 A_{c3} 有显著影响,随加热速度的升高 A_{c3} 逐渐增大。当加热速度为 10^4 ℃/s 时,A_{c3} 为 950 ℃;当加热速度为 10^5 ℃/s 时,A_{c3} 升高到 1 050 ℃;当加热速度升高到 10^7 ℃/s 时,A_{c3} 可突升到 1 100 ℃,这是由于碳扩散控制的相变在高速加热条件下过渡到无扩散相变特征。在亚共析钢中当加热速度为 $10^5 \sim 10^6$ ℃/s 时,A_{c3} 约为 1 130 ℃,几乎与含碳量无关,这说明在超高速加热条件下可以无扩散地完成 α-Fe 向 γ-Fe 的转变。

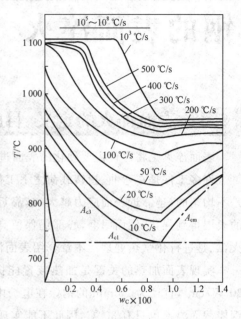

图 5-1 加热速度对 A_{c3}、A_{cm} 的影响

2. 对奥氏体晶粒度的影响

提高相变加热速度将使奥氏体起始晶粒显著细化,其临界晶核尺寸可达 1.5~2.0 nm,当奥氏体在 α 相亚结构边界成核时,其晶核尺寸仅是亚结构边界宽度的 1/10~1/15,形成极细的起始晶粒,并由于在较高速度加热下起始晶粒不易长大,从而使奥氏体晶粒细化。此外,所形成的奥氏体晶粒内部因受热应力与组织应力的作用,形成了许多位错胞。

非平衡组织(马氏体、贝氏体)在以不同速度加热到 A_{c1} 温度以上时,可以形成针状奥氏体或粒状奥氏体,但在不同材料中这两类奥氏体形成的条件并不完全一致。

3. 对奥氏体均匀化的影响

快速加热条件下形成的奥氏体,其含碳量依加热速度提高而偏离其平均成分,形成不均匀的奥氏体区。此外由于大部分合金元素在碳化物中富集,从而使合金元素在快速加热时更难固溶于奥氏体并不易均匀化。

原始组织对奥氏体均匀化有很大影响。在相同加热速度下,退火组织要求奥氏体化温度最高,调质组织次之,淬火组织最低。由此可知,正确选择表面淬火前的预先热处理(调质、正火)使碳化物或自由铁素体分布均匀细小,将有利于快速加热时这些相的溶解及奥氏体的均匀化。

4. 对过冷奥氏体转变的影响

由于在快速加热时形成的奥氏体其组织与成分不够均匀,将显著影响过冷奥氏体的转变产物与动力学特征。主要表现在:降低了过冷奥氏体的稳定性(由于存在较多的未溶碳化物及碳在奥氏体内的不均匀分布),改变了马氏体点(M_s、M_f)及马氏体组织形态。如对共析钢以 500 ℃/s 速度加热淬火的实验表明,加热到 1 000 ℃时,奥氏体中含碳量可达到共析成分,M_s 为 210 ℃,以同样速度加热到 880 ℃时,奥氏体的含碳量仅为 0.6%,M_s 提高到 240 ℃。随着奥氏体含碳量降低,M_s 升高、淬火钢中板条马氏体数量增多。

由于亚共析钢中铁素体与珠光体之间已存在碳的不均匀性,因此在快速加热时,特别在加热温度较低条件下,钢中存在着两种浓度的奥氏体,即原铁素体领域形成的低碳奥氏体及原珠光体领域形成的高碳奥氏体。这种大体积的不均匀性在淬火后可以明显看到两种类型的马氏体组织,即低碳马氏体(发生自回火腐蚀后呈黑色)及高碳马氏体(腐蚀后呈白亮色)。

过共析钢在快速加热条件下,因碳化物溶解很不充分,淬火后可获得低碳马氏体,基体上分布着碳化物粒子的复合组织。利用透射电镜研究快速加热淬火后淬硬层的马氏体组织,发现马氏体板条宽度相差较大,一般在 0.1～1 μm 波动。

5. 对回火转变的影响

由于快速加热淬火的表层多为板条马氏体,并且马氏体成分不均匀,在淬火过程中低碳马氏体区易发生自行回火。为此,回火温度一般应比普通回火略低。在相同回火温度下高频加热淬火回火后一般较在炉中加热淬火回火的硬度值要高,而中碳钢在 200 ℃以上回火则炉中加热淬火回火的硬度较高。

5.2.2　表面淬火后的组织与性能

1. 表面淬火后的金相组织

零件经火焰加热及感应加热表面淬火后的金相组织与加热层温度分布、淬火时的冷速以及材料自身的淬透性有关。在一般情况下,加热层厚度低于材料的淬透深度,表面淬火层可分为淬硬层、过渡层及毗邻的心部(为钢的原始组织)。快速加热零件使表层温度场分布是从表面向心部逐渐降低,温度高于 A_{c3} 的最外层淬火后得到全部马氏体硬度最高,称为全淬火层;再向内为过渡层,加热温度在 A_{c3}～A_{c1},淬火后过渡层的组织为马氏体+自由铁素体;再向内加热温度低于 A_{c1},为原始组织。过渡区的宽窄实际上由温度梯度及钢的成分决定。提高加热速度、增大温度梯度,将显著缩小过渡区宽度。过渡区的宽窄对表面淬火后残余应力的分布有重要影响。

2. 表面淬火后有效硬化层深度的测定

目前国内测量感应加热或火焰加热表面淬火后的有效硬化层深度多采用显微组织检验法,它是传统的简便易行的检验方法,但测量精度和重复性都较差。

国际上已统一采用 ISO 3754 标准《钢——火焰淬火或感应淬火后有效硬化层深度的测定》。我国于 1984 年参照国际标准,拟定了我国的《钢的感应淬火或火焰淬火后有效硬化层深度的测定方法》,该测定方法规定:在感应加热或火焰加热淬火后有效硬化层深度是从零件表面到维氏硬度等于规定值(又称为界限或极限硬度)的那一层之间的距离。硬度的测量是在 9.8 N 的负荷下进行,因之被测的硬化层一般不小于 0.3 mm(<0.3 mm 可参照标准采用小负荷)。极限硬度是零件所要求最小表面硬度的函数,可由下式确定:

$$(HV)_{HL} = 0.8 \times (HV)_{MS} \tag{5-1}$$

式中　$(HV)_{MS}$——零件要求的最小表面硬度。

有效硬化层深度(DS)的测量是在沿淬硬面垂直切断的磨光平面上进行。压痕距表面不得小于 0.15 mm,压痕之间距离为 0.1 mm,由绘制的层深-硬度分布曲线上求得 DS 之值。

旧标准沿袭面积分数为 50% 马氏体作为评价标准,其准确性、重复性、可靠性都差,不能作为控制产品质量的可靠依据。硬度法测量有效硬化层深度精度可达 0.025~0.1 mm,而且可靠性大,重复性好。

3.表面淬火后的性能

(1)表面硬度

经高、中频加热喷射冷却的零件,其表面硬度往往比普通淬火高 2~5 个洛氏硬度单位,这种增硬现象与快速加热条件下奥氏体晶粒细化、精细结构碎化以及淬火后表面层的高压应力分布等因素有关。

(2)耐磨性

高、中频淬火后零件的耐磨性比普通淬火要高。这主要是由于淬硬层中马氏体晶粒细化,碳化物弥散度以及表层压应力状态淬火硬度综合影响的结果。这些因素都能提高工件抗咬合磨损及抗疲劳磨损的性能。

中碳钢经高频淬火时表面硬度尽管接近于渗碳淬火的硬度,但它的耐磨性仍不如渗碳钢,因渗碳件表面碳化物数量多。如适当提高含碳量,高频淬火零件耐磨性可进一步提高。

(3)疲劳强度

高、中频淬火显著地提高了零件的疲劳强度。如用 40MnB 钢制造的汽车半轴,原来是整体调质,改为调质后表面淬火(硬化层深度为 4~7 mm),寿命提高近 20 倍。又如汽车羊角,原来是调质处理,改为调质后局部表面高频淬火并低温回火,寿命提高了 46 倍。表面淬火还可以显著地降低缺口敏感性。

5.3 表面淬火方法

5.3.1 感应加热表面淬火

1.感应加热的基本原理

感应加热表面淬火是以交变电磁场作为加热介质,利用电磁感应现象,在工件表面感生巨大的涡流,使表面层快速加热并迅速冷却的一种淬火方法(图 5-2)。

根据设备输出的频率高低,感应加热又可分为工频($f=50$ Hz)加热、中频($f<10$ kHz)加热、高频($f=30~100$ kHz)加热及超高频($f\leqslant(2~3)\times10^6$ Hz)加热。感应加热淬火作为表面淬火强化的重要手段得到了最广泛的应用。此外,感应加热还可以应用于零件的穿透加热,化学热处理以及熔炼、焊接、干燥等其他工业部门。

(1)电磁感应

感应线圈通以交流电时,置于感应线圈内的零件受交变磁场作用,在其表面相应产生了感应电势,其瞬时值为

$$e=-K\frac{\mathrm{d}\Phi}{\mathrm{d}t} \tag{5-2}$$

式中 $\mathrm{d}\Phi/\mathrm{d}t$——磁通变化率(与电流频率有关);

　　K——比例系数;

　　负号表示感应电动势的方向与磁通变化率的方向相反。

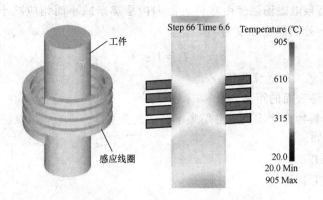

图 5-2　感应加热示意图

零件中感生出来的涡流方向,在每一瞬间都和感应线圈中的电流方向相反。涡流强度(I_f)取决于感应电势(e)及零件内涡流回路的电抗(Z),电抗由电阻(R)和感抗(X_L)组成。

$$I_f = \frac{e}{Z} = \frac{e}{\sqrt{R^2 + X_L^2}} \tag{5-3}$$

由于 Z 很小,涡流可以达到很大,能将零件加热。

热量(Q)由下式决定:

$$Q = 0.24 I_f^2 R t \tag{5-4}$$

应当指出,对铁磁性材料。除涡流产生的热效应外,还有磁滞热效应。但这部分热量比涡流的热量小得多。

如图 5-3 所示,在感应线圈及零件中的高频磁场。其磁力线总是沿磁阻最小的途径形成封闭回路,因此,高频磁力线只能在零件的表面通过。如果感应线圈与零件的间隙非常小,没有逸散到周围空气间隙中的漏磁损耗,则磁能全部为零件表面所吸收。这时,圆柱表面的涡流与感应线圈中通过的电流大小相等,方向相反。

根据这种理想条件,使用单匝感应线圈、高度为 1 cm 的圆柱形零件表面所吸收的功率(P_w)可用数值方程表示:

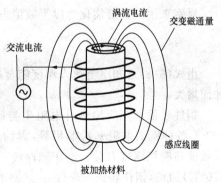

图 5-3　感应加热原理

$$P_w = 1.25 \times 10^{-3} R I^2 \sqrt{\rho \mu f} \tag{5-5}$$

式中　R——圆柱形零件的半径,cm;

I——通过感应圈的交变电流,A;

ρ——被加热材料的电阻率,$\Omega \cdot m$;

μ——磁导率,$H \cdot m^{-1}$;

$\sqrt{\rho\mu}$——吸收因子;

f——电流频率,Hz。

(2)表面效应

涡流强度随高频电磁场强度由零件表面向内层逐渐减小而相应减小的规律,称为表面效应。离表面为 x 处的涡流强度为

$$I_x = I_0 e^{-\frac{x}{\Delta}} \tag{5-6}$$

式中　I_0——表面最大的涡流强度,A;

　　　x——到零件表面的距离,cm;

　　　Δ——与材料物理性质及电磁场频率有关的系数。

由式(5-6)可知:

$x=0$ 时,$I_x = I_0$;

$x>0$ 时,$I_x < I_0$;

$x=\Delta$ 时,$I_x = I_0/e = 0.368 I_0$

工程上规定,当涡流强度从表面向内层降低到表面最大涡流强度的 36.8%(I_0/e)时,由该处到表面的距离 Δ,称为电流透入深度。在感应加热过程中总有一部分热量传到内层或心部损耗掉,零件向周围热辐射也要损耗掉一部分热量,大约有 85% 以上的热量分布在深度为 Δ 的薄层内,其余热量可以认为是理论上的无功热量损耗。

电流透入深度 Δ 的大小与金属的电阻率(ρ)、相对磁导率($\mu_r = \mu/\mu_0$)和电流频率(f)有关。其关系式为

$$\Delta = \sqrt{\frac{2\rho}{\omega \mu_0 \mu_r}} \tag{5-7}$$

式中　ω——角频率,$\omega = 2\pi f$;

　　　μ_0——在真空中的磁导率,其值为 $4\pi \times 10^{-7}$ H/m。

对钢来说上式可简化为以下数值方程:

$$\{\Delta\}_{mm} = 5.03 \times 10^5 \sqrt{\frac{\rho}{\mu_r f}} \tag{5-8}$$

由式(5-8)可知电流透入深度随金属磁导率及电流频率的增加而减小,但随金属电阻增加而增大。

钢件表面在感应加热时电阻率与磁场强度无关,但它却随温度升高而增大(在 800~900 ℃各种钢的电阻率基本相等,大约为 10^{-6} Ω·m),磁导率在失去磁性以前基本不变。其数值与磁场强度有关。但在磁性转变温度(居里点,770 ℃)A_2 以上,和在 $A_1 \sim A_2$(720~770 ℃)加热,钢件将失去磁性,μ 急剧下降。

钢件在感应加热时,电流透入深度可用下列简化式计算:

在 20 ℃时,有

$$\{\Delta_{20}\}_{mm} = \frac{20}{\sqrt{f}} \tag{5-9}$$

在 800 ℃时,有

$$\{\Delta_{800}\}_{mm} = \frac{500}{\sqrt{f}} \tag{5-10}$$

由此可见,频率越高,电流透入深度越浅;当频率不变时,温度超过居里点以后,电流透入深度显著增加。

(3)感应加热的物理过程

零件表面升温不仅引起表层磁导率及电阻率的变化；而且对加热层涡流分布及功率消耗也将产生重大影响。图 5-4 为钢板在感应加热时电流（涡流）在工件表面分布变化的曲线。

图中曲线 1 代表在加热开始时电流密度的分布，此时整个金属表层都是室温 20 ℃，室温时电流透入深度用 Δ_{20} 表示，当表层温度升高到居里点以上，在该层内磁导率急剧下降，从而使这一层感生的涡流明显下降（曲线 2）。在大于 0.2 mm 的内层温度仍在居里点以下，此时在内层磁变温度交界处出现了最大涡流，从而使涡流在表层加热升温过程中出现了跳跃式的分布。曲线 3 表示加热层逐渐向内层扩展的情形，Δ_{800} 表示在 800 ℃ 时的电流透入深度，Δ_{800} 比 Δ_{20} 深，显然是由于磁导率明显下降引起。

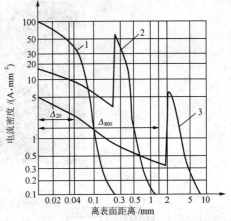

图 5-4　钢板在感应加热时电流（涡流）在工件表面分布变化的曲线
Δ_{20} 和 Δ_{800} 分别为 20 ℃ 和 800 ℃ 时电流透入深度（$f = 2 \times 10^5$ Hz）

应当指出，曲线 2、3 仅是数学的抽象概念，因为在钢中不可能有截然分界的两层，实际上在感应加热时温度从表面向内层的分布是连续变化的。从曲线 2、3 中还可以看出：当零件表面温度升高到居里点以上时，电流透入深度增加。同时最大电流密度移向加热层内层的交界处，而不始终集中在表面，因此，以较大的输入功率加热工件表面不易过烧。这种加热方式称为透入式加热。当钢件要求的淬硬层深度 $\delta \leqslant \Delta$，将以这种方式加热。由于在加热过程中涡流峰值由表面向内层迅速推进。从而加热速度快、热损失小（有效功率为总输入功率的 50%～60%），热量分布陡，淬火后的过渡层较窄，从而提高表面淬火后的压应力，有助于提高疲劳强度。采用透入式加热方式表面过热倾向较小。如果要求的淬硬层深度 $\delta \geqslant \Delta$，则在内层有相当一部分涡流不能透入，内层的加热只能靠热传导来实现。这种加热方式好像在盐浴炉中进行快速加热一样，称为传导式加热或纯表面式加热，其缺点是加热速度慢，热损耗大（热效率仅为总输入功率的 20%～50%），温度梯度平缓，过渡区宽，表面容易过热，所以一般不用。

2. 感应器的设计

感应器（图 5-5）是将高频电流转化为高频磁场对零件进行感应加热的能量转换器。它直接影响工件加热淬火的质量及设备的效率。

感应器主要由有效线圈（工作部分）、汇流接线板、冷却有效线圈、接线板水冷系统及定位紧固部分等组成。

为了正确设计和使用感应器，需遵循下列原则：

（1）感应器的几何形状设计

感应器的几何形状主要由零件所需硬化部位的几何形状、尺寸及选择的加热方式所决定。感应线圈中的高频电流的流向与零件表面涡流方向相反。因此，可以把零件硬化表面上理想的涡流流向作为考虑感应器基本形状的基础。图 5-6 所示为不同零件硬化部位与常用感应器几何形状之间的关系。

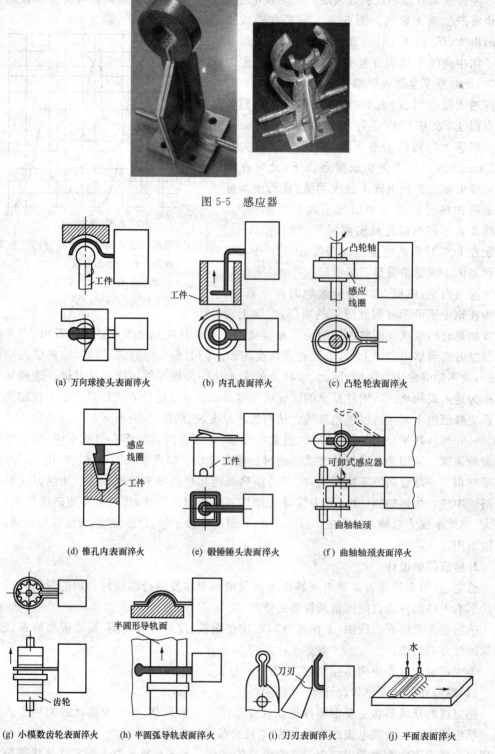

图 5-5 感应器

(a) 万向球接头表面淬火　　(b) 内孔表面淬火　　(c) 凸轮轮表面淬火

(d) 锥孔内表面淬火　　(e) 锻锤锤头表面淬火　　(f) 曲轴轴颈表面淬火

(g) 小模数齿轮表面淬火　(h) 半圆弧导轨表面淬火　(i) 刀刃表面淬火　　(j) 平面表面淬火

图 5-6　不同零件硬化部位与常用感应器几何形状之间的关系

（2）高频电流在导体内的邻近效应及环形效应

为提高感应器加热的效率,应充分利用高频电流在导体内的邻近效应(即高频电流通过相邻的两个导体时,电流在导体内将重新分布的一种现象)及环形效应,如图 5-7 所示。为了提高感应器效率,减少磁力线的逸散,在内孔、平面及异形表面加热中可在这类感应器上施放导磁体[图 5-7（d）],并尽量减小感应线圈与零件之间的间隙,但不能接触,否则将击毁工件。

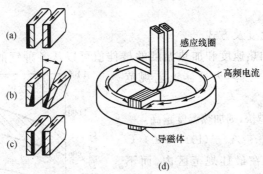

图 5-7　高频电流在导体内的邻近效应及环形效应

（3）尽量避免尖角效应

为了保证均匀加热,应当尽量避免在零件尖角棱边处因电流密度过大而发生的过热现象(又称为尖角效应)。可通过调节感应线圈与零件间的相对高度、相对间隙或改进感应器结构,在零件表面小孔内塞入铜塞等加以改进。

（4）感应器有足够的机械强度

应保证感应器有足够的机械强度、刚性并能长期连续工作。

（5）加热设备的频率、功率选择

应考虑所采用的加热设备的条件(频率、功率)、零件尺寸、硬化层要求及所采用的加热方式等。如在设备功率 $P_{设}$ 一定的条件下,一次允许加热的最大面积 A 由下式决定:

$$A \leqslant \frac{P_{设}}{\Delta P_{设}} \leqslant \frac{P_{设}}{\Delta P_I} \cdot \eta \qquad (5\text{-}11)$$

式中　　ΔP_I——零件比功率(单位表面功率),$kW \cdot cm^{-2}$;

$\Delta P_{设}$——设备比功率;

$P_{设}$——设备功率,kW;

η——设备效率。

在此条件下,如加热圆柱形零件,感应线圈的极限高度(h_i)应由下式决定:

$$h_i \leqslant \frac{P_{设} \cdot \eta}{\pi \cdot D \cdot \Delta P_I} \qquad (5\text{-}12)$$

式中　D——零件直径,mm。

3. 感应加热表面淬火工艺控制

（1）预先热处理

对结构钢零件来说,调质处理后再进行表面淬火比其原始组织不仅具有更高的强度与塑性的综合性能,而且更容易得到较均匀的奥氏体。如果对心部性能要求不高时,也可用正火处理。预先热处理对表面脱碳层应加以控制，以免降低表面淬火硬度。

(2)合理选择比功率

当零件尺寸一定时，比功率决定了加热速度大小及可能达到的加热温度，因此比功率是一个重要的工艺参数。比功率大小与零件尺寸及要求硬化面积、设备功率、要求的硬化层深度以及加热方式等因素有关，前两个因素是主要的。此外，施加在零件表面的实际比功率还与感应器效率有关。中频发电机或感应加热装置 $\eta=0.64$，电子管式高频加热装置 $\eta=0.4\sim0.5$。

(3)选择淬火加热温度及方式

感应加热淬火时，加热速度和加热温度的最佳值可以从各种钢的最佳工艺规范图中查出。图 5-8 是 45 钢的高频淬火最佳工艺规范图。

可以看出，加热速度越快，则加热温度越高。一般加热温度可按经验通式 $t=A_{c3}+(100\sim200)$ ℃来计算。工艺参数应定在最佳规范区内，而不能定在欠热区或过热区内。

按加热方法可以分为同时加热法及连续加热法，在设备功率足够大的条件下，应尽量采用同时加热法，连续加热法多用于轴类零件。

由于电流透入深度往往小于零件实际要求的硬化层深度，所以根据表层加热状况分为透入式加热淬火与传导式加热淬火两类。图 5-9 是不同预先热处理后不同加热方式对零件截面硬度的影响比较。

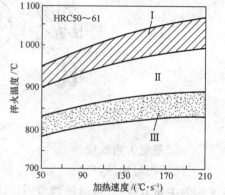

图 5-8 45 钢（正火状态）的高频淬火最佳工艺规范图

（Ⅰ、Ⅲ—允许的；Ⅱ—最佳的）

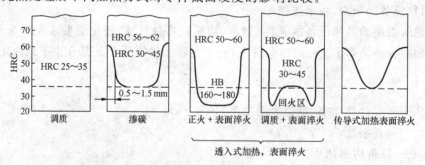

图 5-9 不同预先热处理后不同加热方式对零件截面硬度的影响比较

采用透入式表面加热淬火时，原始组织为调质态的零件在淬硬层毗邻的内层有一回火软化层。而采用传导式加热淬火时，因热透深度大，温度梯度分布平缓，往往在表面淬火时内层或心部也发生了相变重结晶，因而机械性能在整个截面上表现不出明显的软化（弱化）区，因此后者更适宜重载零件的表面淬火。若采用低淬透性能钢或限制淬透性能钢进行表面淬火，则既可以弥补原始组织在正火状态时心部强度的不足，又可以克服调质状态在表面淬火后出现的回火软化问题。

（4）冷却方式及冷却介质的选择

①喷射冷却法

生产上常用的喷射冷却法,可以用调节水压、改变水温及喷射时间来实现控制冷速。为避免淬火变形开裂还可以采用预冷淬火或间断冷却方法。在连续加热淬火时可以改变喷水孔与零件轴向间的夹角,或改变喷水孔与零件之间的距离、零件移动速度等来调整预冷时间、控制冷速。

②埋油淬火法

对一些细、薄类零件或合金钢制造的齿轮等,为减少变形开裂可以将感应器与零件同时放入油槽中加热,断电后冷却,这种淬火方法称为埋油淬火法。

表面淬火的零件,一般都不冷到室温,这有利于减小淬火应力避免变形开裂。对采用同时加热淬火法,喷水冷却时间一般可取加热时间的 1/3～1/2。如用自回火工艺,喷水时间由实验确定。

碳素结构钢及球铁零件可以喷水冷却,对低合金钢及形状复杂的碳钢零件可用聚乙烯醇水溶液、聚丙烯酰胺水溶液或乳化液、油等介质。原则上尺寸越大,选用的冷却介质的冷却能力越强。在工作时,应严格控制冷却介质的温度,不宜过高。喷射冷却时要注意均匀冷却、水压足够并且稳定;在油槽内冷却时应注意让工件上下运动或搅拌冷却介质。

（5）回火工艺的确定

感应加热淬火后一般只进行低温回火,主要是为了减少残余应力和降低脆性,但应尽量保持高硬度和高的表面残余压应力。回火方式可采用炉中回火,也可采用自回火和感应加热回火。

①炉中回火

为了在高频表面淬火后使零件表面保留着较高的残余压应力,回火温度比普通加热淬火的要低,一般不高于 200 ℃,回火时间 1～2 h。

②自回火

利用控制喷射冷却时间,使硬化区内层的残留热量传到硬化层,而达到一定温度进行回火的方法,称为自回火。同时加热淬火法中常配以自回火法。由于自行回火时间很短,达到同样硬度条件下回火温度比炉中回火要高。45 钢炉中回火温度与自回火温度的比较见表 5-2。

表 5-2　　　　　　　　　　　　　　45 钢炉中回火温度与自回火温度的比较

回火温度/℃	自回火温度/℃	平均硬度 HRC	回火温度/℃	自回火温度/℃	平均硬度 HRC
100	185	62	305	390	50
150	230	60	365	465	45
235	310	55	425	550	40

注:45 钢淬火后硬度为 HRC 63.5～65,炉中回火时间 1.5 h,自回火后空冷。

自回火不但简化了热处理工艺,而且对防止高碳钢及某些高合金钢的淬火裂纹也很有效。自回火缺点是工艺不易掌握,消除淬火应力程度不如炉中回火的好。

③感应加热回火

为了降低过渡层的拉应力,加热层的深度应比硬化层深一些。故常用中频或工频加热回火。感应回火比炉中回火加热时间短。显微组织中碳化物弥散度大,因此,耐磨性高,冲击韧性较好,而且容易安排在流水线上。感应加热回火要求加热速度小于 20 ℃/s。

5.3.2 火焰加热表面淬火

将高温火焰或燃烧后的炽热气体喷向零件表面,使其迅速加热到淬火温度,然后在一定的淬火介质中冷却,称为火焰加热表面淬火。

与其他表面加热淬火法相比较,火焰加热表面淬火设备简单,使用方便,成本低,只要有气源和烧嘴就可以进行火焰淬火;不受工件体积以及淬火部位的限制,因此可用于特大件的表面淬火,可以灵活移动使用;淬火表面清洁,无氧化脱碳现象,工件变形也小。火焰淬火的缺点是不容易控制加热温度,表面容易过热,而且淬火质量不容易均一。

火焰加热表面淬火一般用于中碳钢表面强化,可以得到 0.8~6 mm 的淬火硬化层。

用于火焰表面加热的燃料要求有较高的发热值、贮存使用安全可靠、污染小、价格低廉。燃料气有乙炔(C_2H_2)、丙烷(C_3H_8)、天然气、液化石油气等。助燃气体有氧气和空气。其中,乙炔和氧气(1∶1)混合燃烧的火焰温度最高,可达 3 100 ℃,称"氧炔焰"。

这样高的火焰温度对于表面淬火并不总是需要的,因此,可以用液化石油气代替乙炔,用空气代替氧气,火焰仍可达到 2 000 ℃左右,适用于淬硬层深度大于 3 mm 的情况。当淬硬层深度小于 3 mm 的时,仍以采用"氧炔焰"为好。

火焰淬火方法有以下几种:

(1)固定加热淬火法

工件固定,烧嘴也固定,正对淬火部位加热。

(2)移动加热淬火法

工件固定,烧嘴沿工件的加热面移动,随即喷水淬火。

(3)旋转加热淬火法

工件旋转,烧嘴固定,多用于小模数齿轮淬火。

(4)旋转移动加热淬火法

工件既旋转又向下移动,烧嘴固定,多用于轴类连续加热淬火。例如,45 钢主轴采用此法淬火时,3 个多火孔烧嘴互成 120°,主轴旋转并下移,边加热边喷水淬火。烧嘴距工件表面 4~6 mm 为宜。要求的淬硬层越深,轴的移动速度越慢,可在 50~150 mm/min 调整。

5.3.3 其他高能量密度加热表面淬火

1.高频脉冲淬火

脉冲淬火是以能量密度很大的能源对金属表面超高速加热,可在若干毫秒内加热到淬火温度,然后靠未加热的金属内部迅速热传导自激冷而实现表面淬火硬化的工艺方法。目前脉冲淬火法所指的主要是用高频脉冲淬火法,其全部加热与冷却时间仅在 2~40 ms。

据资料报道,高频脉冲淬火法有以下显著的优点:

(1)在超高速加热下,使奥氏体晶粒超细化,在淬火后得到极细微的隐针马氏体,即使在2万倍的电镜下也不能完全看清晶体形貌。淬硬层具有高硬度(HV900～1 200),高韧性。淬火层不显示脆性,并有较高的抗蚀性。试验表明,脉冲淬火的工具寿命可提高3倍。

(2)劳动生产率高,从加热到冷却全部淬火过程比高频淬火快10倍。

(3)能准确地控制及调整淬硬区,可以完全避免变形。

(4)用碳钢制造的刀具经脉冲淬火后具有高的硬度和回火稳定性(达450 ℃),因此可以部分取代合金工具钢。

(5)工艺稳定可靠,易于实现自动化生产。

(6)采用频率27.12 MHz,没有公害。

脉冲淬火法由于受冲击能量限制,它不适用于大型零件的表面硬化,也不适用于导热性差的合金钢表面硬化,目前多用于木工工具、切削工具、照相机、钟表、仪器等小型机械零部件的局部淬火。表 5-3 为高频淬火与高频脉冲淬火的比较。

表 5-3　　　　　　　　　　　　高频淬火与高频脉冲淬火的比较

项目	高频淬火	高频脉冲淬火
频率/Hz	2×10^5	2.712×10^6
输出功率密度/(W·cm^{-2})	2×10^2	$(1\sim3)\times10^4$
最短加热时间/s	0.1～5	0.001～0.1
在淬火温度下表面的最小透入深度/mm	0.5	0.1
实际使用的硬化深度(最小/最大)/mm	0.25/0.5	0.05/0.5
硬化面积	在连续加热淬火无限制	每次冲击淬火硬化层宽度 3 mm,限制在 10～100 mm²
感应器冷却	水冷式	断面约 5 mm² 以下的线、板采用压缩空气冷却,单个加热淬火不需冷却
感应器感应系数/μH	<10	10～100
冷却	喷水	自激冷不需冷却
淬火组织	隐针马氏体	在光学显微镜下无法辨认的极细隐针马氏体
变形	采用合理硬化层分布可使变形较小	极小,几乎测不出

高频脉冲加热淬火控制的工艺参数有:输出能量密度(W/cm²)、脉冲加热时间及感应器与工件之间的间隙等。硬化层深度依能量密度增加或脉冲时间延长而增加。

2. 激光热处理

激光是一种具有极高的亮度、单色性、方向性的强光源。目前用于热处理的激光器有CO_2 激光器、YAG 激光器、二极管激光器。能量为几百瓦到几万瓦,能量密度可达10^4 W/cm²。与其他固体、气体激光器相比,CO_2 激光器具有输出功率高(达几十千瓦),效率高(理论值40%,实际上可达 10%～20%),能长时间连续工作等优点。CO_2 激光器可发射波长为 10.6 μm 的肉眼不可见的远红外线。

1970 年,激光开始应用于金属的表面强化。可以用激光进行表面淬火,表面冲击强化,表面合金化,表面涂覆,快速成型(3D打印)等。近年来激光3D打印发展迅速,已在航空领域得到应用。

激光加热最大的特点是极高的生产率、硬化层精密可控以及生产过程具有非常好的柔性(即工件与能量转换器不需要在形状或外形轮廓上相互吻合)。由于它可在零件选定的表面上进行局部淬火,而且应力及变形极小,表面光亮无需再进行表面加工,因此,特别适合中小件复杂表面的局部硬化,而且还可以通过用激光照射经过涂层或镀层的表面,得到不同性能的合金化表层。

(1)激光与金属的相互作用

在室温下,所有金属的表面都能够较好地反射由 CO_2 激光器发出的激光,而很难吸收它,金属表面加工的越光亮,越不易吸收。当金属处于熔融状态时,对红外线吸收率急剧增加。以铝为例,在室温时远红外线吸收率<10%,在熔化时为40%～50%,汽化时达90%,所以提高金属表面对激光的吸收率比提高总的激光能量更为现实和重要。

金属表面对远红外线的吸收率是表面温度的函数。用激光束照射金属表面加热淬火时其吸收率低于10%,大部分光束被反射而逸散损失。为了提高吸收率,可在需硬化表面涂敷一层能吸收远红外线的涂层,该工艺称为"表面黑化"处理。它对激光热处理有十分重要的作用,涂敷料一般由悬浮在黏结剂中的结晶物质——金属氧化物、极细金属粉末、碳粉及磷酸盐组成。图5-10是平板状工件表面激光热处理,图5-11是圆轴状工件表面激光热处理。

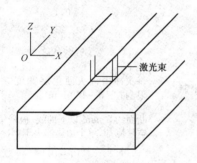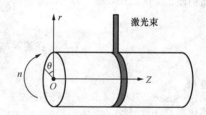

图5-10 平板状工件表面激光热处理　　　图5-11 圆轴状工件表面激光热处理

(2)激光热处理工艺

①激光表面加热淬火

用激光束加热进行表面淬火时,需要控制表面温度和淬硬层深度。表面温度和淬硬层深度与激光的功率、表面对激光的吸收率、激光光斑的模式和尺寸、激光束的扫描速度有关,合理地控制这些参数,就可以控制表面温度和淬硬层深度。

由于激光束光斑尺寸很小,因此工件表面的淬火必须靠激光束在淬火工件表面的扫描运动来实现。目前的扫描有三种方法:

②单道散焦激光束加热法

单道散焦激光束加热法即散焦激光束做直线运动。如图5-12(a)所示,其硬化宽度取决于激光束光斑直径。被淬火区为一狭长的淬火带。如当输出功率为1.5 kW时,此法可获得宽度为2 mm,两侧热影响区为0.05～0.07 mm,深度为0.25 mm的硬化带。

③多道重叠散焦激光束加热法

为了加宽淬火区,可以采用类似高频淬火时的旋转-推进法,即采用多道扫描重叠以拓宽硬化区。但在两次淬火区之间重叠区域将有一回火软化带,如图 5-12(b)所示。

④摆动激光束加热法

此法是将激光束作一维或二维的摆动,这样可以获得一个宽带扫描加热区或一个较大面积的加热区,如图 5-12(c)所示。当摆动频率很高时,可将它看成近似能量连续供应的加热,当输出功率一定时,每分钟硬化的面积与摆动频率有关,并直接影响硬化层深度。总之,激光束的移动速度与摆动频率应当保证工件表面达到要求的硬化层深度。

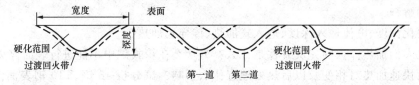

(a) 单道散焦激光束加热法　(b) 多道重叠散焦激光束加热法　(c) 单道摆动激光束加热法(一维)

图 5-12　激光束加热工件的方式

激光加热淬火常出现的工艺缺陷是:由于过烧熔融表面产生小泡或表面粗糙形成裂纹;当硬化深度大、加热时间长、温度较高时可在表面出现 <0.02 mm 的脱碳层;由于表面涂层厚度不均匀会引起加热硬化层深度不均匀等。

(1)激光加热表面合金化与涂覆

当激光束功率足够大,可以使工件表面形成一层极薄的熔化层,利用此办法首先可用于消除表面缺陷,改善表层组织。如含碳、锰、硅的铸铁经表面薄层熔化并激冷可形成具有高的抗回火稳定性的淬火马氏体与碳化物的复相组织;对含高铬、钼的铸铁来说其稳定性还要高。其次,如果在需要硬化部位表面涂以一定厚度的合金涂层,然后再用摆动激光束扫描使表面熔铸一层合金形成与基体的冶金结合,可获得优异的表层性能。激光表面合金化与涂覆目前是极有前途的表面强化工艺,受到越来越多的人重视。

3.电子束热处理

由于电子束加工技术的发展,促进了电子束在热处理上的应用。自 20 世纪 70 年代初开始应用于薄钢带、细丝的连续退火处理以及脉冲淬火,并可对工件表面实行表面合金化。其应用与激光热处理相似。在美国已有了较完善的电子束加热炉来处理钛、铌、钽、铝及核反应堆用金属材料。

电子束热处理的原理是:用电子枪发射的电子束轰击金属表面时,电子流碰撞材料表面层的原子并赋予能量,电子的动能转化为热能,加热了金属。电子流穿透材料的深度取决于加速电压的高低和材料的密度大小。如 150 kW 能量的电子束可在铁表面穿透 0.076 mm,在铝表面穿透 0.16 mm。电子束在极短时间内以密集能量轰击工件表面而使表面温度迅速升高,因此可以进行冲击淬火或表面熔铸合金化。为了实现自激冷淬火要求工件总体积与淬火表面积之比应为 5∶1。

电子束加热表面时,表面温度和淬透深度除与电子束能量大小有关外,还与轰击时间成比例,时间过长将影响自激冷过程。

电子束热处理要在真空(10^{-2} Pa)状态下完成,能量传输不如激光方便,可控性较差,并需要复杂的电子光学系统、真空系统,成本较高,不适宜大型零件,并要注意防护 X 射线。但是由于电子束能量转换效率高达 90% 以上,不需要表面黑化处理,而且一次投资在 2 kW 以上时要比激光设备低,因此仍具有相当的竞争力。

复习思考题

1. 名词解释

有效硬化深度、电流透入深度、透入式加热、传导式加热。

2. 实现表面加热淬火的先决条件是什么? 为什么在箱式炉中不能进行表面淬火?

3. 表面快速加热对相变及以后热处理有什么影响? 试分析 45 钢、T10 钢表面淬火后从表面到心部的典型组织(原始组织为正火态)。

4. 表面淬火后在性能上有何特点? 为什么高频表面淬火后有较高的疲劳强度?

5. 感应加热淬火工艺控制因素有哪些?

第6章

钢的化学热处理

6.1 化学热处理的定义、目的及分类

将钢件置于一定温度的活性介质中保温,使一种或几种元素渗入钢件表面,进而改变表面的化学成分、组织和性能,这种热处理工艺称为化学热处理。化学热处理的主要目的有两个:一是通过渗入非金属或金属元素,强化表面,提高钢件的某些机械性能,如表面硬度、耐磨性、疲劳强度和多次冲击抗力;二是保护钢件表面,提高某些钢件物理化学性质,如耐高温及耐腐蚀等。因此,经化学热处理后的产品,在某些方面可以代替含有大量贵金属和稀有合金元素的特殊钢材。

化学热处理按渗剂状态又可分为固体法、液体法、气体法。如固体渗碳、液体渗碳和气体渗碳。

化学热处理与表面淬火相比,虽然生产周期长,但具有如下优点:

(1)不受零件外形限制,可以获得分布较均匀的淬硬层。

(2)由于表面成分和组织发生了很大变化,耐磨性和疲劳强度大幅度提高。

(3)表面的过热现象可以在随后的热处理过程中予以消除。

目前,国内外对化学热处理的研究主要集中在以下几方面:

(1)提高工件使用寿命,降低成本。如碳氮共渗、硫氮共渗、多元共渗等的研究。

(2)缩短工艺周期。如离子渗碳、离子渗氮和离子镀及催渗剂的应用。

(3)利用三束(离子束、电子束、激光束)在材料表面改性。

(4)自动化生产。如对可控气氛、感应加热等的气体渗碳和碳氮共渗的研究。

总之,化学热处理正向真空化、可控化、催渗化及操作自动化方向发展。

6.2 化学热处理的基本原理

化学热处理是依靠渗剂元素原子向工件内部扩散进行的。首先渗剂必须分解得到活性原子或离子,这些活性原子或离子被工件吸收后向工件内部扩散。因此,化学热处理基本过程包含了渗剂分解、吸收、扩散三个过程。

6.2.1 渗剂的分解

化学热处理包括渗碳、渗氮、碳氮共渗、渗金属和多元共渗以及离子渗氮、离子渗碳、离

子碳氮共渗和离子渗金属。随着渗入元素的不同,所使用渗剂或反应物也不一样,但也不外乎无机化合物、有机化合物、金属或合金等。它们都要通过分解得到活性原子或离子,否则就不能被工件所吸收。

这些渗剂或反应物的化学反应式相当复杂,反应程度除了与渗剂的性质、浓度以及温度有关外,还与压力、电场、磁场等有关。

无论是把钢件放在气体渗剂还是液体或固体渗剂中,分解产生活性原子或离子的过程都是在气相中进行的。例如:

渗碳时:

$$2CO \Longrightarrow CO_2 + [C]$$
$$C_nH_{2n} \Longrightarrow nH_2 + n[C]$$
$$C_nH_{2n+2} \Longrightarrow (n+1)H_2 + n[C]$$

渗氮时:

$$2NH_3 \Longrightarrow 3H_2 + 2[N]$$

渗铝时:

$$AlCl_3 + Fe \Longrightarrow FeCl_3 + [Al]$$

渗硅时:

$$SiCl_4 + 2Fe \Longrightarrow 2FeCl_2 + [Si]$$

为了提高渗剂的活性,常常采用化学催渗和物理催渗方法来加速渗剂的化学反应,降低反应温度及缩短反应时间。例如,固体渗硼时加入氟化铵,气体渗碳时加上一个高压直流电场,变成离子渗碳。

6.2.2 渗剂的吸收

渗剂分解出来的活性原子或离子被钢件表面吸附后渗入基体金属中,吸附后又溶解的过程叫作吸收。故化学热处理中的吸收就是吸附和溶解的总称。

例如在渗碳过程中,以一氧化碳为渗碳剂时,其化学反应为:

$$2CO \longrightarrow CO_2 + [C]$$

该反应的实质就是一个一氧化碳分子从另一个一氧化碳分子中夺取氧原子而生成二氧化碳,同时析出一个活性碳原子。这必然要涉及破坏一个一氧化碳分子的碳氧键,而碳原子和氧原子之间的结合力是很强的。如果单靠两个一氧化碳分子间的猛烈撞击来破坏碳氧键完成上述反应几乎是不可能的。也就是说,在气相中进行上述反应需要很高的活化能,故上述反应的速度也是很慢的。

实验指出,当有金属铁存在时,上述反应速度就要快得多。显然铁不仅可以吸收分解出来的碳原子,而且参与了反应,它促进了一氧化碳的分解。有人对铁在一氧化碳分解过程中的作用,提出如下机理。

首先一氧化碳分子中的碳原子和氧原子分别被吸附(化学吸附)在相邻的铁原子上:

$$Fe(晶) + CO(气) \longrightarrow Fe(晶) \cdot CO(吸附)$$

由于铁晶格中原子间距(22.8 nm)远大于一氧化碳分子中原子间距(11.5 nm),一旦发生吸附,一氧化碳中的碳、氧原子间的距离增大,从而削弱了碳原子和氧原子之间原有的结合力,为破坏碳氧键提供了有利条件。

其次,气相中的一氧化碳分子碰撞在已吸附于金属铁表面上的一氧化碳分子中的氧原子时,被吸附的一氧化碳分子很容易与气相中的一氧化碳分子作用,生成二氧化碳和碳原子,其反应为:

$$Fe(晶) \cdot CO(吸附) + CO(气) \longrightarrow Fe \cdot [C] + CO_2(气)$$

被吸附的碳原子又可进一步侵入铁的晶格而溶解。其吸附量和吸附速度可由实验测得。这说明碳和一氧化碳的化学吸附是客观存在的。正是由于发生了化学吸附,铁加快了一氧化碳的分解速度才是可能的。可见,吸附作用与渗碳剂的分解和活性碳原子的吸收是有密切关系的。

表面吸收反应的机理,如渗碳,多数人认为是析出的活性碳原子直接溶入奥氏体中,达到饱和时才形成化合物。因为形成化合物 $Fe \cdot [C]$ 是以改变铁的晶格方式进行的,因此,形成固溶液应在形成化合物之前。在渗碳过程中碳原子首先进入 $\gamma\text{-}Fe$ 中,呈固溶状态。当浓度超过溶解度极限时,铁的晶格便发生改变,形成 $Fe \cdot [C]$。但这并不排除钢中有强碳化物形成元素时,碳与合金元素直接形成合金碳化物的可能性。

由电离法确定,碳在铁的晶格内是处于电离状态。当碳溶入 $\gamma\text{-}Fe$ 中时,碳原子把自己的一部分价电子交给铁原子,并使其尺寸减小。碳原子这种电离状态表明,碳在奥氏体中不仅是简单地溶解,而是存在着化学的相互作用。因此,碳离子在填入铁的晶格内时,受到铁原子化学结合力的作用,吸收的强弱取决于这种结合力的大小。

6.2.3　渗剂的扩散

工件表面吸附了渗入元素的活性原子之后,扩散元素浓度大大提高,致使表面与内部存在浓度梯度,从而发生渗入元素原子由浓度高处向浓度低处迁移,这种现象叫作扩散。在化学热处理过程中,所发生的扩散现象有纯扩散、带来相变的扩散和反应扩散。

所谓纯扩散是指渗入元素原子在基体金属中形成连续固溶体,在扩散过程中不发生相变或化合物的形成和分解的扩散过程。这种扩散现象多发生在化学热处理开始阶段,或因渗剂活性欠佳,致使被渗工件表面达不到饱和浓度的情况下,或因欲渗元素与基体金属之间能形成无限固溶体,因此没有相变发生。例如,20 钢在 930 ℃ 渗碳,根据 Fe-Fe·[C]状态图,在此温度下,奥氏体中溶解度极限约为 1.2%,而渗碳时表面碳浓度仅有 0.95%~1.05%,因此,在整个渗碳过程中只发生碳原子在奥氏体中的扩散,而无相变发生。碳原子、氮原子在钢中的扩散是由一个间隙位置向邻近另一个间隙位置跳动而实现的。在碳原子每次跳动中,都要使铁的晶格暂时发生畸变,晶格结点上的铁原子为反抗这种畸变而给予碳原子的斥力就成为阻碍碳原子跳动的能垒,也就是扩散所需的激活能。激活能越高,扩散越困难。

大多数金属元素的原子在置换固溶体中扩散速度要比碳原子、氮原子在间隙式固溶体中小得多。因为扩散过程中是以存在着离位原子和晶格结点上的空位为前提。当扩散温度增高,空位浓度增加,于是扩散速度增大,所以渗金属需要在较高温度下进行。

渗剂元素渗入基体金属后,在扩散温度下随着时间的推移,其浓度逐渐增加,并伴随着形成新相(一般形成化合物)的扩散称为反应扩散。显然,反应扩散只有在有限固溶的合金系中才有可能发生。反应扩散新相的形成过程有两种情形：一种是渗入元素先达到其基体金属中的极限溶解度后，再形成新的化合物相，该相在状态图中与饱和固溶体处于平衡状态；另一种情形是在扩散温度下，基体金属表面与活性渗入元素直接发生化学反应而在表面形成极薄的化合物层，新相的长大需要通过所形成的化合物层，其长大速度取决于渗入元素在新相中的扩散速度及在毗邻相中的扩散速度。

影响渗入元素原子在钢中扩散的因素很多，如温度、钢的含碳量、合金元素、晶体结构及缺陷等，其中起主要作用的是温度。

由扩散第一定律可知，扩散物质的数量与扩散系数和扩散层的浓度梯度成正比。扩散系数与许多因素有关，但是对它影响最显著的是温度，这种关系可用数学公式表示出来：

$$D = A\exp\left(-\frac{Q}{RT}\right) \tag{6-1}$$

式中　D——扩散系数；

　　　A——方程式参数；

　　　Q——扩散激活能；

　　　R——气体常数。

式(6-1)表明，当扩散激活能一定时，扩散系数与温度呈指数关系，温度越高扩散系数越大。例如，当温度由 925 ℃增加到 1 100 ℃时，碳原子在铁中的扩散系数增加 7 倍；当温度由 1 150 ℃增至 1 300 ℃时，铬原子在铁中的扩散系数增加 50 倍以上。

扩散激活能 Q 代表晶格中的原子由一个位置迁移到另一个位置所需克服的能垒。Q 越大，移动越困难，D 便越低。例如碳在 γ-Fe 中扩散时，Q 为 32 000～34 000 卡/克原子；合金元素在 γ-Fe 中扩散，Q 为 55 000～60 000 卡/克原子，所以渗碳比渗金属要快得多。

温度升高，扩散大大加快，所以在高温时欲得到一定厚度的扩散层所需的时间较短。例如在气体渗碳时，为得到 1.5 mm 渗层，在 930 ℃条件下需 6.5 h，在 970 ℃条件下需 5 h，而在 1 000 ℃条件下只需 3 h。固体渗碳也有类似的情况，如图 6-1 所示。

在一定时间内所得到的渗层深度与温度的关系可由下式确定：

$$\delta = A\exp\left(-\frac{a}{T}\right) \tag{6-2}$$

式中　δ——渗层深度，mm；

　　　T——绝对温度；

　　　A、a——实验系数。

根据对铁所做 10 h 碳化的计算，$A = 63$，$a = 4\ 818$。

扩散第一定律只适用于均匀固溶体中的扩散。在化学热处理过程中，渗层中各点的浓度和浓度梯度都是随时间而变化的，且有新相生成。因此，扩散第一定律是不能反映其真实情况的，需借助于扩散第二定律。根据扩散第二定律，渗层深度和时间的关系可用下式表示：

$$\delta = K\sqrt{\tau} \tag{6-3}$$

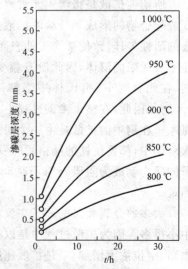

图 6-1　渗碳层深度和渗碳
　　　　　温度与时间的关系

式中　　δ——渗层深度,mm;

　　　　K——常数(数值上等于 $2\sqrt{D}$);

　　　　τ——时间,h。

式(6-3)说明,渗层深度与时间呈抛物线关系。这是因为在化学热处理时,决定扩散速度的因素除扩散系数 D 外,第二个因素是扩散物质在钢表面层的浓度梯度。延长化学热处理时间,由于任何相邻区域的浓度差逐渐减小,故扩散速度也逐渐降低。我们可以运用式(6-3)来估算在一定温度下渗层深度随时间的变化。但此式未将扩散系数与浓度之间的关系考虑进去,同时化学热处理影响因素较多,因此,渗层深度并不严格遵守这一规律。

合金元素影响碳原子扩散的规律是:与碳原子结合倾向大的碳化物形成元素(如钨、钼、铬等)使碳原子的扩散激活能增加,阻碍碳原子的扩散;非碳化物形成元素(如钴、镍等)降低碳原子的扩散激活能,促进碳原子的扩散。

因此,对含有碳化物形成元素的合金钢渗碳时,合金元素对渗碳速度的影响要考虑两方面因素,一是这些元素提高了扩散激活能,阻碍碳原子的扩散;另一方面是这些元素易与碳原子形成碳化物,使表面碳原子浓度提高,增加了碳原子的浓度梯度而促进扩散。实践证明,对于含有铬、锰、钼的合金钢,往往是后者起主导作用。

6.2.4　加速化学热处理的途径

1.物理催渗法

物理催渗法是将工件放在特定的物理场(如稀薄气体、等离子场、高频电磁场、高温、电场、磁场、真空等)中进行化学热处理。其中加电磁场的都是使欲渗元素离子化,这些欲渗元素的离子在电场作用下,以很高的能量打在钢件上,被钢件吸收。所以离子轰击化学热处理如离子渗氮、离子渗碳、离子渗金属等都比普通化学热处理快得多,具有渗速快、时间短、节省能源等特点。

(1)高温法

提高化学热处理的温度,可大大促进渗层的形成。如果允许钢件晶粒长大,那么要获得同样厚度的渗碳层,只要把渗碳温度从 930 ℃提高到 1 000 ℃,就使渗碳时间大大缩短。

(2)真空化学热处理

在 13.33~1.333 Pa 真空度下的气相介质中可进行真空渗碳、真空渗铬等。真空具有净化钢件表面作用,可使钢件表面吸附大量活性原子,从而增加浓度梯度。并且,真空化学热处理允许采用较高的温度,因而提高了欲渗元素的扩散速度,将显著加快渗速。如真空渗碳提高生产率 1~2 倍,渗层深度可达 7 mm,在上述真空度下渗铝、铬的速度可提高 10 倍以上。

(3)离子轰击化学热处理

在含有欲渗元素的稀薄气相(133~1 330 Pa)介质中,利用钢件(阴极)和阳极之间产生辉光放电,将欲渗元素离子化后被钢件所吸收。如离子渗氮、离子渗碳、离子渗硫、离子碳氮共渗、离子硫氮共渗、离子渗金属等。离子轰击化学热处理具有渗速快、质量好、无污染、节能等优点,目前已广泛应用于生产。

2. 化学催渗法

化学催渗法是利用加入渗剂中的催渗剂,促进渗剂分解,活化钢件表面,提高欲渗元素的渗入能力。目前常用的方法有:

(1)提高渗剂活性法

此法在渗剂中加入反应活性剂,提高渗剂活性。如固体渗碳时加入 Na_2CO_3,无毒液体渗碳时加入 SiC,气体渗碳滴入液中加入苯或丙酮等。

(2)卤化物催渗法

此法在渗剂中加入卤化物,如在气体氮化时,向氮化炉中通入 $TiCl_4$,或在炉中加入 NH_4Cl。在氮化温度下卤化物分解出 HCl 或 Cl_2,破坏工件表面的氧化膜,进一步活化工件表面,加速渗氮过程。在渗金属时,常用欲渗元素纯金属或合金与卤化物反应得到气相金属卤化物催渗,其吸附于工件表面并分解出欲渗活性元素原子渗入钢件基体中,促进渗入过程。

6.3　钢的渗碳

把低碳钢件放在渗碳介质中加热到单相奥氏体区(一般取 920~930 ℃),保温足够长的时间,使表面层的碳浓度提高,并达到一定的碳浓度梯度,这样的化学热处理工艺称为渗碳。

低碳钢件渗碳后,表层变成高碳,而心部仍为低碳,经淬火及低温回火后,使表面层具有足够高的硬度、耐磨性及疲劳抗力,而心部仍保持足够的强度和韧性。因此,机械零件为获得高的表面硬度、接触疲劳强度、弯曲疲劳强度、冲击韧性等,通常采用渗碳工艺。

根据渗碳剂使用时的不同状态,可分为固体渗碳、液体渗碳、气体渗碳及特殊渗碳。固体渗碳早在战国时期就已广泛使用,由于操作简便、设备简单,特别适用于单件及小批量生产,至今某些工厂仍在使用。固体渗碳的主要缺点是加热时间长、工人劳动强度大、工件表面碳浓度及渗层厚度不易控制。气体渗碳是 20 世纪 40 年代后发展起来的,它具有生产率高、易于实现机械化和自动化生产、表层碳浓度可控、渗碳质量高、渗碳后可直接淬火等优点。因此,目前应用最为广泛。特别是用微机控制的渗碳过程,使气体渗碳生产发生了重大变革,实现了按工件要求的表面碳浓度、层深、渗碳过程的全自动控制和调节,产品质量稳定、可靠,从而确定了它在生产中的主导地位。液体渗碳具有操作简单、加热速度快、渗碳时间短的优点,亦可进行直接淬火操作,多用于小批量生产。真空渗碳近十几年来发展很快,对微小盲孔也能均匀渗入,具有渗速快、渗层均匀等优点,因而广泛用于内燃机油泵油嘴偶件等精密零件的渗碳处理。同样,离子渗碳也由于良好的渗层组织与性能、较快的渗层速度、与普通渗碳相比可节电三分之一左右、无环境污染等而为人们所瞩目。

6.3.1　渗碳用钢和渗碳介质

渗碳用钢的含碳量一般在 0.15%~0.25%,为了提高心部强度,含碳量可以提高到 0.30%。对于要求不高的渗碳件,多用碳素钢制造。碳钢淬透性差,心部强度低,淬火变形开裂倾向大,渗碳时晶粒易长大,因此对于工件截面积较大、形状复杂、表面耐磨性以及对疲劳强度、心部机械性能要求高的零件,多用合金渗碳钢来制造。合金渗碳钢中的合金元素主要有

Cr、Ni、Mn、W、Mo、Ti、V、B 等。其中，Cr、Ni、Mo、B 等主要起提高钢的淬透性的作用。V、Ti、W、Mo 等主要是使钢在渗碳温度下长期保温时，奥氏体晶粒不会明显长大，这对渗碳层及心部的强度和韧性的提高均有好处。此外，还可以为零件渗碳后直接淬火创造条件。常用渗碳钢有 15 钢、20 钢、20Cr 钢、20CrMnTi 钢、20SiMnVB 钢、l8Cr2Ni4WA 钢、20CrMnMoVBA 钢等。

气体渗碳常用的渗碳介质有两大类：一类是用吸热式或放热式可控气氛，近年来多用氮基气体作为载体气，另外再加入某种碳氢化合物气体（如天然气、液化石油气、城市煤气等）作为富化气用以提高并调节气氛的碳势，气体介质直接通入渗碳炉中进行渗碳；另一类是含碳有机液体介质，直接滴入高温液体渗碳炉中，在高温作用下进行热分解产生渗碳气体。

碳氢化合物裂解后产生的渗碳气体，其主要成分为：CO，C_nH_{2n+2}（烯类饱和碳氢化合物）、C_nH_{2n}（烷类不饱和碳氢化合物）、H_2、CO_2、H_2O 及 N_2。其中，除了中性气氛 N_2 外，CO，C_nH_{2n+2}、C_nH_{2n} 都具有渗碳能力，而 H_2、CO_2 和 H_2O 则为脱碳气氛。

CO 是渗碳气氛中的重要成分，在渗碳温度下，它将在工件表面分解出活性碳原子：
$$2CO \Longleftrightarrow CO_2 + [C] + 172\ 500\ J$$

该反应为放热反应，因此，随着温度升高，分解出活性碳原子的能力降低，是一个较弱的渗碳气氛。

甲烷（CH_4）、乙烯（C_2H_4）、丙烯（C_3H_6）等饱和碳氢化合物在渗碳温度下发生分解，析出活性碳原子。如甲烷的分解：
$$CH_4 \Longleftrightarrow 2H_2 + [C] - 79\ 968\ J$$

该反应为吸热反应，随着温度升高，甲烷的渗碳活性增加。实践表明，甲烷是一种渗碳能力很强的气体。例如，为使钢表面碳浓度达 $w_C = 1.1\%$，在 900 ℃时，需一氧化碳体积分数 $\Phi(CO) = 0.95\%$，而用 CH_4，只需 $\Phi(CH_4) = 1.5\%$ 即可。因此，用甲烷渗碳时，其体积分数控制在 $\Phi(CH_4) \approx 1.5\%$。若超过此值，分解出大量活性碳原子不能及时被工件表面吸收而结合成碳黑，将沉积于工件表面，严重影响渗碳过程的进行。

乙烯（C_2H_4）、丙烯（C_3H_6）等不饱和碳氢化合物性质较活泼，加热时容易发生聚合。如在高温下：
$$2C_3H_6 \longrightarrow C_6H_{12}$$

反应生成物 C_6H_{12} 是焦油的主要成分，加热时，会分解出氢气，并在工件表面形成碳黑或焦炭状的固体沉积物，阻碍渗碳进行。因此，在渗碳气氛中不饱和碳氢化合物（C_nH_{2n}）的含量应控制到最低限度，通常 $\Phi(C_nH_{2n}) < 0.5\%$。

炉气中含有水分的 H_2 能使钢脱碳，但在高温下，作用并不强烈；相反，在炉内氢含量较高时，可以延缓碳氢化合物的分解过程，阻止不饱和碳化物和碳黑的产生，即
$$2H_2 + C \Longleftrightarrow CH_4$$
$$H_2 + C_3H_6 \Longleftrightarrow C_3H_8$$

同时氢还是强还原性气体，能保持钢表面不被氧化，是渗碳气氛中重要组成物之一。渗碳气氛中还有少量 CO_2、H_2O 或 O_2 等脱碳气体，它们的含量必须严格控制。然而，这些气体若只含微量，也不是完全有害的。如少量 H_2O 及 O_2 的存在，可使一些碳氢化合物分解为甲烷和一氧化碳：

$$C_3H_8 + O_2 \Longrightarrow 2CH_4 + CO_2$$

$$C_3H_8 + 3H_2O \Longrightarrow 3CO + 7H_2$$

因此,通常在渗碳气氛中把 CO_2、H_2O 等气氛的含量控制在 $\Phi(CO_2$ 或 $H_2O) < 0.5\%$。渗碳介质中,硫的存在极其有害。一方面,SO_2 会腐蚀工件表面,同时若硫渗入工件表面,将使渗层碳浓度降低;另一方面,硫会与渗碳罐中的镍起反应,形成低熔点 NiS,呈网状分布于晶界上而引起热脆,降低炉罐使用寿命。所以,一般规定渗碳用煤油及裂化气体中含硫量 $w_S < 0.04\%$。

固体渗碳剂由两部分组成:一部分是产生碳原子的物质,如木炭、骨碳等;另一部分为催渗剂,如碳酸钠、碳酸钡等。渗碳加热时,渗碳箱中的木炭进行不完全燃烧,得到 CO,即

$$2C + O_2 \Longrightarrow 2CO$$

高温下,CO 是不稳定的,与钢表面接触,发生分解:

$$2CO \Longrightarrow CO_2 + [C]$$

活性碳原子为工件表面所吸收,并向内部扩散,CO_2 又与灼热的木炭作用生成 CO,即

$$CO_2 + C \Longrightarrow 2CO$$

单独用木炭作渗剂时,分解反应的速度很慢,CO 不足,不能满足吸收和扩散过程的需要。加入 $\Phi(BaCO_3$ 或 $Na_2CO_3) = 2\% \sim 5\%$ 的催渗剂,这些盐中的金属正离子在高温下可侵入石墨(碳)晶格,引起晶格畸变,减弱了碳原之间的结合力,使分解反应加速,从而提高了渗碳速度。

液体渗碳是在熔融的液体介质中进行。液体渗碳剂现有两种类型:一类是加有氰化物的盐浴,由于这种盐浴剧毒,国内现已基本上不用;另一类则是不加氰化物的无毒盐浴。无毒盐浴的组成大体上可分为三部分,即加热介质($NaCl + KCl$)、催渗剂(Na_2CO_3)、供碳剂[木炭粉$(NH_2)_2CO$]。这种盐浴在渗碳时发生以下反应:

$$3(NH_2)_2CO + Na_2CO_3 \Longrightarrow 2NaCNO + 4NH_3 + 2CO_2$$

$$4NaCNO \Longrightarrow 2NaCN + Na_2CO_3 + CO + 2[N]$$

$$2NaCNO + O_2 \Longrightarrow Na_2CO_3 + CO + 2[N]$$

$$2CO \Longrightarrow CO_2 + [C]$$

6.3.2　渗碳工艺

工件渗碳表层的碳浓度、渗层深度及渗层碳浓度分布是渗碳件的主要技术要求,其对渗层组织与性能有着决定性的影响。为此,首先是正确选择钢种及渗碳介质,然后就是正确选择渗碳温度和时间。

1. 渗碳温度

在渗碳过程中,随着渗碳温度的升高,碳在奥氏体中的溶解度增加,如 900 ℃时,$w_C \approx 1.2\%$,而在 1 000 ℃时,$w_C \approx 1.5\%$。碳在奥氏体中的扩散系数也随温度升高而增大,即

$$D_C^{\gamma\text{-Fe}} = [0.04 + 0.08\% w_C \times 100] \exp\left(-\frac{31\,350}{RT}\right)$$

碳在奥氏体中溶解度的增大,使扩散初期工件的表层和内部之间产生较大的碳浓度梯度,也使扩散过程加速。总的来说,提高渗碳温度,可提高渗层深度,且渗层碳浓度分布平缓。温度对渗层碳浓度分布的影响如图 6-2 所示。

然而,提高温度固然可以显著提高渗碳速度,但过高的渗碳温度将会导致奥氏体晶粒的显著长大,使渗碳件的组织和性能恶化,并且增加工件的变形,缩短设备使用寿命,所以通常采用渗碳温度在 900～950 ℃。对于渗层要求较薄的精密零件,渗碳温度可以选择略低些(880～900 ℃),若采用真空渗碳、离子渗碳,温度可提高到 950～1 100 ℃。

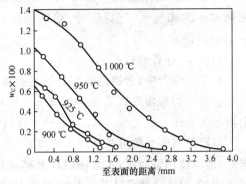

图 6-2 温度对渗层碳浓度分布的影响
(在 $\Phi(CH_4):\Phi(H_2):\Phi(CO)=2:4:1$ 的混合气氛中渗碳 10 h)

2. 渗碳时间

碳在钢中的扩散速度和深度是温度和时间的函数。哈里斯(F. E. Harris)推导了渗碳的渗层深度和温度、时间的关系为

$$\delta = \frac{802.6\sqrt{t}}{10^{3\,720/T}} \tag{6-4}$$

式中　δ——渗层深度,mm;

　　　t——保温时间,h;

　　　T——热力学温度,K。

当渗碳温度一定时,上式变为

$$\delta = \varphi\sqrt{t} \tag{6-5}$$

式中　φ——与温度有关的系数,在 870 ℃、900 ℃、
　　　925 ℃时,分别为 0.445、0.54、0.63。

由式(6-5)求得的是渗层总深度,如表面含碳量控制到低于饱和值时,实际值比计算值略小。

渗碳保温时间对渗层中碳浓度分布的影响很大,如炉气成分一定时,随着时间的延长,工件表面碳浓度升高,碳浓度梯度减小,渗碳时间对渗层碳浓度分布的影响如图 6-3 所示。碳浓度梯度平缓的渗层对提高工件承载能力、延长使用寿命是有利的。实际渗碳工艺是由温度和时间恰当组合而成的,既要考虑生产效率,又要得到适宜的渗层组织,从而保证工件具有良好的机械性能。渗碳温度确

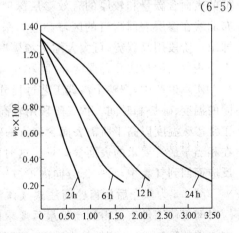

图 6-3 渗碳时间对渗层碳浓度分布的影响
(20Mn,918 ℃吸热型保护气氛中加入 $\Phi(CH_4)=3.8\%$气氛)

定后,保温时间根据渗层深度要求来确定。

3. 气体渗碳工艺

为了确保技术条件所规定的表面含碳量,渗层深度和较平缓的碳浓度梯度,不管采用何种炉型和气氛,气氛碳势、渗碳温度、渗碳时间是决定渗碳质量的三个工艺参数,必须加以控制。

(1)气氛碳势的控制

在实际生产中,常通过控制炉气的碳势以达到控制零件表面含碳量。从统计资料来看,通常渗碳中的表面含碳量 $w_C = 0.6\% \sim 1.1\%$。近年来,国内外的工作表明,对于一般低合金渗碳钢表面含碳量 $w_C = 0.5\% \sim 1.0\%$ 时,可获得最佳性能。

早期控制碳势的方法是应用热丝法,即利用含碳量不同引起的电阻变化直接测定炉气碳势,但因使用寿命短,维修困难以及精度较差,故未被广泛采用。目前国内外多采用露点仪法、红外仪法及氧探头控制炉内碳势,其中以氧探头反应最灵敏(仅需数秒),控制精度一般为 $w_C = 0.05\%$。

(2)变碳势渗碳

在许多情况下为了使钢的表面产生饱和奥氏体,都采用恒碳势渗碳。而为了使渗层获得最佳的机械性能,通常采用变碳势渗碳工艺。采用变碳势渗碳的主要目的是获得一个含碳量均匀地从表面延伸到渗碳区的区域。

采用变碳势渗碳及恒碳势渗碳所得的渗碳层碳浓度分布比较见图6-4。由图6-4可见,采用恒碳势渗碳层在表面具有最高的含碳量,由表面向里碳浓度下降较快,曲线出现了稍凹的碳浓度分布。而采用变碳势渗碳所得的渗层,其碳浓度分布与采用恒碳势相比,具有较低的表面含碳量和较厚的有效渗层深度,而且碳浓度分布曲线在渗层表面附近的区域凸起。采用变碳势渗碳,

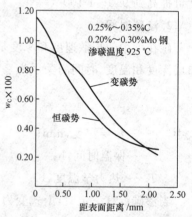

图6-4 变碳势与恒碳势渗碳层碳浓度分布比较

即第一阶段用高碳势,可大大缩短渗碳时间。所以为了提高渗碳质量,缩短渗碳生产周期,常采用包括两种或几种温度、时间和气氛碳势的综合渗碳工艺。

实际生产中,把整个渗碳工艺过程分为排气、强渗、扩散和冷却四个阶段,各阶段采用不同的温度、碳势和时间。排气阶段用较高的碳势,迅速排出炉内空气,然后进入渗碳阶段,在正常渗碳温度以高于所需表面含碳量的碳势进行渗碳。进入扩散期,降低碳势,使气氛保持在相当于最终要求的表面含碳量。这时由于处在碳活度较低的环境中,碳原子部分通过碳反应而回到气氛中,另一部分向内扩散。

图6-5为汽车后桥齿轮滴注式气体渗碳工艺。此工艺在渗碳阶段使用大滴量渗剂,在短时间里使工件表面得到高于最后要求的碳浓度,以增加表里间的浓度差,提高渗碳速度。在渗碳的第二阶段,减低炉内碳势,使工件表面的碳向内部扩散,达到所需的表面含碳量及渗层深度。

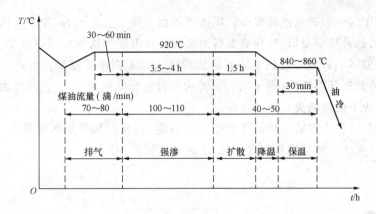

图 6-5 汽车后桥齿轮滴注式气体渗碳工艺

（3）气体渗碳的计算机控制

自 20 世纪 70 年代中期微型计算机大量投入市场后，美、日、法、德、意等国先后将微机应用于气体渗碳工艺过程的自动监控，并逐步由生产过程的程序控制发展到依靠建立的数学模型进行渗碳过程的实时控制。近年来，我国广泛开展了这一领域的研究，取得了长足的进步并部分应用于生产。

微机控制渗碳的基本原理是：为实现工艺控制的稳定和准确性，主要控制温度、炉气碳势和渗碳时间。为此，必须分别建立相应的数学模型。由于气体渗碳工艺的不同，所采用的模型需要进行调整或重建。这不仅涉及大量的基础研究工作，而且其稳定性、可靠性在很大程度上还取决于一次仪表及控制仪器的精度与可靠性。

4. 真空渗碳及离子渗碳工艺

真空渗碳、离子渗碳是国内外发展较为迅速的渗碳工艺。由于它们均具有产品质量高、节能、无污染等优点，所以深受人们的重视。

真空渗碳的扩散基本上有两种形式：一是渗碳阶段中保持一定炉压，连续向炉内送入定量的渗碳气体，然后进行扩散；二是将渗碳气以脉冲方式送入炉内，在每一个脉冲周期内都进行渗碳和扩散，不再另加扩散期。也可以在脉冲过程结束后再加一个扩散期。这几种方式均可得到相近似的渗碳结果，但脉冲渗碳可以使深凹处和小直径的盲孔部分得到均匀的渗碳层。真空渗碳主要特点是：较普通气体渗碳速度快 2～3 倍，渗层均匀，适于深层渗碳（可达 7 mm）。

20 世纪 70 年代中期，在真空渗碳和离子氮化基础上发展了离子渗碳。离子渗碳是把零件装入加热室中作阳极，通入渗碳气体，并使阴、阳极（罩子）间产生辉光放电，使渗碳气体电离产生碳离子并向阴极（工件）表面轰击进行渗碳。离子渗碳所得渗层均匀，过渡层平缓，耐磨性较真空渗碳好、渗速快、变形小、节能无公害。尽管真空渗碳和离子渗碳有上述优越性，但与气体渗碳相比较，由于生产效率低，目前还不宜在大批量生产中推广应用。

6.3.3 渗碳后的热处理

钢件经渗碳后，常用的热处理工艺有如下几种：

1. 直接淬火＋低温回火

渗碳后工件从渗碳温度降至淬火起始温度，即直接进行淬火冷却的工艺，称为直接淬火。此法常用于气体渗碳及液体渗碳。固体渗碳由于操作上的困难,很少采用。通常,淬火前应先预冷,目的是减少变形,并使表面残留奥氏体量因碳化物的析出而减少。预冷温度一般稍高于心部的 A_{r3},以免心部析出先共析铁素体。对于心部强度要求不高,而要求变形极小时,可以预冷到较低温度(稍高于 A_{r1})。淬火后再进行低温回火,工艺曲线如图 6-6 所示。

2. 一次淬火+低温回火

零件渗碳后随炉冷却或出炉坑冷或空冷到室温,再重新加热到淬火温度进行淬火的工艺,称为一次淬火法。随后进行低温回火,工艺曲线如图 6-7 所示。

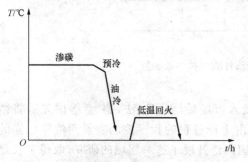

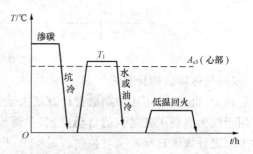

图 6-6　直接淬火+低温回火工艺曲线　　　图 6-7　一次淬火+低温回火工艺曲线

淬火温度根据零件要求而定,一般稍高于 A_{c3} 点,这样可使心部晶粒细化,不出现游离铁素体。从而可获得较高的强度和硬度,强度和韧性的配合也较好。然而对于高碳的表层来说,先共析碳化物溶入奥氏体,淬火后残留奥氏体较多,影响获得更高硬度。因此,对要求表面有较高硬度和高的耐磨性而心部不要求高强度的工件来说,可选用稍高于 A_{c1} 的温度作为淬火加热温度。此时,心部存在大量先共析铁素体,强度和硬度都比较低,而表面则有相当数量未溶先共析碳化物和少量残余奥氏体,所以硬度高,耐磨性能好。

一次淬火法多用于固体渗碳后不宜于直接淬火的工件,或气体渗碳后高频表面加热淬火的工件。

3. 两次淬火+低温回火

工件渗碳缓冷后进行两次加热淬火,工艺曲线如图 6-8 所示。这是一种同时保证心部与表面都获得高性能的方法。第一次淬火加热温度稍高于心部成分的 A_{c3} 点,目的是细化心部晶粒及消除表层网状碳化物。第二次淬火目的是使表层获得隐针马氏体和粒状碳化物以保证渗层的高强度、高耐磨性,因此选择稍高于 A_{c1} 点的温度(770~820 ℃)加热淬火。进行第二次淬火后,随即进行 180~200 ℃ 的低温回火。

两次淬火工艺比较复杂,成本高,零件变形大,目前较少应用。由于采用两次淬火零件变形较大,因而第一次淬火可用正火代替,以减少变形。

4. 淬火前进行一次或多次高温回火

此工艺曲线如图 6-9 所示。主要适用于高强度合金渗碳钢,如 12CrNi3A,12Cr2Ni4A,18Cr2Ni4WA 等。

因合金元素含量较多,渗碳淬火后,表层存在大量残余奥氏体,表面硬度只有 HRC50~55,故在淬火前进行一次或两次高温(600~650 ℃)回火,使合金碳化物析出并聚集,这些碳化物在随后淬火加热时不能充分溶解,从而使奥氏体中合金元素及碳含量降低,M_s 点升高,淬火后残余奥氏体量减少。

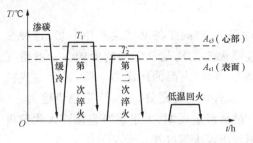

图 6-8　两次淬火＋低温回火工艺曲线

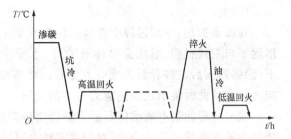

图 6-9　高温回火＋淬火工艺曲线

6.3.4　渗碳后的质量检验及常见热处理缺陷

1. 渗碳后的质量检验

（1）渗碳层深度

渗碳层深度是衡量渗碳件质量的主要技术指标之一。我国曾普遍采用断口浸蚀和金相法检验渗碳层深度,即将渗碳空冷后的试样观察断口金相组织,以 50%珠光体＋50%铁素体的区域作为渗碳层分界线,即从渗碳表面到 $w_C=0.4\%$ 这一段的垂直距离定义为渗碳层,这一结果与淬火后试样断口磨光再用 4%硝酸酒精浸蚀后所显示的渗层区域（一般为白亮层）大体一致。但这一种方法世界各国多数已不采用,这是因为随着渗碳钢品种的多样化,对于合金渗碳钢已不能适用。国际上已普遍采用硬度法标定。为了与国际标准统一,我国已颁发了相应的标准,即以"有效渗碳层深"作为评定依据。所谓有效渗碳层深是指经渗碳、淬火再于 150～170 ℃回火处理的渗碳件从表面到维氏硬度 HV＝550（约合 HRC52）处的垂直距离。该层深是对工件表面强化作用的有效深度。这一标准已被世界各国广泛采纳应用。

（2）表面硬度

一般要求检验淬火＋低温回火后的表面硬度,有时需检验心部及关键部位硬度。

（3）金相组织

低碳钢渗碳后缓冷条件下的渗层组织基本上与 Fe-Fe₃C 状态图上各相区相对应,即由表面到中心依次为过共析区、共析区、亚共析区（即过渡区）,接着为心部原始组织,如图 6-10 所示。

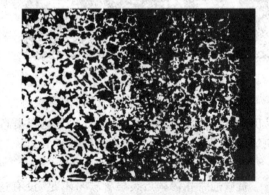

图 6-10　15 钢渗碳层组织（50×）

渗碳后淬火工件,由表至里的金相组织依次为:马氏体＋碳化物（少量）＋残余奥氏体→马氏体＋残余奥氏体→低碳马氏体（心部）。若未被淬透,则心部组织应为屈氏体（或索氏体、珠光体）＋铁素体组织。

渗碳件金相组织检验项目一般包括淬火马氏体针的粗细、碳化物的数量和分布特征、残余奥氏体的数量及心部游离铁素体。

2. 常见热处理缺陷

（1）变形

在渗碳加热,冷却过程中及以后的淬火回火过程中,渗碳工件必然会产生变形,这种变形除了与工件材质、形状及尺寸有关外,也受渗碳淬火工艺规范及方法的影响。一般情况下,渗碳淬火后工件表面呈压应力分布。随着渗碳层增厚,表面的压应力下降,甚至造成拉应力分布。此时将出现以热应力为主的变形趋势。工件淬透性越好,这种变形趋势越大。

减少变形的最有效措施是适当降低渗碳温度、缩短渗碳周期、采用预冷直接淬火代替重新加热淬火或采用分级冷却,对细薄工件也可采用加压淬火等办法。

（2）渗层中出现粗大块状或网状碳化物

产生原因是渗碳剂活性太大,使表面含碳量过高。渗碳后冷却太慢,合金渗碳钢件在深层渗碳时工艺控制不当更容易出现。如图 6-11 所示。

防止措施是降低渗碳剂活性(即减少固体渗碳剂中催化剂的含量或降低渗碳气氛中的甲烷或 CO 体积分数)。对深层渗碳件,则在渗碳后期适当降低渗剂浓度,使表层已形成的粗大碳化物逐渐溶解。若由于冷却过慢析出了网状碳化物,则应在渗碳后增加冷却速度。对已形成的网状碳化物则需在 A_{cm} 以上重新加热淬火或正火。

（3）反常组织

所谓反常组织是指渗碳表层同时出现游离铁素体和游离渗碳体。网状或大块的铁素体在二次渗碳体周围出现,如图 6-12 所示。

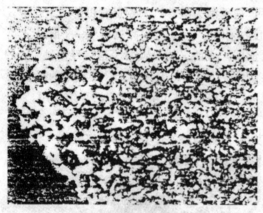

图 6-11　碳化物呈块状(400×)　　　　图 6-12　渗碳的反常组织(500×)

在含氧量较高的沸腾钢制件固体渗碳时经常会看到这种反常组织。这种组织淬火时容易出现软点,降低耐磨性。返修办法是适当提高淬火温度或延长淬火加热保温时间,以便组织均匀化,并使用较快的冷却速度进行冷却。

（4）表面贫碳和脱碳

贫碳通常指渗碳后表层含碳量不足,没有达到预定要求。脱碳通常指极薄表层含碳量的急剧下降,严重时会出现纯铁素体薄层,使表面硬度和疲劳强度降低。

产生贫碳和脱碳的原因是渗碳后期炉气碳势太低,出炉温度太高,空冷时氧化。消除办法是进行补碳,当渗碳层厚度已达到上限时,采用 880 ℃ 短时间加热补渗,煤油滴入量比通常要多一些;当厚度在下限时,可采用 900～920 ℃ 补渗,加热时间也不能太长。

6.4 钢的渗氮

在一定温度下(一般在 A_{c1} 以下)使活性氮原子渗入工件表面的化学热处理工艺称为渗氮。渗氮的发展虽然比渗碳晚,但在今天却得到了广泛的应用,这是因为它具有如下优点:

1. 有较高的硬度和耐磨性

当采用含有铝、铬的氮化钢时,氮化后硬度可达 HV1 000(相当于 HRC70 或 HRA86)~1 200,而渗碳淬火后硬度只有 HRC60~62。由于硬度高,耐磨性也较高,并具有较好的红硬性,氮化表面在 500 ℃ 以下可长时间保持原来的硬度,短期加热到 600 ℃,其硬度仍不降低,而渗碳层的硬度在 200 ℃ 以上就会剧烈下降。

2. 有较高的疲劳强度

渗氮后能显著提高钢的疲劳强度,并降低缺口敏感性,见表 6-1。

表 6-1	渗氮对钢的疲劳强度的影响	疲劳极限/MPa	
钢 号	试样类型	调质状态	渗氮后
45	光滑试样 $d=7.5$ mm	440	610
	缺口试样 $d=7.5$ mm	250	480
38CrMoAl	光滑试样 $d=7.5$ mm	485	620
	缺口试样 $d=7.5$ mm	370	680
18Cr2Ni4WA	光滑试样 $d=7.5$ mm	540	694
	缺口试样 $d=7.5$ mm	227	574

疲劳强度提高的原因主要是:渗氮层弥散硬化及固溶强化,提高了渗氮层的强度;在渗氮层中由于相变的比容变化在表层产生了很大的残余压应力。并降低了表层对缺口的敏感性,提高疲劳强度效果依渗层深度(δ)与截面(直径 D)比值而异,在一定比值下存在着疲劳极限的峰值,此时的比值(δ/D)称为最佳硬化率。一般情况下,疲劳强度随氮化层加厚而提高,当渗层过厚时表面出现大量脆性 ε 相层,从而引起疲劳强度的降低。从疲劳强度要求来看,一般以 0.5 mm 左右为宜。

3. 变形较小而规律性强

这是因为氮化温度低,氮化过程中零件心部没有相变,氮化后又不需要任何热处理。引起氮化零件变形的基本原因只是氮化层的体积膨胀,所以其变形的规律性也较强。

4. 有较高的抗蚀性能

当零件经抗蚀氮化之后,在其表面形成 0.01~0.06 mm 厚的化学稳定性高而且致密的 ε 化合物层,即通常所说的白亮层。在有水、潮湿空气(包括气体燃烧产物、过热蒸汽)、苯及弱碱溶液的情况下,具有良好的耐蚀性能。

正是由于氮化能弥补渗碳的许多不足,因此在航空、动力和机械工业中得到了广泛的应用,并已成为机械工业中必不可少的一种工艺。氮化的主要缺点是处理时间长,生产成本高,氮化层较薄且脆性较大。

6.4.1 渗氮原理

1. Fe-N 状态图

Fe-N 状态图是研究氮化层组织、相结构及氮浓度沿渗层分布的一个重要依据。图 6-13 为 Fe-N 状态图，图中有两个共析反应：在 590 ℃，$w_N=$ 2.35%处，发生 $\gamma \rightarrow \alpha + Fe_4N(\gamma')$ 反应；在 650 ℃，$w_N=$ 4.55%，发生 $\epsilon \rightarrow \gamma + \gamma'$ 反应。铁和氮在不同条件下可以形成五个相，其中包括两个间隙固溶体（α、γ）以及三个成分可变的间隙相化合物 γ'，ϵ 和 ξ。

α 相：氮在 α-Fe 中的间隙固溶体（又称含氮铁素体），体心立方晶格。在 590 ℃对氮在 α-Fe 中最大溶解度为 $w_N=0.1\%$，随着温度的下降，其溶解度也急剧降低。

γ 相：氮在 γ-Fe 中的间隙固溶体（又称为含氮奥氏体），面心立方晶格，仅在 590 ℃以上才能存在。氮在 γ-Fe 中的溶解度较在 α-Fe 中大，在共析温度 590 ℃为 $w_N=2.35\%$，在 650 ℃时达到最大值，约为 $w_N=2.8\%$，缓冷时，γ 相分解形成 $\alpha + \gamma'$ 所组成的与珠光体相似的共析体。淬火急冷时会转变成马氏体型的组织 α' 相，其硬度约为 HV650。γ 相中，氮原子处于八面体的空隙。

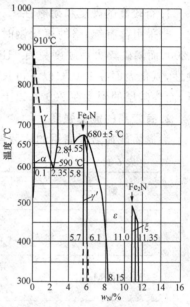

图 6-13　Fe-N 状态图

γ' 相：为一成分可变的间隙相，存在于含氮 5.7%～6.1%的范围内。当含氮量为 5.9% 时，其成分符合化合物 Fe_4N。氮原子有序地占据由铁原子组成的面心立方晶格的间隙位置，大约在 680 ℃以上 γ' 转变为 ϵ 相。γ' 相的硬度为 HV550。

ϵ 相：它也是一种成分可变的氮化物。含氮范围在 $w_N=4.55\%\sim11.0\%$，是以氮化物 $Fe_{(2\sim3)}N$ 为基的固溶体。在化合物中，氮原子有序地占据着由铁原子组成的密排六方晶格的间隙位置。ϵ 相的显微硬度约为 HV250。

ξ 相：是以 Fe_2N 化合物为基的具有正交菱型点阵的间隙固溶体，$w_N=11.0\%\sim$ 11.35%。性脆，在 500 ℃以上转变成 ϵ 相。

2. 氨气的分解

气体氮化一般使用无水氨气作为供氮介质。氨气在加热时很不稳定，会按照下式发生分解并提供活性氮原子。

$$NH_3 \rightleftharpoons [N] + \frac{3}{2}H_2$$

$$Fe + NH_3 \rightleftharpoons Fe[N] + \frac{3}{2}H_2$$

其平衡常数为

$$K' = \frac{(P_{H_2})^{\frac{3}{2}}}{P_{NH_3}}[N\%] \cdot f_a \tag{6-6}$$

或

$$[N\%] = K \cdot \frac{P_{NH_3}}{(P_{H_2})^{\frac{3}{2}}} \qquad (6-7)$$

式中 $K = K'/f_a$，K 也可称为平衡常数；

  f_a——氮在铁中的活度系数；

  P_{H_2}，P_{NH_3}——氢气和氨气在混合气氛中的分压。

上述反应是一个吸热反应，其热效应为 46.21 kJ，平衡常数与温度的关系可以表示为

$$\lg K' = \frac{20\,800 - 14.2\log T - 7.58T}{-4.576T} \qquad (6-8)$$

图 6-14 给出了纯铁用氨气氮化时表面形成的各种相与（$NH_3 + H_2$）混合气平衡的条件。这个图可以用作控制气体氮化过程的基本依据。

3. 氮原子的吸收

当通入炉中的氨气被加热到一定温度时，就有可能发生分解。但是由于达不到平衡，这样分解的比例较小，分解出的活性氮原子也不会被钢件吸收。对于氮化有实际意义的是氨气在钢件表面的催化作用下发生的分解，这时分解出的活性原子大部分会立即被钢的表面吸收，自然也有一部分会结合成氨分子而逸去。

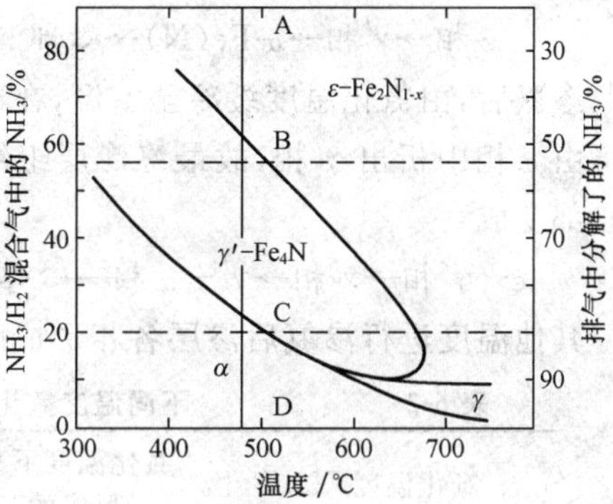

4. 氮原子的扩散

氮在 α-Fe 中的扩散系数可用下式表示：

$$D_N^\alpha = 6.6 \times 10^{-3} \exp\left(-\frac{18\,600}{RT}\right) \qquad (6-9)$$

图 6-14 纯铁用氨气氮化时表面形成的各种相与（$NH_3 + H_2$）混合气平衡的条件

式中 R——摩尔气体常数，8.3 J/(mol·K)；

  T——扩散温度，K。

随着钢中含碳量增加，碳原子占据铁素体中间隙位置增加，阻碍氮原子在 α-Fe 中的运动，而且随着钢中含碳量增加，钢中铁素体含量减少，导致氮在 α-Fe 中扩散系数降低。

在渗氮时，表面形成氮化物，氮在 ϵ 相中的扩散系数可用下式表示：

$$D_N^\epsilon = 2.77 \times 10^{-1} \exp\left(-\frac{35\,250}{RT}\right) \qquad (6-10)$$

所有合金元素都在不同程度上提高氮在 α-Fe 中扩散激活能，从而降低氮在铁中的扩散系数，降低渗层深度。以 W、Ti、Ni、Mo 的作用最为显著，而 Si、Mn、Cr 影响较小，氧略能促进氮在铁中的扩散速度，故氮化时，适当通入氧气可以加速氮化。

5. 合金元素的影响和氮化机制

钢中 W、Mo、Cr、Ti、V 溶于铁素体中，提高氮在 α-Fe 中的溶解度，如工业纯铁氮化时，氮在 α-Fe 中的溶解度 $w_N = 0.1\%$，而 38CrMoAl、30CrMo、18Cr2Ni4WA 等钢氮化时，氮在 α-Fe 中的溶解度 w_N 提高到 $0.2\% \sim 0.5\%$，4Cr13 钢中 w_N 可达 1.9%。

合金钢氮化时,在 γ′ 相和 ε 相中,部分合金元素 M 置换了铁原子,形成复合氮化物,如 $(Fe,M)_4N$、$(Fe,M)_3N$、$(Fe,M)_3(N,C)$、$(Fe,M)_2N$、$(Fe,M)_2(N,C)$ 等。Al、Si、Ti 在 γ′ 相的溶解度较大,且扩大了 γ 相区。试验表明:合金元素的溶入,提高 ε 相的硬度和耐磨性。合金元素对渗氮层硬度的影响如图 6-15 所示。Al、Ti 强烈提高氮化层硬度,Cr、Mo 次之。而 Ni 由于不形成氮化物,对硬度几乎没有影响,正因为 Al、Cr、Mo 等元素有这样的作用,故氮化钢都含有这类元素。

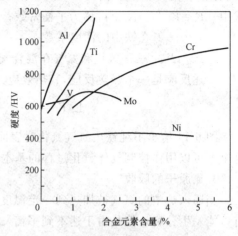

图 6-15　合金元素对渗氮层硬度的影响

气体渗氮所形成的渗层组织可根据 Fe-N 相图及扩散条件进行分析。如在 530 ℃氮化,表面至心部组织依次为

$$ε 相 → γ′ 相 → α\text{-}Fe(N) → 心部$$

渗氮后,由氮化温度缓冷至室温,在冷却过程中将由 α 相中析出 γ′ 相,故最终渗层组织由表面到心部变成:

$$ε + γ′ 相 → γ′ 相 → γ′ + α 相 → 心部$$

其他温度进行渗氮后渗层各相形成顺序及组织见表 6-2 所示。

表 6-2　　　　　不同温度氮化后氮化层的相次序及组织

氮化温度/℃	氮化温度下氮化层中形成的相次序	缓冷后从表面至心部组织
400~590	$α → α_N → γ′ → ε$	$ε + γ′ → γ′ → α_N + γ′_{过剩} → α$
590~680	$α → α_N → γ_N → γ′ → ε$	$ε + γ′ → γ′ → (α_N + γ′) + (α_N + γ′_{过剩}) → α$
680~910	$α → α_N → γ_N → ε$	$ε + γ′ → α_N + γ′ → α_N + γ′_{过剩} → α$
910 以上	$γ → γ_N$	$α + γ′$

合金钢氮化时所形成的相与纯铁氮化相同,但由于合金元素的作用,改变了相成分及各相形成温度范围。在氮化过程中,新相可能以单相区形式出现,也可形成多相氮化层。由于合金元素提高氮在 α 相中的溶解度,因此阻碍了在氮化层表面形成高氮相。渗氮钢中的合金元素,基本上均能与氮作用,形成氮化物,其氮化物稳定顺序(自强至弱)为:Ti、Al、V、W、Mo、Cr、Mn、Fe。愈是稳定的氮化物,在渗氮层内愈呈高度弥散状态析出,渗层硬度愈高。电镜及 X 射线结构分析得知,Fe-Al、Fe-Mo、Fe-Cr、38CrMoAlA、40Cr 氮化时,氮化物的形成过程表明:在所有氮化温度下,α 相都形成 NaCl 型结构的氮化物相,如 CrN、Mo_2N、(Fe、Al)$_4$N 等。在低温氮化(如 500 ℃)时,发现极小的氮化物晶核与周围 α 相保持完全共格关系。由于氮以间隙原子的形式存在于氮化物中,以及 Al 与 Fe 直径相差 12%,因此,在 38CrMoAlA 钢中,α-Fe 与氮化物共格区域具有巨大的弹性畸变,致使强度和硬度的急剧增加(HV=1 200)。

在较高温度(550 ℃)氮化时,渗层中的氮化物厚度为 2~4 nm,温度提高到 560 ℃时,氮化物片的厚度为 5~10 nm。由于氮化物尺寸的增大,与 α-Fe 共格关系遭到部分破坏,硬度下降(HV=950)。氮化温度提高到 560~700 ℃时,亚稳氮化物过渡到稳定氮化物。上述共格关系完全遭到破坏,片状氮化物聚集球化并长大,其弥散度随温度的提高而下降,渗层硬度进一步降低。

在高于共析温度氮化时,从 Fe-N 相图可见,得到含氮奥氏体(γ 相),含氮奥氏体冷却时将发生相变,其相变特点与含碳奥氏体相变非常相似。恒温转变动力学曲线亦具有"C"形,即有三种转变:扩散型共析相变、中温转变和马氏体相变。

在 590~400 ℃之间发生 γ 相扩散型相变,形成稳定的 $\alpha + \gamma'$ 混合组织,呈片状或针状形态。片层间距随过冷度增加而减小,硬度增高。400 ℃~M_s 进行中温转变,相变过程中,γ 相的氮原子进行扩散,重新分布形成贫氮和富氮区。贫氮区发生无扩散型马氏体相变($\gamma \rightarrow \alpha'$),富氮区首先析出氮化物($Fe_{16}N_2$),后发生 $\gamma \rightarrow \alpha'$ 相变。在中温转变时,将同时发生过饱和 α 相的自回火,析出弥散的薄片或针状 α'' 氮化物。当含氮奥氏体过冷到 M_s 点以下,发生无扩散马氏体相变,即 $\gamma \rightarrow \alpha'$。高氮量的 γ 相,除形成含氮马氏体(α')外,还保留大量残余 γ 相。当含氮量≥2.4%时,M_s 点低于室温。

含氮马氏体回火亦与含碳马氏体回火相似,经 X 射线、电子衍射、磁性、膨胀法等测定,含氮马氏体回火转变的顺序为:20~180 ℃回火时,α' 相分解析出 α'' 相($Fe_{16}N_2$),即 $\alpha' \rightarrow \alpha' + \alpha''$ 形成回火马氏体。150~300 ℃回火时,残余奥氏体转变为回火马氏体并发生氮化物转变,即 $\alpha''(Fe_{16}N_2) \rightarrow \gamma'(Fe_4N_2)$。300~550 ℃回火时,氮化物聚集并球化,同时基体 α 相发生再结晶。

在共析温度以下氮化后快冷到室温得到过饱和铁素体,这过饱和 α 相在 50~300 ℃发生分解(时效),其分解过程遵循一般过饱和固溶体时效的规律。在低温时,开始形成 Cottrell 气团,并由此产生 G.P 区。经 80~150 ℃保温,由过饱和 α 相中析出亚稳片状 α'' 相,并与母相保持共格。300 ℃以上时,共格关系被破坏,并在母相(012)面上形成稳定的 γ' 相(Fe_4N_2)。

6.4.2　渗氮用钢及渗氮前的热处理

渗氮用钢原指专门用来制造渗氮零件的特殊合金钢。最常使用的氮化用钢为 38CrMoAl 钢,其特点是渗氮后可获得最高的硬度(HV≈1 100),具有良好的淬透性。由于含 Mo,抑制了第二类回火脆性。因此普遍用来制造要求表面硬度高、耐磨性好、心部强度高的渗氮零件。但由于钢中加入 Al,钢在冶炼上容易出现偏析、发纹、岩石状断口及层状组织等缺陷,逐渐发展应用无铝氮化钢,如 40CrNiMo、35CrMo、30Cr3WA、30CrMnSiA、25CrWNi4W、25Cr2MoV、18CrNiWA、50CrVA、40Cr、C12MoV、3Cr2W8V、2Cr13、3Cr13、4Cr14Ni14W2Mo 等。

氮化与渗碳强化渗层的机理不同,前者本质上是一种时效强化,是在时效过程中完成的,所以氮化后不需要再热处理;后者是依靠马氏体相变强化,所以渗碳后必须淬火。渗碳淬火时也同时改变着心部性能,而氮化处理时心部的组织和性能一般变化不大,或者说氮化件的心部性能是由氮化前的热处理决定的。由此看来,氮化件在氮化前的热处理非常重要。

氮化前的热处理一般是调质。在确定调质工艺时淬火温度由钢的 A_{c3} 决定,淬火介质由钢的淬透性决定,回火温度要根据对心部硬度的要求,参考钢的回火曲线决定。此外,在选择回火温度时,还必须考虑对氮化结果的影响。一般来说,回火温度低不仅心部硬度高,且氮化后氮化层硬度也较高,特别对高铬工具钢,低温回火后氮化所得硬度高,是由于此时铬主要处于固溶体中,氮化时易形成氮化铬,故有强烈的时效硬化效果。而 700 ℃ 高温回火后,因铬基本上均形成了稳定的碳化物,再形成氮化物非常困难,氮化效果几乎等于零。所以在选择调质回火温度时,对高合金工具钢更应慎重。在一般情况下为了保证心部组织的稳定性,以免氮化时心部性能发生意料不到的变化,通常都使回火温度比氮化温度高 50 ℃ 左右。

6.4.3 渗氮工艺

根据氮化目的可分为抗磨氮化(或称为强化氮化)和抗蚀氮化,根据氮化温度又可分为一段氮化、二段氮化和三段氮化。

1. 抗磨氮化

这是一种以提高工件耐磨性,抗疲劳性能为主要目的氮化工艺。气体氮化温度在 480～560 ℃,氮化层深度在 0.15～0.75 mm,氮化时间在 10～100 h。气体氮化温度越低,所获得的氮化层硬度越高,如图 6-16 所示。

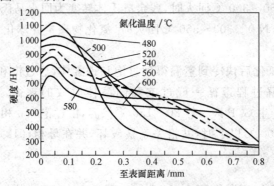

图 6-16　温度对 0.42C-1.0Al-1.65Cr-0.32Mo 钢氮化后的
硬度和渗层深度的影响(氮化时间 60 h)

最早采用的一段氮化又称等温氮化,如图 6-17 所示。适用于要求硬度高,形状复杂易变形的零件。由于氮化温度低、氮化物弥散度大、表面硬度可达 HV＝1 000～1 200,变形小,脆性低。但周期长、渗层浅、成本高。

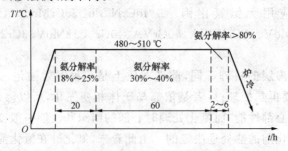

图 6-17　38CrMoAlA 等温氮化工艺曲线

为了加快氮的渗入速度,将一段氮化的后半期温度提高到 540～560 ℃,改进为二段氮化,工艺曲线如图 6-18 所示。与等温氮化相比,二段氮化所得表面硬度稍低,变形略有增大,但渗速快,适用于要求渗层较深,批量较大的零件。

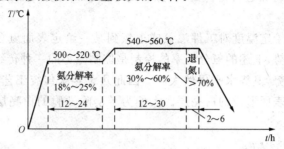

图 6-18　38CrMoAlA 二段氮化工艺曲线

三段氮化工艺是在二段氮化基础上发展起来的,工艺曲线如图 6-19 所示。其特点是提高第二段氮化温度,加速氮化过程,达到一定深度后,再降低温度和氨分解率,进行第三阶段,使表面的氮达到饱和,以提高硬度。

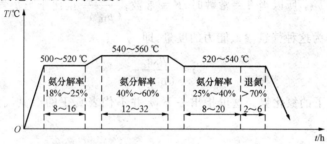

图 6-19　三段氮化工艺曲线

三段氮化能进一步提高渗速,但硬度、脆性、变形等均较等温氮化差。

要正确制定气体氮化工艺,除了选好氮化温度和时间外,就是要控制好氨的分解率,它是一个很重要的工艺参数。氨的分解率定义:由 $2NH_3 \rightleftharpoons N_2 + 3H_2$ 反应,分解后的废气体由未分解的 NH_3 和 $N_2 + H_2$ 组成,氨分解率是指在该混合气氛中 $N_2 + H_2$ 在废气中所占的体积分数,即 $\dfrac{V(N_2+H_2)}{V(NH_3+N_2+H_2)} \times 100\%$ 表示。氨分解率直接影响气氛的渗氮能力,所以在渗氮工艺各阶段采用不同的分解率。在一定温度下,当分解率很小(5%~10%)时,由于活性氮原子太少,被吸收的氮量也少;当分解率过高时,由于炉内氢浓度太高,阻止氮的渗入,且过多的活性氮很快结合成氮分子,致使氮的渗入量受到限制。综上所述,一定的渗氮温度,有一个最适宜的氨分解率范围,见表 6-3。

表 6-3　　　　　　　　　渗氮温度和适宜的氨分解率

渗氮温度/℃	氨分解率/%	渗氮温度/℃	氨分解率/%
500	15~25	540	35~45
210	20~30	600	45~60
525	25~35		

在实际渗氮生产中,为获得各温度下适宜的氨分解率,通常通过调整通氨量大小来达到。通氨量越大,在炉内停留时间越短,分解率越低;反之,分解率增加。氨分解率随氮化罐

的使用次数增加而增加,以致无法用调整通氨量来控制分解率,所以在生产中,一般氮化罐使用 15 次左右,就要将其进行退氮处理,方法是将欲退氮的氮化罐加热到 850～860 ℃,保温 2～3 h 即可。

表征含氮介质在给定温度对工件渗氮或退氮到某一给定表面氮含量的能力的参数,称为氮势。为了控制氮势,上述的氨分解率的控制是控制氮势的一种传统方法,然而只能在一定范围内改变气氛氮势,氮势水平仍然太高。因此几十年来传统工艺中有一个始终未能解决的问题——氮化件表面形成的白亮层。人们为了消除性脆的白亮层,在寻找可控制气氛氮势的渗氮工艺。

从式 $K = \dfrac{(p_{H_2})^{3/2} \cdot a_N}{p_{NH_3}}$ 中可得

$$a_N = K \cdot \frac{p_{NH_3}}{(p_{H_2})^{\frac{3}{2}}} \tag{6-11}$$

式中,因为 $K = f(T)$,所以当 $T =$ 常数时,$K =$ 常数;$\dfrac{p_{NH_3}}{(p_{H_2})^{\frac{3}{2}}}$ 正比于与炉气平衡的钢中氮的活度 a_N,它可以作为这种气氛渗氮能力的度量,即

$$r = \frac{p_{NH_3}}{(p_{H_2})^{\frac{3}{2}}} \tag{6-12}$$

r 为给定温度下的氮化势。这里指出一下,r 并不代表真正的渗氮气氛的氮势,真正的氮势应为

$$[N\%] = K \cdot \frac{p_{NH_3}}{(p_{H_2})^{\frac{3}{2}}} \tag{6-13}$$

然而使用 r 可以回避平衡常数 K,易于直接测量。目前在进行可控氮化工艺时,首先是找到在钢表面生成白亮层时的含氨量(或 r)的门槛值,如图 6-20 所示。只要依据此曲线找出不生成白亮层的门槛值,然后就按此值或其附近值配好 $NH_3 + H_2$ 的混合气,在曲线图所示的温度下以所需的流量送入炉罐中,并维持排气中的 NH_3/H_2 值恒定不变,采用红外氨气分析仪进行分析及控制。目前可控氮化尚处于初始阶段,可以预测,随着研究工作的不断深入,必将得到更大的发展和应用。

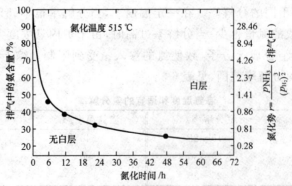

图 6-20　钢在氮化时生成白亮层的氮化势 r 的门槛值(40CrMo,515 ℃)

2. 抗蚀氮化

这种工艺目的是提高钢及铸铁在自来水,潮湿空气(包括气体燃烧产物、过热蒸汽)、苯及弱碱溶液中的抗蚀能力。凡在这些介质中工作零件均可用抗蚀氮化处理,使零件表面形成 0.01～0.06 mm 厚的 ε 相层。具体工艺为 600～650 ℃,40～90 min,氨分解率为 40%～50%,或 700～720 ℃,20～30 min,氨分解率为 55%～60%。氮化后零件表面形成的 ε 相层一定要致密、完整,否则,抗蚀性大大降低。生产上通常把渗氮后的零件浸入 10% 硫酸铜溶液中 2～3 min,若工件表面有铜沉积,则表明 ε 相层不完整或有孔隙。

6.5　钢的碳氮共渗与氮碳共渗

6.5.1　钢的碳氮共渗

在一定温度下,同时将碳、氮渗入工件表层奥氏体中并以渗碳为主的化学热处理工艺称为碳氮共渗。由于早期的工艺采用了氰盐或含氰气氛作为渗剂,故又称为"氰化"。由于氰盐剧毒,现在在我国热处理行业中被禁止使用,目前国内外多采用气体碳氮共渗。

1. 碳氮共渗的特点

(1)C、N 渗入程度随共渗温度而异。随共渗温度的升高,渗层中含氮量降低,含碳量升高,达到一定极值后又降低。氮浓度随温度升高而降低,这是由于温度升高,氨分解率也升高,通入炉中的氨大部分未与零件表面接触就分解了,减少了零件表面获得活性氮原子的机会。另外,从 Fe-N 状态图看出,随温度升高,氮在奥氏体中的溶解度降低,而碳在奥氏体中的溶解度增加,因而使氮在奥氏体中的溶解度降低得更多。此外,随温度升高,大大加速了氮原子向内部的扩散,而此时氮原子的供应又不充分,更使表面氮浓度降低。因此,随着共渗温度的提高,在共渗层中将主要发生渗碳过程。

(2)由于氮是扩大 Fe-C 合金 γ 相区的元素,使 A_{c3} 下降,因而能在较低温度剧烈增碳,在氮势较低的渗碳气氛中共渗时,渗速显著加快。但氮在较高浓度时,在工件表面形成碳氮化合物相,氮反而阻碍了碳的扩散。与此同时,碳降低氮在 α、ε 相中的扩散系数,也减缓氮的扩散。

(3)碳氮共渗过程中,起始随着共渗时间的增加,C、N 渗入程度增加,即表面 C、N 浓度增加。达一定时间(2～3 h)后,碳浓度仍不断增加,而部分吸附在工件表面的氮原子却回到介质中去,即进行解吸,使表面脱氮,如图 6-21 所示。

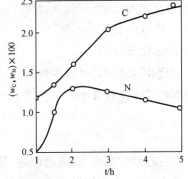

图 6-21　时间对渗层 C、N 浓度的影响
(T8 钢在苯＋氨混合气中 800 ℃)

2. 碳氮共渗

碳氮共渗分固体法、液体法、气体法三种。前两种逐渐被淘汰,目前国内外多采用气体法。

碳氮共渗是渗碳和渗氮工艺的综合,兼有二者的长处,主要优点是:

（1）比纯渗碳温度低（通常为 820～860 ℃），晶粒不会长大，适于直接淬火。

（2）氮的渗入增加了共渗层过冷奥氏体的稳定性，使共渗层的 C 曲线右移，降低了渗层的临界淬火速度，因而减少了淬火变形与开裂。

（3）碳氮共渗速度比纯渗碳、纯渗氮都快。

（4）共渗层比渗碳层有较高的耐磨性和疲劳强度，比氮化有较高的抗压强度和较低的表面脆性。

气体碳氮共渗温度为 800～880 ℃，保温 0.5～4 h，气氛为渗碳气氛（载体气＋富化气）＋1%～10%氨气。然而对于目前国内使用仍较多的滴入苯或煤油同时通入 10%～40%氨气，氨的通入量对共渗层的 C、N 浓度和共渗速度影响很大。通氨量太低，共渗层氮浓度不足，渗层的成分、组织和性能与渗碳层相似，通氨量太高，会导致表层出现高氮化合物，渗层脆性增加，并且淬火后表层残留奥氏体量显著增加。

当使用渗碳气体加入 1%～10%氨气时，在共渗温度下还会发生如下反应：

$$NH_3 + CO \Longleftrightarrow HCN + H_2O$$

$$NH_3 + CH_4 \Longleftrightarrow HCN + 3H_2$$

而生成的氰化氢依下式发生分解：

$$HCN \Longleftrightarrow \frac{1}{2}H_2 + [C] + [N]$$

从而促进了渗碳和渗氮。

氨的加入会降低炉气碳势，因此，在碳氮共渗过程中，通过控制碳势及氨流量来达到可控目的。滴入式可控气氛碳氮共渗目前也采用此种措施。也有把含氮有机液体直接滴入气体渗碳炉中进行碳氮共渗的。目前多用三乙醇胺，在 500 ℃ 以上分解：

$$(C_2H_4OH)_3N \longrightarrow 2CH_4 + 3CO + HCN + 3H_2$$

$$CH_4 \longrightarrow [C] + 2H_2$$

$$2CO \longrightarrow [C] + CO_2$$

$$2HCN \longrightarrow 2[C] + 2[N] + H_2$$

也有的在三乙醇胺中溶入质量约为 20%的尿素，在共渗温度下分解来作为碳氮共渗剂。尿素按下式进行分解：

$$(NH_2)_2CO \longrightarrow 2[N] + CO + 2H_2$$

$$2CO \longrightarrow [C] + CO_2$$

三乙醇胺黏度大，流动性差，易堵塞管道，所以有的单位先将其裂化（840～860 ℃）再通入共渗炉内；也可用甲醇或乙醇稀释后使用。

碳氮共渗层的组织与性能取决于共渗层中碳、氮浓度，钢种及共渗温度。在共渗层的最外层往往形成碳氮化合物，在化合物层里面为含碳氮奥氏体，在接近化合物层处含碳量最高，并向心部逐渐降低。淬火后，渗层表面为马氏体基体上弥散分布着碳氮化合物和残留奥氏体，内层为含碳量较高的马氏体加残留奥氏体，再往里残留奥氏体量减少，马氏体也逐渐由高碳过渡到较低含碳量。

由于碳氮共渗形成的碳氮化合物使工件表面造成很大的压应力，具有较小的摩擦系数，因此较渗碳工件有更高的耐磨性和接触疲劳强度(一般耐磨性比渗碳高 40%~60%,疲劳强度高 50%~80%)。但应注意,碳、氮含量不宜过高,否则出现密集粗大条状碳氮化合物,使工件表面变脆,同时在粗大碳氮化合物附近造成合金元素贫化,出现低硬度区,从而使接触疲劳强度降低。

碳氮共渗后的弯曲强度和冲击韧性随共渗层中残留奥氏体的增加而降低。然而,一定数量残留奥氏体的存在,可以提高耐磨性,但若过多,又会使耐磨性降低。因为过多的残留奥氏体存在,使接触面产生"黏着",从而加速磨损。残留奥氏体对弯曲疲劳和接触疲劳的影响从两方面来考虑:一方面,渗层中适当的残留奥氏体分布,可使裂纹前沿应力集中松弛,并在高的应力下也可产生形变诱发马氏体而产生附加强化,从而提高疲劳强度;另一方面,若残留奥氏体量过多,会降低渗层的压应力,使疲劳强度下降。因此渗层组织中的残留奥氏体量及其分布应综合考虑。

碳氮共渗常出现的组织缺陷有:

(1)表面残留奥氏体过多,这是由于表面碳氮浓度过高所致。

(2)黑色组织,这种组织缺陷在未经腐蚀的试样抛光后可以看到,浸蚀后黑网进一步扩展,一般出现在 0.1 mm 深的表层内。黑色组织的出现显著降低表面硬度、弯曲疲劳和接触疲劳强度,故必须加以限制,目前预防黑色组织较为有效的措施是控制通氨量,使表面氮浓度在 0.1%~0.5%。

碳氮共渗主要用于获得渗层深度为 0.075~0.75 mm 的硬而耐磨的渗层。由于 C、N 共同渗入工件,大大提高了其淬透性;故不论是碳素钢或低合金钢碳氮共渗后淬火,均获得较好的效果。用普通碳素钢代替合金钢,或用油淬代替水淬,都可减少零件的变形。适用于要求耐磨、抗疲劳的低碳和中碳钢制各种薄小件(如自行车、缝纫机、仪表零件等)以及飞机、汽车、拖拉机、机床等负荷较大的传动齿轮和轴类零件。

6.5.2　钢的氮碳共渗

在 Fe-N 共析温度以下(520~570 ℃),同时将氮碳渗入工件表层并以渗氮为主的化学热处理工艺称为氮碳共渗,又称作软氮化。早期用氰盐液体软氮化,由于氰盐剧毒,禁止使用,后来发展了无毒盐浴。20 世纪 70 年代又发展了吸热气氛加入氨气的气体软氮化方法。目前我国吸热式或放热式气氛渗碳炉很少,因此软氮化工艺仅限于尿素热分解法和含碳、氨有机体的滴入法。常用的渗剂有:甲酰胺三乙醇胺、尿素、醇类加氨等。由于氮碳共渗具有许多优点,有待于大力推广。

1. 氮碳共渗特点

(1)速度快、生产率高

如 38CrMoAlA 钢,要得到 0.25 mm 的共渗层,气体氮化要 20 h 左右,而氮碳共渗仅需 3 h。

(2)大大提高零件的耐磨性和抗咬卡、抗擦伤的性能

软氮化具有良好的耐磨性是由于氮碳共渗层造成的。这种共渗层耐磨脆性小、摩擦系数小且有足够的韧性。尤其值得注意的是,这种共渗层组织基本不随钢中合金元素含量而

变,因此不仅适用于专用氮化钢,还可以广泛应用于各种钢铁材料。

(3)大大提高零件的疲劳强度

例如,15钢氮碳共渗后疲劳强度可提高80%。研究表明,软氮化提高疲劳强度主要靠过饱和固溶于扩散层中的氮的作用,因此软氮化后必须快冷。固溶氮会在共渗层中引起较大的残余压应力,从而提高疲劳强度,其提高幅度与气体氮化相当。

(4)提高零件的抗大气和海水腐蚀的能力

这主要是化合物层的贡献。

2. 氮碳共渗

(1)固体尿素气体氮碳共渗

尿素(又名碳酸胺$(NH_2)_2CO$)是一种白色结晶体,可将其直接送入500 ℃以上的共渗罐内,发生如下反应,产生活性氮、碳原子。

$$(NH_2)_2CO \longrightarrow 2[N]+CO+2H_2$$
$$2CO \longrightarrow [C]+CO_2$$

此外,尿素在炉罐中分解后有较高的氰根CN^-、一氧化碳与氨气,废气必须点燃,装炉后排气阶段用甲醇或乙醇排气。

(2)滴入液体有机介质气体软氮化

常见的含有C、N、O的有机液体有甲酰胺与三乙醇胺。甲酰胺于400~700 ℃按下式发生分解:

$$4HCONH_2 \longrightarrow 4[N]+2[C]+4H_2+2CO+2H_2O$$

三乙醇胺是一种暗黄色有机液体,在500~700 ℃按下式发生分解:

$$2(C_2H_4OH)_3N \longrightarrow 2[N]+2[C]+4CH_4+6CO+7H_2$$

比较两种有机液体,甲酰胺的分解温度比较低,在氮碳共渗温度范围内分解比较完全,甲酰胺分解造成的氮势大于碳势,很适合软氮化。三乙醇胺分解则是碳势大于氮势,不适合软氮化。这两种有机液体都比较贵。尿素很便宜,而且分解造成的氮势大于碳势,所以尿素软氮化最值得推广。

(3)气体软氮化

使用吸热式(或放热式)气氛加氨,温度为570±10 ℃。软氮化工艺参数有氮碳共渗温度、共渗介质的加入量、共渗时间及共渗后的冷却方式。在接近Fe-C-N系共析温度565 ℃时,氮在α-Fe中的溶解度最大,故软氮化温度一般控制在570 ℃,在这个温度下共渗层具有最高的硬度。共渗介质的加入量应该与温度、时间、材质、炉膛大小和装炉量相适应。加入量太多,会使表面化合物出现疏松,降低表面硬度。加入量过少,共渗层浅,表面硬度低。一般通过试验寻求最佳值。共渗时间对表面硬度及化合物层厚度的影响如图6-22所示。

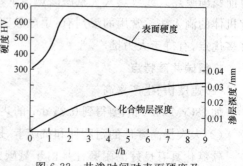

图6-22 共渗时间对表面硬度及
化合物层厚度的影响

从图可见 1～3 h 内化合物层厚度增加最快,6 h 以后则影响变小。这主要是由于 ε 相在表面形成后,碳在化合物中浓度增加,阻碍了氮的扩散,在 2～3 h 内出现表面硬度峰值,所以氮碳共渗时间选用 2～4 h 为宜。

对提高硬度和耐磨性为主要目的工件,氮碳共渗后冷却方式不做要求,因为共渗层的碳氮化合物决定了高硬度和耐磨性。对要求提高疲劳强度的工件,软氮化后一般采用油冷或水冷,防止针状 Fe_4N 从 α-Fe 中析出。由于氮固溶于 α-Fe 中,使位错运动受阻,滑移面粗糙,阻止了铁晶格滑移,再加上表面残余压应力作用,疲劳强度显著提高。

氮碳共渗层较薄,硬度梯度比较陡,不宜在重载条件下工作。但对一些不承受大的载荷而又需要抗疲劳、抗磨损、抗咬合的工件,软氮化强化效果十分明显。目前已广泛用于刃具、模具、量具、曲轴等工件。

6.6 钢的渗硼

硼渗入钢件表面以获得高硬度和高耐磨性的化学热处理工艺称为渗硼。渗硼层具有许多优异的特性:

(1)极高的硬度

FeB 层的硬度为 HV1 700～2 000,Fe_2B 层的硬度为 HV1 200～1 500。而合金钢渗硼层硬度可达 HV3 000 以上。

(2)耐磨性高

超过渗碳层、氮化层和氮碳共渗层的耐磨性。

(3)优良的耐热性

在 600 ℃ 不被氧化,800 ℃ 氧化极微。

(4)红硬性高

加热到 600～800 ℃ 硬度仍保持不变。

(5)耐蚀性高

在酸、碱、盐中耐蚀性都很高。例如在 20％HCl、30％H_3PO_4 或 10％H_2SO_4 溶液中,渗硼层的耐蚀性可比钢的基体有成百倍的增长。但是不耐硝酸腐蚀,FeB 性脆,易剥落,渗硼层加工困难。

由于渗硼层具有上述许多优点,所以广泛地应用于各类模具,包括冷、热作模具如弯曲模、成型模、拉伸模、冷墩、冲切、挤压模、热锻模、压铸模、塑料模等;也可应用于各种磨损件(如工艺装备中的钻模、靠模、夹头)、精密配合件(如活塞、柱塞、各种泵的缸套)、微粒磨损件(如石油钻头、拖拉机履带、推土机刮板、收割机刀片)以及各种在中温腐蚀介质中工作的阀门零件等。此外,如无缝钢管穿孔芯头、计算机零件、一些刀具、齿轮等也越来越多地使用渗硼处理。在所有这些应用中,渗硼都能使工件使用寿命成倍甚至十几倍地提高,或者可以用普通碳钢代替高合金钢,显示了极大的技术、经济价值。

6.6.1　渗硼原理和渗硼层结构

Fe-B相图如图6-23所示。硼在α-Fe和γ-Fe中的溶解度都很小,如在1 149 ℃时仅为0.02%。渗硼过程中硼原子渗入零件表面后很快就达到γ固溶体的饱和溶解度,并形成楔块的Fe_2B,硼量进一步提高,渗硼表层将形成FeB,这两种硼化物都是稳定的化合物。

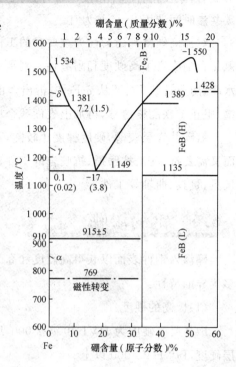

图6-23　Fe-B相图

由铁硼相图看到Fe_2B含硼8.83%,熔点为1 389 ℃;Fe_2B含硼16.23%,熔点1 149 ℃。进一步研究表明,Fe_2B具有正方点阵,$a=50.78$ nm,$c=42.49$ nm,其膨胀系数在$200\sim600$ ℃为2.9×10^{-8} K^{-1},理论密度为7.43 g/cm^3。

FeB属正交点阵,$a=40.53$ nm,$b=54.95$ nm,$c=29.46$ nm,其膨胀系数在$200\sim600$ ℃为84×10^{-8} K^{-1},在相同温度范围内纯铁的膨胀系数为5.7×10^{-8} K^{-1},理论密度为6.75 g/cm^3。

这两种硼化物硬度都很高,但FeB相性脆易崩裂,Fe_2B相脆性小,渗硼时希望得到单相Fe_2B层。

钢的成分对渗硼层的组织及渗层深度有重要影响,如图6-24所示。随着钢中含碳量增加,渗硼层深度将减小,在渗硼过程中,碳从渗硼层中挤出,因此在渗硼层的内侧有一个富碳区,其深度比硼化物层大好多倍,称为扩散层。

钼和钨强烈地减小渗硼层深度,铬、硅、铝次之,钴、锰、镍基本上没有多大影响。总之,凡缩小γ相区的合金元素都使渗硼层减薄。硅在渗硼过程中也被排挤富集到硼化层的内侧,硅是铁素体形成元素,当基体达到奥氏体化温度时,富硅的铁素体区将不发生马氏体相变而保留下来在硼化物层和基体之间产生软带(HV300左右),从而使渗硼层易剥落。由于渗硼层中楔形硼化物伸向基体彼此间有较大的接触面积,从而使其不易剥落,但随着钢中碳及合金元素含量的增加,硼化物楔入程度降低,渗硼层变薄,结合力减弱,增加了渗硼层的脆性。

为了在显微镜下区分渗硼层中的FeB和Fe_2B相,可以采用P.P.P腐蚀剂,其组成为黄血盐$[K_4Fe(CN)_6 3H_2O]$ 1 g,赤血盐$[K_3Fe(CN)_6]$ 10 g,苛性钾(KOH)30 g,水100 g。经上述试剂在45 ℃浸蚀1.5 min,FeB呈蓝色,Fe_2B呈黄色。渗硼试样的金相组织从表面向心部依次为FeB→Fe_2B→α-Fe(γ-Fe)→基体组织。即由化合物层、过渡层和基体组织三部分组成,如图6-25所示。

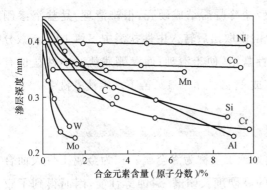

图 6-24　在含 B₄C 熔融硼砂中于 1 100 ℃渗硼 5 h，
合金元素对渗硼层深度的影响

图 6-25　A3 钢 940 ℃渗硼 4 h 的
金相组织（250×）

6.6.2　渗硼工艺

渗硼所采用的方法可分为固体渗硼、液体渗硼、气体渗硼及膏剂渗硼，或在盐浴中电解渗硼、离子渗硼。我国目前用得比较多的是固体渗硼与液体渗硼。

固体渗硼剂主要有 5％B₄C＋5％KBF₄＋90％SiC。其中，B₄C 为供硼剂，比较贵，也可使用硼铁粉末作为供硼剂；KBF₄ 为催渗剂；SiC 为填充剂。有时加入少量锰铁粉末，使渗硼剂疏松不结块。一般将零件装入固体渗硼罐中，用耐火泥封口，防止漏气。加热到 900～1 000 ℃保温 3～6 h 随炉冷却。

B₄C 含量增加则得到渗硼层中 FeB 含量增多，为了避免 FeB 的脆性，B₄C 含量要适中。目前市场上有可买得到的粒状单相（Fe₂B）和双相（Fe₂B、FeB）渗硼剂，使用起来十分方便。

液体渗硼剂由供硼剂硼砂（Na₂B₄O₇）、还原剂碳化硅或铝粉及中性盐（碳酸盐较好）组成，主要的化学反应如下：

$$Na_2B_4O_7 \rightleftharpoons Na_2O + 2B_2O_3$$

盐浴中生成的 B₂O₃ 可以用活泼元素（如铝粉）作为还原剂，或加入结构与碳化硼近似的物质（如碳化硅、硅钙合金、硅铁等），使其在高温下还原，产生活性硼，反应如下：

$$2B_2O_3 + 2SiC \longrightarrow 4[B] + 2CO + 2SiO_2$$

硼砂和碳化硅在渗硼时还发生如下反应：

$$Na_2B_4O_7 + 2SiC \longrightarrow Na_2O \cdot 2SiO_2 + 2CO + 4[B]$$

碳化硅含量按理论计算占盐浴总重的 13.6％为最佳，当含量大于 30％时，盐的流动性变差。粒度以 150～200 目为宜。加入铝作还原剂时，一般加入 10％，粒度 20～40 目，纯度大于 98％铝粉。对心部性能要求不高的零件，渗硼后可不必热处理。但对心部强度要求较高的零件，渗硼后需进行淬火回火处理。应注意的是缓慢加热，在保证淬透条件下尽量用缓和的冷却介质冷却并及时回火,以防止渗硼层剥落或形成表面裂纹。

渗硼盐浴的黏度很大,粘在工件表面的残盐冷凝后结成硬壳,很难清理,是盐浴渗硼的一个主要问题。解决办法是将工件从渗硼盐浴中取出后转入中性盐浴中停留 10 s 至数分钟(视工件大小而定),使工件上残留盐熔入中性盐浴,便于清理;而渗硼残盐对中性盐也有脱氧作用。也可用 5%~10% 氢氧化钠水溶液或 10% 盐酸+1% 苦丁水溶液煮洗。

6.7 钢的渗金属

使金属元素扩散渗入工件表层的化学热处理工艺称为渗金属。作为金属工件表面合金化的一种重要手段,可使工件表面获得所需的高硬度及耐磨、耐蚀等性能,因而得到了较快的发展。

目前渗金属的方法有两大类:一是覆层扩散法,即将欲渗金属利用电镀、喷镀或喷涂、热浸、电泳沉积、化学镀等方法覆盖在工件表面后,再于有保护气氛的炉内加热扩散形成渗层;另一种方法是热扩散法,即将工件直接放在固态、液态或气态的渗金属剂中进行加热扩散。本节主要讨论热扩散法。

固体渗金属的渗剂一般由三部分组成。金属及合金的渗入剂提供欲渗金属原子。催渗剂是为了活化渗剂,一般由卤化物或氟化物组成,它们的作用是在高温下与欲渗的金属粉末发生反应生成金属卤化物(或氟化物)蒸气,然后再扩散到工件表面,通过表面反应产生活性金属原子,渗入工件表面。为了防止渗剂高温烧结还必须加入填充剂,一般由氧化铝粉、高岭土等组成。

液体渗金属时,对于欲渗的低熔点金属(如 Al、Zn 等)可以将工件直接浸入熔化的金属浴中保持一定时间,取出后工件表面被包覆一层欲渗金属,然后再于保护气氛下进行高温加热扩散。如果要渗入高熔点金属(如 V、Nb、Cr、W 等)时,以熔融硼砂作为盐浴,加入欲渗金属的铁合金粉末(如 Fe-V、Fe-Cr、Fe-Nb、Fe-W 等),目前也有在盐浴中加入欲渗金属的氧化物(如 V_2O_5)的。同时再加入铝粉作为还原剂,被还原的金属原子向工件表面扩散。

气体渗金属是将工件放在含有欲渗金属的卤化物蒸气的气氛中加热,由固-气相反应在工件表面获得活性金属原子再渗入工件表层,也可以用 H_2、热分解氨或氩气作为运载气体将金属卤化物蒸气输入炉罐中,也得到同样效果。

6.7.1 渗 铝

使铝扩散渗入工件表面以提高其抗高温氧化和热腐蚀能力的化学热处理工艺称为渗铝。渗铝处理可以在工件表面形成一层含铝量约为 50%(质量)的铝铁化合物。这层化合物含铝量高,在氧化时可以在钢件表面形成一层致密的 Al_2O_3 膜,从而对工件提供保护。因工件渗铝能极其有效地提高钢的抗高温氧化性、抗高温硫化物腐蚀性、抗应力腐蚀性能,可用于化工、石油、氮肥等设备,亦可用于燃气轮机、锅炉部件及其他耐热腐蚀的零件。渗铝碳钢用于代替耐热钢于 800～900 ℃使用,具有很大的经济效益。在航空工业中镍基高温合金的渗铝已获广泛的应用。

目前使用的渗铝方法有热浸渗铝、固体渗铝、气体渗铝、固态气相渗铝、喷涂扩散渗铝、电泳沉积扩散渗铝、低压渗铝、高频渗铝等。其中固体及热浸渗铝为常用。

常用固体渗铝剂有三种:

(1)98%～99%Al-Fe＋1%～2% NH$_4$Cl;

(2)49.5% Al-Fe＋49.5% Al$_2$O$_3$＋1% NH$_4$Cl;

(3)35%Al-Fe＋64.5% Al$_2$O$_3$＋0.5%KHF$_2$＋1% NH$_4$Cl。

将工件与渗剂装罐密封,渗铝温度为 920～1 050 ℃,时间随渗层深度要求而定,在渗铝温度下,渗铝罐中发生如下反应:

$$NH_4Cl \rightleftharpoons NH_3 + HCl$$

$$6HCl + 2Al \rightleftharpoons 2AlCl_3 + 3H_2 \quad (在 Fe\text{-}Al 合金表面)$$

$$AlCl_3 + 2Al \rightleftharpoons 3AlCl \quad (在 Fe\text{-}Al 合金表面)$$

$$3AlCl \rightleftharpoons AlCl_3 + 2Al \quad (在工件表面)$$

反应产生的活性铝原子吸附于工件表面,并扩散到基体中,形成渗铝层。

热浸渗铝是先将工件除油、去锈、烘干、除镀后立即浸入 770～780 ℃的熔融铝液中保温 15～30 min,使表面黏附上一薄层铝并与铁形成一极薄的 Al-Fe 化合物,取出冷却后再于保护气氛下加热到 970±10 ℃进行 3～10 h 扩散退火以降低脆性,增加深度。对于某些受力较大的工件,扩散退火后再进行 870～890 ℃正火细化心部组织。

6.7.2　渗　铬

工件渗铬后可具有高的耐磨性、耐蚀性、抗氧化性及较好的抗疲劳性能。与镀铬相比,渗铬层更加致密、均匀,并与基体结合的更牢固,抗蚀性及抗高温氧化性均优于电镀。常用于处理化工器械或阀门元件,也用于提高各类模具、量具的耐磨性。

渗铬方法很多,但目前生产中应用的主要是固体渗铬法和真空渗铬法。

固体渗铬即把工件与渗铬剂装入炉罐内密封,加热到渗铬温度进行长时间保温,使铬原子渗入工件表面。

常用固体渗铬剂成分为 50%铬粉(含铬量 98%)＋48%氧化铝粉＋2%氯化铵。铬粉提供活性铬原子;氧化铝为填充剂,并防止渗铬剂在高温下黏结;氯化铵为催渗剂,起催化作用。高温下渗铬剂发生如下反应:

$$NH_4Cl \rightleftharpoons NH_3 + HCl$$

$$2NH_3 \longrightarrow N_2 + 3H_2$$

$$2HCl + Cr \longrightarrow CrCl_2 + H_2$$

氯化亚铬（$CrCl_2$）通过下列反应在工件表面产生活性铬原子。

置换反应：

$$Fe + CrCl_2 \longrightarrow FeCl_2 + [Cr]$$

还原反应：

$$CrCl_2 + H_2 \longrightarrow 2HCl + [Cr]$$

热分解反应：

$$CrCl_2 \longrightarrow Cl_2 + [Cr]$$

产生的活性铬原子吸附于工件表面并向内扩散，形成渗铬层。图 6-26 和图 6-27 是渗铬温度与时间对渗铬层厚度的影响，符合化学热处理的一般规律。一般固体渗铬工艺通常采用 1 050～1 100 ℃，保温 6～12 h，低碳钢工件可获得 0.05～0.15 mm 渗铬层，高碳钢可获得 0.02～0.04 mm 渗铬层。渗完后随炉冷至 600～700 ℃再出炉气冷。

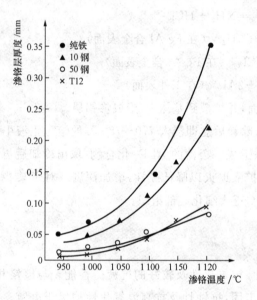
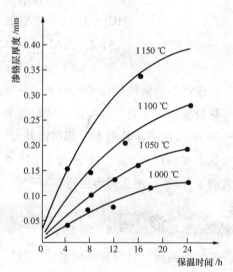

图 6-26　温度对不同钢种渗铬层厚度的影响　　6-27　纯铁渗铬层厚度与保温时间的关系

真空渗铬与固体渗铬基本相同，渗铬剂和工件装入罐内后将罐密封，边抽真空边升温。当抽出气体中有显著的氯化铵分解气排出时，停止抽气。此时，炉内气压随氯化铵分解而上升，当气压达到 98 067 MPa（一个大气压）时，则继续抽气保持炉内压力在 30 000 MPa 左右，在 950～1 100 ℃保持 5～10 h，冷却到 200 ℃出炉，45 钢在 1 100 ℃真空固体渗铬 10 h 后可获得 0.05～0.06 mm 的渗铬层，表面硬度 Hm 为 1 500。在真空渗铬时若将真空度提高到 $133.3 \times (10^{-2} \sim 10^{-3})$ Pa，再通入渗铬气体，渗速可以大大提高，如在 1 050 ℃保温 4 h 可获得 0.38 mm 渗铬层。

渗铬后由于基体组织粗化，如果对心部机械性能要求较高时，还需要进行正火或淬火回火处理，对仅要求表面硬度耐磨性工件则不需要再进行热处理。

6.7.3　渗钒、铌

在高碳钢表面渗入强碳化物形成元素钒和铌后,它们与钢中碳化合形成具有极高硬度的 VC、NbC(硬度可达 HV1 500～3 800),大大提高了工件的耐磨性及使用寿命。如,Cr12 制造冷墩 M18 螺帽下模,经渗钒后使用寿命提高了 6 倍;GCr15 制冷挤轴承环凹模,经渗钒后寿命提高了 8 倍。因此,渗钒、铌受到普遍重视。

渗钒和渗铌方法是在熔融硼砂中加入粉末 Fe-V、Fe-Nb 合金(200 目以上)或 V_2O_5 粉＋Al 粉、NbO＋Al 粉。温度 850～1 000 ℃,时间 5～10 h。渗后直接淬火或重新加热淬火。T12 经 900 ℃×5.5 h 渗钒后可得到 15 μm 渗钒层,Cr12 经 1 000 ℃渗钒 6 h,可得到 13 μm 渗钒层。

6.8　离子轰击化学热处理

随着等离子物理、真空技术及电子技术的进展,化学热处理也可以在另一种介质——等离子体中进行。它是把要处理的工件放在引进活性气体的低真空室,通常为 $133.3 \times (10^{-1} \sim 10)$ Pa。工件作为阴极,工件外围设一阳极,阴阳极间加上高压直流电,产生辉光放电。在阴极压降区,气体电离成正负离子(等离子体),在高压电场作用下,正离子轰击零件表面,使其加热并与之发生反应,产生活性原子渗入零件内部形成渗层。这种在低于一个标准大气压的含渗入元素气体中,利用阴极(工件)和阳极之间产生的辉光放电进行化学热处理的工艺称为离子轰击化学热处理。

离子轰击化学热处理与普通化学热处理相比具有渗速快、可控制表层相结构、节能、无公害等优点。

6.8.1　离子氮化与离子氮碳共渗

1. 离子氮化

在低于常压下的渗氮气氛中,利用阴极(工件)和阳极间产生的辉光放电进行渗氮的工艺,称为离子氮化。离子氮化 1932 年始于德国,但因制造大电流的稳定辉光放电设备的技术困难,真正应用于生产是 20 世纪 60 年代的事。我国于 20 世纪 60 年代开始这项新技术的研究,20 世纪 70 年代初投入实际应用。至今,全国已有上千台设备,设备最大功率为 500 kW(1 000 V,500 A)。有的设备应用微型计算机控制。离子氮化工艺已广泛用于模具、机床零件及飞机零件、机车曲轴等。

离子氮化装置如图 6-28 所示,它由供电系统、真空系统、供氨系统和控温系统四个主要部分组成。

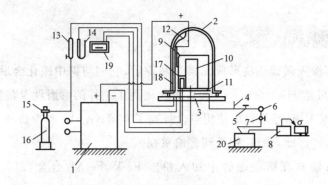

图 6-28　离子氮化装置

1—供电系统；2—真空罩；3—真空室底盘；4—玻璃管；5，7—放气阀；6—阀门；8—真空泵；9—阳极；
10—阴极（工件）；11—工作台；12—进气管；13—氨流量计；14—U 形水银压力计；15—氨调压阀；
16—氨瓶；17—测温头；18—热电偶；19—测温仪表；20—安全罐

　　氮化时，把工件置于真空室内，接高压直流电源的负极作为阴极，另设一个专门阳极或以炉壁（真空罩）做阳极。先从真空室抽气，真空度达 $133.3 \times (10^{-1} \sim 10^{-2})$ Pa 后，充入少量氨气（或氮氢混合气），调节进气量与真空泵抽气量，使炉内压力保持在 $133.3 \times (0.5 \sim 10)$ Pa，接通直流高压电源，使阴阳极间电压由零逐渐增大，辉光放电伏安特性曲线如图 6-29 所示。

　　由图可见当电压调至 A 点之前，阴阳极间无电流，电压从 A 点继续增大，阴阳极间出现了电流，并在工件表面产生了辉光。A 点电压 V_A 称为点燃电压。辉光是电压到达点燃电压之后，稀薄气体被击穿，产生电离，将氨电离成 N^+、H^+ 及电子，受激发后返回基态时的 N 和 H 产生光辐射的结果。点燃后，

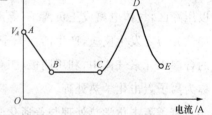

图 6-29　辉光放电伏安特性曲线

两极间电压立即下降，达到 B 点后，增加输入功率，阴阳极间电流增大，工件辉光面积增大，但电压不变，直至辉光覆盖全部阴极表面后，电压才随两极间电流增加而增大，即图中 CD 段。过了 D 点后，电流急剧增大，而极间电压急剧下降，阴阳极间出现强烈弧光。物理学上把图 6-29 中 BC 段称为正常辉光放电区，CD 段称为异常辉光放电区，而 DE 段称为弧光放电区。离子氮化是控制在异常辉光放电区。

　　正离子受到电场的作用向阴极运动，到达阴极附近时，被强烈的电场突然加速而轰击工件表面，致使工件升温，并渗入工件内部；还有部分正离子轰击工件表面时，从阴极表面激发出电子和原子，即产生阴极溅射作用。而电子在电场力作用下向阳极运动，在行进中不断地使气体分子电离，整个过程如图 6-30 所示。

　　阴极溅射出来铁原子同带电的原子态氮结合，生成 FeN。FeN 有附着作用，吸附在工件表面上，由于高温及离子的轰击作用，FeN 又很快转变成低价 Fe_2N、Fe_3N、Fe_4N 和铁而放出氮。氮原子渗入工件表面并向内部扩散形成氮化层，一部分氮返回等离子体区，重新参与氮化作用。这样，离子氮化由于大大加快了等离子区氮的电离，供给高浓度的氮，这种固—

气界面处有很高的离子浓度梯度,有利于氮往工件内部扩散,从而加快了氮化速度。其次离子轰击后的工件表面存在二类、三类应力,点阵发生严重畸变,位错密度显著增加,并出现大小不等的坑洼,沿晶界处尤为显著,这种表层大量缺陷的存在促进了氮的扩散过程。此外,由于氮氢离子的阴极溅射,碳、氧、非金属元素从表面离开,消除了表面氧化物和油垢,形成了活化表面,有助于氮的吸附和扩散。

辉光离子氮化有不同的机理,它具有独特的优点:

(1)氮化速度快,生产周期短。要获得 0.4 mm 的氮化层,离子氮化仅需 8 h,而普通气体氮化要 20 h。这主要是离子氮化的氮势高,以晶内扩散为主,离子氮化氮的扩散速度比气体氮化高得多。

(2)高能量离子轰击引起点阵严重畸变,位错密度显著增加,这有利于氮的扩散。

(3)离子氮化可以控制表层化合物与脆性,省去磨削加工工序。离子氮化可以通过改变真空炉内气体含氮的浓度,来调整化合物层的相组成,使之获得单一的 ε 或 γ′ 相,保持硬、韧的特点。

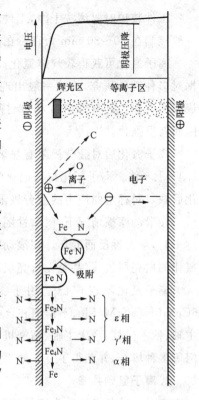

图 6-30　离子氮化原理图

(4)离子氮化的变形量小,表面洁净呈银灰色,阴极溅射使工件尺寸略有减小,可以抵消氮化物形成而引起的尺寸增大,并且减小由此而引起的变形。

(5)对于不锈钢、耐热钢进行氮化更为方便。离子氮化时,由于氢离子的还原作用和离子的轰击,净化了工件表面。

离子氮化设备比较复杂,操作要求严格,工件装炉工艺性差,对薄厚不均的工件会带来温度不均匀,测温不准等。

离子氮化工艺参数有电参数、气压参数和热参数。电参数包括两极间电压和电流密度,一般都是控制电流密度,电流密度大加热速度快,但过大容易引起弧光放电,过大的电流密度又可能引起工件温度不均匀,影响质量。加热阶段电流密度可控制在 $0.5 \sim 15$ mA/cm²。气压参数包括氨气(或氮氢混合气体)流量、炉内压力和真空泵的抽气速率。这三个参数是互相制约的。离子氮化时,气压的选择是重要的,它直接影响辉光放电特性。在加热过程中,增加气体压强,电流密度增大,工件升温速度加快;若气体压强低,则加热速度变慢。氮化时炉内压力一般控制在 $133.3 \times (10^{-1} \sim 10)$ Pa。亦可用辉光层的薄厚来控制炉内压力,炉内压力越小,辉光层越厚,反之炉内压力增大,辉光层变薄,一般将辉光层控制在 $3 \sim 4$ mm 为宜。热参数包括温度和时间。温度是影响离子氮化的一个重要参数,根据选用材料及硬度要求而选定。对传统的氮化钢 38CrMoAl 可用 $520 \sim 540$ ℃,其他合金结构钢用 $480 \sim 530$ ℃,高合金工具钢用 $480 \sim 540$ ℃,不锈钢用 $550 \sim 580$ ℃,钛合金用 $900 \sim 950$ ℃。离子氮化时间由渗层深度要求而定。

工件装炉时要清洗干净,工件间距离应大于 20 mm,阴阳极间距离要大于辉光层厚度,一般控制在 30～80 mm 为宜。在氮化内孔时要设置辅助阳极。

离子氮化可获得较气体氮化高的表面硬度,表面硬度随氮化温度的变化出现峰值。根据对多种钢的研究,峰值一般出现于 450～500 ℃。这是由于在此温度下进行离子渗氮,形成弥散度很大且与母相(α 相)保持共格关系的氮化物,致使母相晶格产生强烈的弹性畸变,因而获得强化。

离子氮化后对疲劳极限有显著影响,经多种材料试验,离子氮化后疲劳极限是不氮化的 1.4～1.8 倍。离子氮化与其他化学热处理相比,有更低的缺口敏感性。20CrMnTi 离子氮化后缺口对称弯曲应力的疲劳极限也较碳氮共渗略高。

在滑动摩擦情况下,耐磨性随表面氮浓度的增加而提高,但当表面含氮量过高,脆性相 ε 过多时,耐磨性反而变坏。在滚动摩擦情况下,氮化层的白亮层越薄,耐磨性越好,由于离子氮化的白亮层较薄(甚至无白亮层),故其耐磨性较高。

离子氮化不仅广泛适用于氮化专用钢 38CrMoAl,而且也适用于工模具钢 Cr12、5CrNiMo、5CrMnMo、不锈钢和合金结构钢及铸铁等。现已大量用于处理机床零件和镗床主轴、精密丝杠、磨床主轴、精密机床齿轮以及成型刀具、压铸模、内燃机曲轴、钛合金气井阀门等多种场合,并获得了显著效果。

2. 离子氮碳共渗

离子氮碳共渗又称为离子软氮化,在与离子渗氮类似的条件下,气氛中再通入少量的含碳气体,即可以实现低温(500～650 ℃)离子氮碳共渗。离子氮碳共渗与普通气体氮碳共渗(气体软氮化)相比具有快速、节电、节省渗剂气体、渗层致密无疏松、无公害等特点。与离子氮化相比,具有生产效率高、强化效果好和适用于多种钢材等特点。

6.8.2　离子渗碳与离子碳氮共渗

1. 离子渗碳的特点

(1)表面状态好、渗层质量高;

(2)渗层分布均匀;

(3)变形小;

(4)渗速快,效率高;

(5)节能无公害。

2. 离子渗碳工艺原理

真空离子渗碳炉的结构原理如图 6-31 所示。与阴极同电位的工件,借助于电阻加热器升温至 800～1 050 ℃。以氢气或氩气稀释的低压(133～2 666 Pa)烃系气体(甲烷或丙烷)的混合气,缓慢地流过有效加热区。在附近的阳极(或以石墨电阻加热器作为阳极)与工件之间叠加 500～1 000 V 直流电压,即可产生辉光放电。气氛流过等离子体区时被分解和电离,析出活性碳和氢的原子、离子,不断轰击并渗入工件表面。

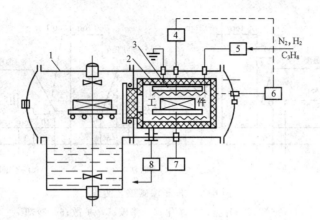

图 6-31　真空离子渗碳炉的结构原理

1—淬火冷却室；2—加热室；3—阴极；4—温度测控系统；5—渗碳气体处理与流
量控制系统；6—加热电源；7—离子电源；8—真空获得系统

烷烃在高温下经过一系列瞬态过程(短链烃主要是脱氢,长链烃首先断链或脱氢)进行正常热分解反应。在高温下甲烷或丙烷发生如下反应：

$$CH_4 \rightleftharpoons CH_3 + H$$
$$CH_3 + CH_4 \rightleftharpoons C_2H_6 + H$$
$$C_2H_6 \rightleftharpoons C_2H_4 + H_2$$
$$C_3H_8 \rightleftharpoons C_2H_4 + CH_4$$
$$C_2H_4 \rightleftharpoons C_2H_2 + H_2$$
$$C_2H_2 \rightleftharpoons 2C + H_2$$

在离子渗碳过程中产生的等离子体中,比气态分子能量高上百倍,足以打破化学键的大量电子的碰撞可使正常热力学条件下难以实现的解离得以进行,而且反应迅速、彻底。甚至可使一部分烷烃直接析出碳和氢原子、离子,即

$$CH_4 \rightleftharpoons [C] + 4[H]$$
$$C_3H_8 \rightleftharpoons 3[C] + 8[H]$$

于是,在炉压低到数百帕时等离子体也可向工件提供大量活性碳。在阴极位降作用下,碳离子轰击阴极(工件)并吸附于工件表面,进而被奥氏体吸收或与铁形成化合物,甚至直接注入奥氏体晶格之中。氢离子则破坏和还原了工件表面的氧化膜等,进一步清除了阻碍碳渗入的壁垒,使表面活性大大提高,加速了气固界面的反应和扩散。

一般在 1 000 ℃ 以上进行离子渗碳时宜采用甲烷气。在 1 000 ℃ 以下,由于甲烷分解得不完全,因此容易产生碳黑。而丙烷在 1 000 ℃ 左右发生热分解速度较甲烷的快几千倍,产生的碳原子为甲烷热分解产生的碳原子数的三倍,因此供活性碳原子能力很强。因此,可以认为以丙烷做渗碳剂时,其消耗量仅为甲烷的三分之一。

3. 离子渗碳常用工艺及控制参数

离子渗碳常用方法有恒压法、脉冲法和气压波动法,工艺曲线如图 6-32 所示。

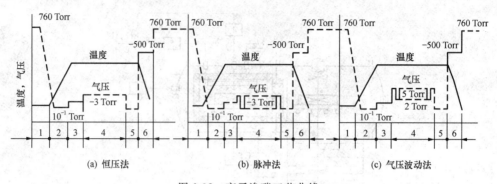

图 6-32　离子渗碳工艺曲线
1—排气；2—升温；3—净化；4—渗碳；5—扩散；6—冷却

这些方法的前期和后期都一样，前期包括排气到 10^{-1} Torr，升温到预定温度离子渗碳。后期包括扩散和冷却阶段。所不同的是恒压法离子渗碳利用气压恒定，一般为 3 Torr；脉冲法离子渗碳所用气压是呈周期变化，最高为 3 Torr 左右（渗碳期），在扩散期压力降为 10^{-1} Torr；气压波动法与脉冲法极为相似，在渗碳期压力为 5 Torr，在扩散期压力为 2 Torr，脉冲法特别适合于有深槽、盲孔、曲率变化大、结构复杂的零件。借助气压迅速升降和物理搅拌效应可及时清除掉充入孔底的乏气，并不断更换以来自等离子体中的活性气氛，可获得均匀的渗层。

离子渗碳的工艺参数主要有渗碳温度、时间、压力和放电功率。

4. 离子碳氮共渗

在辉光放电条件下通入含有氮和碳的混合气氛，即可实现离子碳氮共渗。它比普通气体碳氮共渗速度快一倍以上，而且渗层质量好。可以有效地防止渗层出现内氧化和黑色组织等。由于可以用高纯氮做供氮介质，因而比离子渗碳安全可靠。

一般共渗气氛是由起渗碳作用的甲烷、丙烷或城市煤气、丙酮、苯蒸气，起渗氮作用的氮气或氨以及起还原和稀释作用的氢气组成。常用的离子碳氮共渗温度与常规工艺一样，一般是 $810\sim950$ ℃，共渗温度越高，渗入速度越快，钢表面的氮含量越低。

离子碳氮共渗的其他工艺参数与离子渗碳相仿，只是直流放电功率适当高些，以维持混合气氛中有足够比例的氮的活性离子。此外，在表面碳氮浓度不高，特别是在共渗温度偏低时，扩散阶段的时间比重需比更高温度下的离子渗碳低些。

复习思考题

1. 什么叫化学热处理？此工艺有何特点？实际生产中按渗入元素种类分有哪些类型？

2. 化学热处理包括哪几个基本过程？各过程主要作用是什么？以渗碳为例说明。

3. 强化化学热处理过程有哪些主要途径？

4. 何谓钢的渗碳？其目的何在？常用哪几种方法？

5. 什么是碳势？控制碳势有几种方法？

6. 钢件渗碳后的最终热处理工艺有哪些？

7. 何谓钢的渗氮？渗氮的主要目的是什么？

8. 何谓碳氮共渗及氮碳共渗？各有何特点？

9. 何谓渗硼？渗硼层有何特点？应用何在？

10. 什么叫离子氮化？该工艺有何特点？说明离子氮化的基本原理。

11. 什么叫离子渗碳？该工艺有何特点？

第二篇 热处理设备

第二篇 材料收集及其他

第7章

热处理加热设备

7.1 热处理设备分类

1.热处理车间的设备分类

热处理设备是指用于实施热处理工艺的装备。通常把完成热处理工艺操作的设备称为主要设备,把与主要设备配套和维持生产所需的设备称为辅助设备。热处理车间的设备分类见表 7-1。

表 7-1　　　　　　　　　　　热处理车间的设备分类

分类	设备	分类	设备
主要设备	热处理炉	辅助设备	清洗和清理设备
	加热装置		炉气氛、加热介质、渗剂制备设备
	表面改性装置		淬火介质循环冷却装置
	表面氧化装置		起重运输设备
	表面机械强化装置		质量检测设备
	淬火冷却设备		动力输送管路及辅助设备
	冷处理设备		防火、除尘等生产安全设备
	工艺参数检测、控制仪表		工夹具

2.热处理主要设备

(1)热处理炉

热处理炉是具有炉膛的热处理加热设备。因在加热过程中炉膛首先被加热,再参与对工件的热交换,所以热处理炉的加热性质属间接加热。

(2)加热装置

加热装置是热源直接对工件加热的装置,因此其加热性质属于直接加热。其加热方法包括火焰直接喷烧工件,电流直接输入工件加热,在工件内产生感应电流加热及等离子体、激光、电子束冲击工件而加热等。

(3)表面改性装置

这类装置主要有气相沉积装置和离子注入装置等。气相沉积装置是指通过气相中的物理、化学过程,在工件表面沉积金属或化合物涂层的装置。离子注入装置把氮、金属等的离子注入材料表面。这类工艺方法不同于传统的通过加热和冷却发生相变而强化金属的热处理方法,是一种新兴的改善金属表面性能的方法。

(4)表面氧化装置

表面氧化装置是通过化学反应在工件表面生成一层致密氧化膜的装置。它由一系列槽子组成,通常称发蓝槽或发黑槽。

(5)表面机械强化装置

表面机械强化装置是利用金属丸抛击或压力辊压或施加预应力,使工件形成表面压应力或预应力状态的装置。主要有抛丸机和辊压机等。

(6)淬火冷却设备

淬火冷却设备是用于热处理淬火冷却的装置,包含各种冷却介质的淬火槽、喷射式淬火装置和压力淬火机等。

(7)冷处理设备

冷处理设备是用于将热处理件冷却到 0 ℃以下的设备。常用的有冷冻机、干冰冷却装置和液氮冷却装置等。

(8)工艺参数检测、控制仪表

工艺参数检测、控制仪表通常指对温度、流量、压力等参数的检测、指示和控制仪表。随着计算机控制技术的应用,热处理工艺参数控制的概念发生了根本性的变化。除常规的工艺参数控制外,还有工艺过程静态和动态控制、生产过程机电一体化控制、计算机模拟仿真等。计算机的控制成为工艺过程和设备运行的指挥中心。

3. 热处理辅助设备

(1)清洗和清理设备

清洗和清理设备是指对热处理前后对工件进行清洗或清理的设备。常用的清洗设备有碱水溶液、磷酸水溶液、有机溶剂(氯乙烯、二氯乙烷等)的清洗槽和清洗机以及配合真空、超声波的清洗装置。清理设备有化学法的酸洗设备,机械法的清理滚筒、喷砂机和抛丸机,燃烧法的脱脂炉等。

(2)炉气氛、加热介质、渗剂制备设备

①热处理气氛生成设备

这类设备有:由可燃物形成吸热式和放热式气氛的设备;从空气中提取 N_2 的设备;由液氨分解或燃烧制备 H_2 和 N_2 气氛的设备;有机液分解气氛和制 H_2 等的设备。

②加热介质制备设备

主要有盐浴炉用盐、流态化粒子及油的储存、筛选、混料等装置。

③渗剂制备设备

主要有化学热处理用的固体、液体、气体渗剂,防工件加热氧化涂料,增强工件对辐射热吸收率的涂料等的储存、混料和再生设备。

(3)淬火介质循环冷却装置

淬火介质循环冷却装置是指为维持淬火介质温度而设置的冷却装置,主要包括储液槽、泵、冷却器和过滤器等。

（4）起重运输设备

车间起重运输设备是指用于车间内工件运输、设备维修吊装的机械设备，有时也用于工件装出炉的吊装。此类机械设备主要有车间起重机、运输工件的车辆、传输工件的辊道和传送链等。

（5）质量检测设备

质量检测设备是指对热处理件进行质量检测的设备。此类设备范围很广，有金相组织、力学性能、工件尺寸、缺陷探伤和残余应力等检测设备。

（6）动力输送管路及辅助设备

动力输送管路及辅助设备是指提供给热处理设备的电力、燃料、压缩空气、蒸汽、水等动力的管路系统和附属装置。主要有管路系统、风机、泵、储气罐及储液罐等。

（7）防火、除尘等生产安全设备

防火、除尘等生产安全设备是指防治热处理生产造成的粉尘、废气、废液的装置以及预防和处理火灾、爆炸事故的装置。主要有抽风机、废气裂化炉、废液反应槽及防火喷雾器等。

4. 热处理炉的分类

为满足各种热处理件、各类热处理工艺和不同生产批量的需要，热处理炉有很多类型和规格。依据热处理炉的特性因素有多种分类方法，见表 7-2。

表 7-2　　　　　　　　　热处理炉的分类

分类原则	炉型	分类原则	炉型
热源	电阻炉　燃料炉　煤气炉　油炉　煤炉	炉膛结构	箱式炉　井式炉　罩式炉　贯通式炉　转底式炉　管式炉
工作温度	高温炉（>1 000 ℃）　中温炉（650~1 000 ℃）　低温炉（<650 ℃）	工艺用途	退火炉　淬火炉　回火炉　渗碳炉　渗氮炉　实验炉
作业方式	间歇式炉　连续式炉　脉动式　连续式	机械类型	台车式炉　升降底式炉　推杆式炉　输送筛式炉　辊底式炉　振底式炉　步进式炉

（续表）

分类原则	炉型	分类原则	炉型
使用介质	空气介质炉 火焰炉 可控气氛炉 盐溶炉 油溶炉 铅溶炉 流态化炉 真空炉	控制方式	温度控制炉 工艺过程控制炉 计算机仿真控制炉

5. 热处理炉的主要特性

热处理炉的种类很多,但其基本组成和特性是由几个主要组成部分和特性参数所限定的。

（1）温度

炉子温度决定了炉子的传热特性。由于辐射与 T_4 成正比,所以高温炉的结构应设计成辐射传热型,其主要特征是电热元件能直接辐射加热工件。低温炉主要依靠对流传热,其炉子结构应有强烈的气流循环。

（2）热源

因电加热热处理炉的电热元件容易在炉内安装和控制,所以有较高的温度均匀度和精度。煤气和油加热的热处理炉直接利用能源,与电热炉相比有较高的能源利用率。煤气炉和油炉也能实现计算机控制,炉子的温度控制精度也可满足热处理工艺要求。燃煤加热的热处理炉控温精度低、热效率低,CO_2 排放量大,所以其应用受到限制,仅应用于技术要求不严格的热处理生产,如可锻铸铁退火等。

（3）炉膛结构与炉衬材料

炉膛是热处理炉的主体,是炉衬包围的空间。在炉膛内形成均匀的温度场,对被加热件有较高的传热效果、较少的积蓄热和散热量。炉衬材料向轻质化、纤维化、预制结构、复合结构、不定型材料浇注以及喷涂增强辐射涂料的方向发展。

（4）燃烧装置和电热元件

燃烧装置和电热元件是炉子的主要部件。对燃烧装置的基本要求是,使燃料充分燃烧,达到所需的温度和所需的气氛状态,形成高辐射或强对流的火焰,满足热处理工艺要求,有较高的热效率,对环境污染较轻。较新型的烧嘴有:平焰烧嘴、自身预热烧嘴、高速烧嘴及调焰烧嘴等。目前迅速发展的燃烧装置有:高热效率的蓄热式烧嘴、燃烧器、辐射管和计算机控制燃烧系统。

热处理炉所用的电热元件主要是电阻丝（或带）制成的元件或辐射管。在低温浴炉中多用管状加热元件;在可控气氛炉中多用辐射管;在高温炉中主要用碳化硅、二硅化钼、镧铬氧化物质和石墨质电热元件。合理布置电热元件和燃烧装置以及组织好火焰流向或热风循环是提高炉子温度均匀度和热效率最重要的手段。

（5）炉气氛

实现热处理保护加热和气氛中碳势可控制是我国热处理的长期战略任务。热处理炉气氛有如下几类:

①空气气氛

空气气氛炉是一种结构最简单的炉型。工件在该炉内高于 560 ℃以上加热时会氧化脱碳。

②火焰气氛

火焰气氛是燃料炉燃烧产物气氛。燃烧产物的主要组成是 CO_2、H_2O 和 N_2。还可能有过剩的 O_2 或未完全燃烧的 CO。火焰气氛的性质主要是氧化性,只有当 CO 量较多时才为弱氧化性或弱还原性。

③可控气氛

可控气氛是人们特意加入炉内的气氛。主要是控制碳势、氮势或气氛还原性。按可控气氛的性质分类有:

a.中性气氛

中性气氛主要是 N_2,在 N_2 基础上附加其他组分,形成氮基气氛,其性质随附加剂的性质而变化。

b.还原性气氛

还原性气氛主要是 H_2。H_2 密度小、黏度低、热导率高、还原性强,因此有热容量小、流动状态好、温度均匀度高的优点。

c.含碳气氛

含碳气氛由碳氢化合物裂化或不完全燃烧而成,有吸热式和放热式两大类,此气氛可在热处理炉外或炉内生成。

d.浴态介质

常用的浴态介质有盐浴、铅浴和油浴,其性质是中性。有时在中性盐浴基础上加上其他物质,形成具有相应物质特性的盐浴,如含碳、含氮和含硼等盐浴。

e.真空状态

低于 101.325 kPa 的稀薄气体状态均称真空状态。在高真空状态下热处理有提高产品质量和保护环境的双重作用,是热处理设备发展的主要方向之一。

(6)作业方式

热处理设备按作业方式分间歇炉和连续式炉两大类。

间歇式炉一般为单一炉膛结构,工件成批装出料,在炉内固定位置周期地完成一个工序的操作。简单型的间歇式炉有空气介质的箱式炉、井式炉等,其结构简单,但产品的稳定性、再现性、同一性都很差。近年来,在简单型的间歇式炉基础上,配备了传动机械、可控气氛、计算机控制等装置,使这类炉子的特性发生了质的变化。如密封式箱式炉,可完成高质量的淬火、渗碳等功能,还可与清洗、回火等设备组成柔性生产线。真空间歇式炉还被发展成能够在一个炉膛工位上完成加热、冷却、回火等一个完整的热处理操作程序的生产模式。

连续式炉的炉膛是贯通式,多为直线贯通,亦有环形贯通。其操作程序是工件顺序地通过炉膛。热处理工艺规程是沿炉膛长度方向设置的,运行长度则为工艺时间。因此,每个工件(或料盘)在炉内运行过程中都同样准确地执行同一个工艺程序,可获得同一性的品质。

(7)工件在炉内的传送机械

热处理炉的机械化状态是炉子先进程度的重要标志之一。各种类型的输送机械几乎都被应用于热处理炉。选择炉内工件传送机械应考虑:该机械是否与热处理件的形状、尺寸或料盘相适应;采用连续式还是脉动式传送;工件与机械相对运动状态是相对静止的还是相对运动的;工件支持点(或面)的接触状态;该机械与上、下工序机械的衔接方式;该机械(包括料盘)是一直停留在炉内,还是反复进出炉,周期地被加热和冷却;传动机械的可靠性和使用寿命;调整工艺的灵活性等。这些因素对提高产品质量和节能都有重大影响。

(8)控制方式

热处理炉的控制包括控制范围、控制方法和控制装置。控制范围有:对温度、压力、流量及气氛等工艺参数控制,传动机械控制,工艺过程控制和预测产品质量控制。由于计算机控制技术的应用,控制方法和装置正进入一个新时代,从单纯参数控制向用可编程控制器控制生产过程和计算机模拟仿真的方向发展。

6. 热处理炉的分类

GB/T 10067.4—2005《电热装置基本技术条件 第4部分:间接电阻炉》对热处理炉进行了分类,见表7-3。

表7-3　　　　　　　　　　　　　　热处理炉的分类

类别	系列代号	代号含义	备注
	RB	罩式炉	
	RC	传送带式炉	
	RCW	网带式炉	
	RD	电烘箱	
	RF	强迫对流井式炉	
	RG	滚筒式炉	
	RH	电阻熔化炉	
	RJ	自然对流井式炉	
	RK	坑式炉	
	RL	流态粒子炉	
工业电阻炉	RM	密封箱式淬火炉(即多用炉)	
	RN	气体氮化炉	
	RQ	井式气体渗碳炉	
	RR	辊底式炉	
	RS	推送式炉	
	RSU	隧道式炉	
	RT	台车式炉	
	RUN	转底炉	
	RW	步进炉	
	RX	箱式炉	
	RY	电热浴炉	
	RZ	振底式炉	

（续表）

类别	系列代号	代号含义	备注
实验电阻炉	SG	实验用坩埚式炉	
	SK	实验用管式炉	
	SX	实验用箱式炉	
	SY	实验用油浴炉	
真空炉	ZC	真空淬火炉	
	ZT	真空退火炉	
	ZR	真空热处理和钎焊炉（无淬火装置）	
	ZST	真空渗碳炉	
	ZS	真空烧结炉	

注：在电阻炉的产品标准中允许对上述分类进行补充和完善。

7. 加热装置的分类和特性

（1）感应加热装置

热处理感应加热装置一般由感应电源、感应器和感应淬火机床组成。

①感应电源

感应电源的主要参数是频率和功率。典型的感应热处理频率和功率范围如图 7-1 所示。

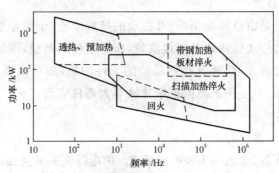

图 7-1　典型的感应热处理频率和功率范围

现阶段我国的感应电源是新旧并存。旧式的高频和超音频电源主体是一个大功率电子振荡器，把 50 Hz 工频电流转换为 $100\sim500$ kHz 的高频和 $30\sim50$ kHz 的超音频。其主要缺点是变频效率低、振荡器寿命短。旧式的中频电源是一种机式中频发电机。主要缺点是效率低、设备费高。上述两类电源都逐渐被晶体管式的中、高频电源所替代。

晶体管式的晶闸管中频电源是利用晶闸管元件把 50 Hz 工频三相交流电变换成单相中频交流电。其特点是效率高，控制方便。

新型的全固态高频电源采用新型电力电子器件静电感应晶体管(SIT)使装置全固态化。具有转换效率高、工作电压低、操作安全、使用寿命长和可省去高压整流变压器的优点,但设备费较高。

50 Hz 工业频率电源是一个工业变压器,无需变频装置。其设备简单,输出功率大,应用于大型工件表面淬火或透热。其主要缺点是加热速度低,加热效率也较低。

②感应器

感应加热只有通过感应器才能实现。感应器的结构和尺寸随工件的特性和电源频率而异。感应器对工件感应热处理的质量和热效率有严重影响。

③感应淬火机床

感应淬火机床使感应热处理机械化,并便于准确控制工艺参数。它有普通型和专用型两种,专用机床是依据某一工件的热处理要求而设计的。

④感应加热生产线

现代的生产组织常把感应热处理放置在机械加工线上组成生产线。这时,感应加热装置是专用的成套设备,包括感应电源、多工位淬火机床、设备冷却和淬火介质循环系统、感应器、感应回火、工件校正变形装置以及计算机控制系统。

(2)火焰加热装置

火焰加热装置是以乙炔或其他可燃气为燃料的加热装置,一般由乙炔发生器、喷焰器和淬火机床组成。火焰温度可达 2 000～3 000 ℃。这种加热装置设备简单,生产成本低廉。其缺点是温度等工艺参数较难控制,通常应用于单件和就地大件生产。

(3)接触电阻加热装置

接触电阻加热装置是由电源变压器、可移动的接触滚轮(铜滚轮或碳棒)和淬火机床组成。其操作是将变压器二次侧两端各连接滚轮,作为电极的两极,滚轮在工件表面滚动,在接触面上产生局部电阻而发热,将此接触部位的工件加热,随后依靠工件自身导热冷却淬火。这种装置结构简单,多应用于类似机床导轨等大型件表面淬火。此装置因工艺参数难于控制,应用很少。

(4)直接电阻加热装置

此装置由电源变压器、通电夹头和机床组成。两电极夹头夹持在欲加热件部位的两端,通以低压大电流,将该部位工件加热。夹头的结构有固定型和滑动型。有的装置利用两个滚轮代替夹头,两滚轮紧压工件,平行滚动,将滚轮间的工件加热。这种加热装置结构简单,热效率高,广泛应用于钢丝、钢管的通电加热。

(5)电解液加热装置

此加热装置由直流电源、电解液槽、工件夹持装置组成。被加热的工件连接电源阴极,浸入电极液槽中,槽体接电源阳极,通电发生电解。电解时在工件表面上形成氢气膜,此膜因电阻值高而发热,将工件加热。此装置一般应用于形状简单的小工件的局部加热,如气门顶杆端部加热淬火,对有锐角的工件易造成过热。此装置应用不多。

（6）等离子加热装置

此装置由真空容器、工作台、产生等离子体的气源及供排气管路和控制电路组成。工件放在真空容器内的工作台上,连接电源阴极,容器连接电源阳极。控制电路使在低真空中的气体电离,产生等离子,等离子又在电场作用下高速冲击工件,将其动能转化为热能,加热工件。此装置主要用作渗氮等化学热处理,其优点是等离子体本身就是渗剂的离子(如 N^+),N^+ 在冲击工件时,溅射掉工件表面的钝化膜并渗入工件,有较高的渗速和较致密的渗层。

（7）激光加热装置

此装置由激光器、导光系统、工作台和控制系统组成。高能密度的激光束在工件上扫描,将工件加热,随后工件自行冷却淬火。此装置生产率高、加热速度快,工件淬火后有较高硬度,是正在发展的加热装置,应用于气缸套、齿轮、导轨等工件淬火。

（8）电子束加热装置

此装置由电子束发生器、扫描系统、低真空工作室和控制系统组成。高速的电子束流扫描轰击放置在真空室内工作台上的工件,将其加热,随后工件自行冷却淬火。此装置已开始投入使用。

8. 气相沉积装置的分类和特性

气相沉积装置有化学气相沉积(CVD)装置、等离子体化学气相沉积(PCVD)装置和物理气相沉积(PVD)装置三类。

（1）化学气相沉积装置

该装置由气源系统、反应沉积室、抽气系统和尾气处理系统组成。气源(如 $TiCl_4$、N_2 和 H_2)进入 $900\sim1\,200\ ℃$ 的反应沉积室,发生化学反应,随即在工件表面沉积反应产物(如 TiN)。

（2）等离子体化学气相沉积装置

该装置由气源系统、离子沉积反应室和抽气系统组成。原料气进入离子沉积真空室后在电场作用下电离,形成等离子体(氮离子、氢离子、钛离子等),等离子体轰击连接阴极的工件,将其加热,并将离子体间的反应产物(如 TiN)沉积在工件表面。

（3）物理气相沉积装置

物理气相沉积装置根据沉积物获得方法不同可分为如下几种。

①真空蒸镀装置

该装置由真空沉积室、盛沉积物原料的坩埚、电子枪(或电热元件)等组成。在低压下电子束(或电热元件)轰击、加热沉积物原料,使其蒸发成分子或原子,再沉积在工件表面。

②离子镀膜装置

该装置是使镀膜原料形成离子而沉积在工件上的。根据形成离子放电方式不同分为辉光型离子镀膜和弧光型离子镀膜。其装置是在真空室内设有形成辉光或弧光的装置,并使工件带负偏压。离子镀是发展最快的物理气相沉积。

③溅射镀膜装置

该装置主要由真空室、靶阴极（沉积物）、工作架和电源等组成。在真空室内的氩被电离，氩离子轰击靶阴极，使靶材原子逸出，沉积在工件上。

④离子束装置

此装置应用于材料改性的技术是离子注入。它是从金属蒸发真空弧等离子源中引出离子、经加速后获得高能量的离子束，而后进入磁分析器纯化，再经二维偏转扫描器使离子束注入工件材料表面，而使其强化。现已应用于刀具、模具、轴承等。

7.2 热处理电阻炉

热处理电阻炉是采用电阻加热元件通电流发热来加热工件的热处理炉。电阻加热元件有金属电阻加热元件和非金属电阻加热元件。金属电阻加热元件有 Cr20Ni80、1Cr13Al4、0Cr27Al7Mo2 等合金和 Mo、W 等高熔点金属。非金属电阻加热元件有碳硅系电热元件（碳硅棒，主要成分是 SiC）、碳系电热元件（石墨、碳、碳粒）、硅钼系电热元件（硅钼棒，主要成分是 MoSi$_2$）。电流的热效应采用以下公式表示：

$$Q = I^2 Rt$$

式中　Q——电阻加热元件放出的热量，J；

　　　R——电阻加热元件的电阻，Ω；

　　　I——电阻加热元件中通过的电流，A；

　　　t——电流通过的时间，s。

7.2.1 箱式电阻炉

普通型间隙式箱式电阻炉是一个单一炉膛、炉前端有一个炉门的炉子。这类炉子的国家标准产品有中温箱式电阻炉、金属电热元件的高温箱式电阻炉、碳化硅电热元件的高温箱式电阻炉。这类炉子的炉料一般在空气介质中加热，无装出料机械化装置，供小批量的工件淬火、正火、退火等常规热处理之用。

中温箱式电阻炉产品规格及技术参数见表 7-4。中温箱式电阻炉的结构如图 7-2 所示。

表 7-4　　　　　　　　　中温箱式电阻炉产品规格及技术参数

型号	功率 kW	电压 V	相数	最高工作温度 ℃	炉膛尺寸（长×宽×高）mm×mm×mm	炉温 850 ℃时的指标		
						空载损耗 kW	空炉升温时间 h	最大装载量 kg
RX3-15-9	15	380	1	950	600×300×250	5	2.5	80
RX3-30-9	30	380	3	950	950×450×350	7	2.5	200
RX3-45-9	45	380	3	950	1 200×600×400	9	2.5	400
RX3-60-9	60	380	3	950	1 500×750×450	12	3.0	700
RX3-75-9	75	380	3	950	1 800×900×550	16	3.5	1 200

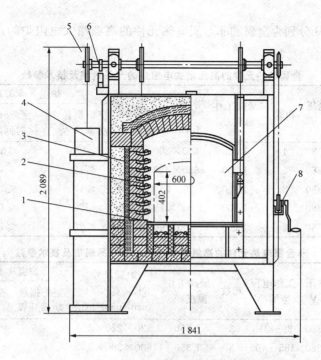

图 7-2　中温箱式电阻炉的结构

1—炉底板；2—电热元件；3—炉衬；4—配置；5—炉门升降机构；6—限位开关；7—炉门；8—链轮

非金属电热元件的高温箱式电阻炉如图 7-3 所示。

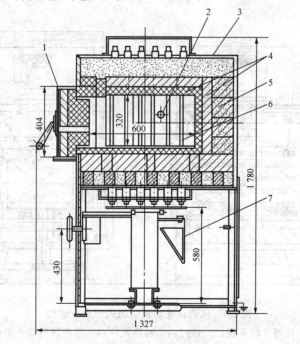

图 7-3　非金属电热元件的高温箱式电阻炉的结构

1—炉门；2—测温孔；3—炉壳；4—耐火层；5—保温层；6—碳硅棒；7—调压变压器

表 7-5 和表 7-6 分别为金属和非金属电热元件的高温箱式电阻炉的产品规格及技术参数。

表 7-5　　　　　金属电热元件的高温箱式电阻炉的产品规格及技术参数

型号	功率/ kW	电压/ V	相数	最高工作温度/℃	炉膛尺寸 (长×宽×高)/ (mm×mm×mm)	炉温 850 ℃时的指标		
						空炉损耗功率/kW	空炉升温时间/h	最大装载量/kg
RX3-20-12	20	380	1	1 200	650×300×250	≤7	≤3	50
RX3-45-12	45	380	3	1 200	950×450×350	≤13	≤3	100
RX3-65-12	65	380	3	1 200	1 200×600×400	≤17	≤3	200
RX3-90-12	90	380	3	1 200	1 500×750×450	≤20	≤4	400
RX-3-115-12	115	380	3	1 200	1 800×900×550	≤22	≤4	600

表 7-6　　　　非金属电热元件的高温箱式电阻炉的产品规格及技术参数

型号	功率/ kW	电压/ V	工作电压范围/V	相数	最高工作温度/℃	炉膛尺寸 (长×宽×高)/ (mm×mm×mm)	炉温 1 300 ℃时的指标		
							空炉损耗功率/kW	空炉升温时间/h	最大装载量/kg
RX2-14-13	14	380	89～215	3	1 350	520×220×220	≤5	≤2.0	120
RX2-25-13	25	380	185～405	3	1 350	600×280×300	≤7	≤2.5	200
RX2-37-13	37	380	260～535	3	1 350	810×550×370	≤10	≤2.5	≤500

强迫对流箱式电阻炉属于低温热处理炉。这类炉子是带有风扇(或风机)的箱式电阻炉,用于热处理回火及铝合金、镁合金等有色金属的退火、淬火等。图 7-4 为风扇设在炉顶的箱式回火炉结构。

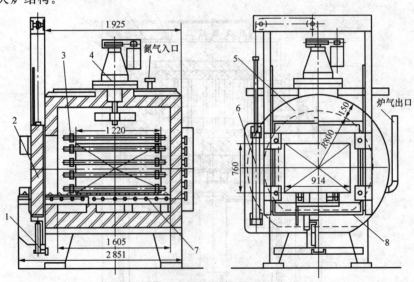

图 7-4　风扇设在炉顶的箱式回火炉结构

1—导槽升降系统;2—炉门;3—加热元件;4—循环风扇;5—炉衬;
6—炉门升降压紧系统;7—滚动导轨;8—炉口密封

箱式回火炉的技术参数见表 7-7。

表 7-7　　　　　　　　　　　箱式回火炉的技术参数

项目	指标	项目	指标
炉膛尺寸/(mm×mm×mm)	1 220×914×760	炉墙外表面温度/℃	≤50
额定装载量/kg	1 000	保护气氛	氮气
额定生产能力/(kg·h⁻¹)	600	装出料方式	开式链条和滚动导轨
加热温度/℃	≤550	额定功率/kW	75
炉温均匀度/℃	±5		

7.2.2　台车电阻炉

1. 炉型结构及用途

这类炉子是炉底为一个可移动台车的箱式电阻炉,适用于处理较大尺寸的工件。图 7-5 为台车电阻炉的结构。

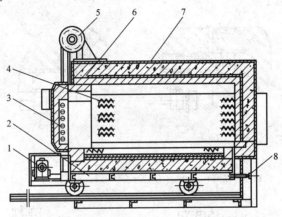

图 7-5　台车电阻炉的结构

1—台车驱动机构;2—台车;3—炉门;4—加热元件;5—炉门机构;6—炉衬;7—炉壳;8—台车接线板

表 7-8 为台车电阻炉的产品规格及技术参数。

表 7-8　　　　　　　　　　　台车电阻炉的产品规格及技术参数

	型号	功率/kW	电压/V	相数	额定温度/℃	炉膛尺寸(长×宽×高)/(mm×mm×mm)	炉温 850 ℃时的指标		
							空炉损耗功率/kW	空炉升温时间/h	最大装载量/t
标准型	RT2-65-9	65	380	3	950	1 100×550×450	≤14	≤2.5	1.0
	RT2-105-9	105	380	3	950	1 500×800×600	≤22	≤2.5	2.5
	RT2-180-9	180	380	3	950	2 100×1 050×750	≤40	≤4.5	5.0
	RT2-320-9	320	380	3	950	3 000×1 350×950	≤75	≤5.0	12.0
非标准型	RT-75-10	75	380	3	1 000	1 500×750×600	≤15	≤3.0	2.0
	RT-90-10	90	380	3	1 000	1 800×900×600	≤20	≤3.0	3.0
	RT-150-10	150	380	3	1 000	2 800×900×600	≤35	≤4.5	4.5

台车电阻炉与箱式电阻炉结构基本相同,但由于台车需拖出,台车炉前端无下横梁,易发生炉架变形,因此炉架应牢固地固定在地基上。炉面板应与炉口砖错位,即炉口砖突出,并有足够的厚度,以减少炉面板受热变形。炉面板炉口边缘也应开较大较长的膨胀缝。

2. 炉体

台车电阻炉的炉衬与箱式电阻炉基本相同。由于台车与炉衬不接触,因此炉衬更宜采用耐火纤维结构。

3. 炉口装置

小型台车电阻炉炉口装置与一般电阻炉相似,大型台车电阻炉宽度大,炉门必须有足够的刚度,炉门内衬多采用耐火纤维砌筑。

4. 台车及行走驱动装置

台车钢架应依据载荷计算确定。驱动装置多数安装在台车前部,驱动台车行走。行走装置多为车轮式,有密封轴承结构和半开式轴承结构,因前者轮轴润滑困难,所以常用后者。

5. 台车与炉体间的密封装置

台车与炉体间的常规密封方法是砂封结构,如图 7-6 所示。耐火纤维贴紧的密封结构如图 7-7～图 7-9 所示。图 7-10 为台车后端滚管密封结构。

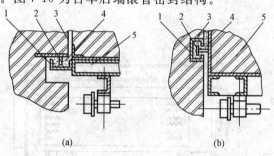

(a)　　　　(b)

图 7-6　砂封结构

1—砂封槽;2—砂封刀;3—炉体;4—砂;5—台车

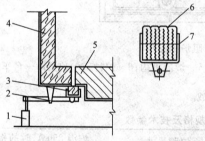

图 7-7　杠杆气缸式台车侧面柔性密封

1—气缸;2—杠杆;3—柔性密封块;4—炉侧墙;
5—台车;6—耐火纤维针刺毯;7—贯穿螺钉

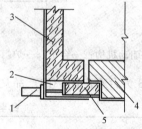

图 7-8　直动式气缸台车侧面柔性密封

1—气缸;2—密封块盒;3—炉侧墙;
4—台车;5—密封块

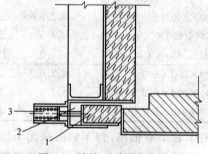

图 7-9　台车后端柔性密封

1—密封块;2—密封盒;3—柔性缓冲装置

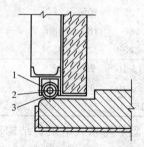

图 7-10　台车后端滚管密封结构

1—滚管盒;2—圆钢;3—无缝钢管

6.台车电热元件通电装置

单台车电阻炉的电热元件一般采用触头通电,台车尾部设 3～6 个固定触头,炉体下部安设 3～6 个带弹簧压紧的触口,台车进入炉膛后触头能很好地插入触口。插条与插口接触而通电。

7.2.3　井式电阻炉

这类炉子均有一个井式炉膛,采用电阻元件加热。有强迫对流低温井式电阻炉、自然对流中、高温井式电阻炉。

1.强迫对流井式电阻炉

这类炉子是带风扇强制气流循环的低温井式电阻炉,有国家标准产品。其结构如图7-11 所示。其产品规格及技术参数见表7-9。这类炉子主要作热处理件回火之用。

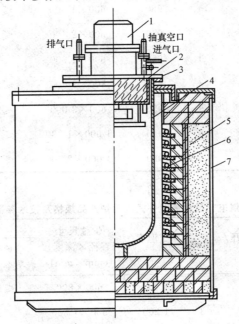

图 7-11　强迫对流井式电阻炉结构

1—风扇电动机;2—炉盖;3—密封圈;4—炉罐;5—炉衬;6—电热元件;7—炉壳

表 7-9　　　　　　　　　　低温井式电阻炉产品规格及技术参数

型号	额定功率/ kW	额定电压/ V	相数	额定温度/ ℃	炉膛尺寸 (直径×深度)/ (mm×mm)	炉温 650 ℃时的指标		
						空炉损耗 功率/kW	空炉升温 时间/h	最大装 载量/kg
RJ2-25-6	25	380	1	650	400×500	≤4.0	≤1.0	150
RJ2-35-6	35	380	3	650	500×650	≤4.5	≤1.0	250
RJ2-55-6	55	380	3	650	700×900	≤7.0	≤1.2	750
RJ2-75-6	75	380	3	650	950×1 200	≤10.0	≤1.5	1 000

2. 自然对流井式电阻炉

这类炉子均有一个井式炉膛,且炉内不设风扇。国家标准产品有中、高温井式电阻炉。它主要用于长杆工件在空气介质中加热,或加密封措施用作通保护气体保护加热。

表 7-10 为中温井式电阻炉产品规格及技术参数。表 7-11 为金属电热元件高温井式电阻炉产品规格及技术参数。井式电阻炉有许多非标准型炉,有的长达 20~30 m,用于处理汽轮机主轴等长杆件。

表 7-10　　　　　　　　　　中温井式电阻炉产品规格及技术参数

型号	额定功率/kW	额定电压/V	相数	额定温度/℃	炉膛尺寸(直径×深度)/(mm×mm)	炉温 890 ℃时的指标		
						空炉损耗功率/kW	空炉升温时间/h	最大装载量/kg
RJ2-40-9	40	380	3	950	600×800	≤9	≤2.5	350
RJ2-65-9	65	380	3	950	600×1 600	≤16	≤2.5	700
RJ2-75-9	75	380	3	950	600×2 400	≤20	≤3.0	1 100
RJ2-60-9	60	380	3	950	800×1 000	≤13	≤3.0	800
RJ2-95-9	95	380	3	950	800×2 000	≤22	≤3.0	1 600
RJ2-125-9	125	380	3	950	800×3 000	≤27	≤4.0	2 400
RJ2-90-9	90	380	3	950	1 000×1 200	≤18	≤4.0	1 500
RJ2-140-9	140	380	3	950	1 000×2 400	≤26	≤4.0	3 000

表 7-11　　　　　　　金属电热元件高温井式电阻炉产品规格及技术参数

型号	额定功率/kW	额定电压/V	相数	额定温度/℃	炉膛尺寸(直径×深度)/(mm×mm)	炉温 1 200 ℃时的指标		
						空炉损耗功率/kW	空炉升温时间/h	最大装载量/kg
RJ2-50-12	50	380	3	1 200	600×800	≤13	≤2.5	350
RJ2-75-12	75	380	3	1 200	600×1 600	≤22	≤3.0	700
RJ2-80-12	80	380	3	1 200	800×1 000	≤17	≤3.0	800
RJ2-110-12	110	380	3	1 200	800×2 000	≤23	≤3.0	1 600
RJ2-105-12	105	380	3	1 200	1 000×1 200	≤22	≤3.0	1 500
RJ2-165-12	165	380	3	1 200	1 000×2 400	≤40	≤4.0	3 000

3. 井式气体渗碳炉和渗氮炉

(1)炉型种类

这类炉子的结构实际上是在井式炉膛中再加一密封炉罐,专为周期作业的渗碳、渗氮、碳氮共渗等所用。图 7-12 为标准型井式气体渗碳炉结构。表 7-12 为井式气体渗碳炉产品规格及技术参数。

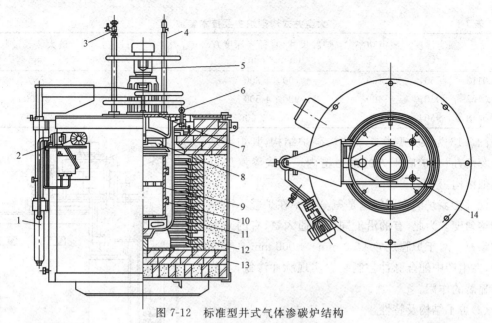

图 7-12 标准型井式气体渗碳炉结构

1—油缸；2—电动机油泵；3—滴管；4—取气管；5—电动机；6—吊环螺钉；7—炉盖；

8—风叶；9—料筐；10—炉罐；11—电热元件；12—炉衬；13—炉壳；14—试样管

表 7-12 井式气体渗碳炉产品规格及技术参数

型号	额定功率/ kW	额定电压/ V	相数	额定温度/ ℃	炉膛尺寸（直径×深度）/（mm×mm）	炉温 950 ℃时的指标		
						空炉损耗功率/kW	空炉升温时间/h	最大装载量/kg
RQ3-25-9	25	380	3	950	300×450	≤7	≤2.5	50
RQ3-35-9	35	380	3	950	300×600	≤9	≤2.5	70
RQ3-60-9	60	380	3	950	450×600	≤12	≤2.5	150
RQ3-75-9	75	380	3	950	450×900	≤14	≤2.5	220
RQ3-90-9	90	380	3	950	600×900	≤16	≤3.0	400
RQ3-105-9	105	380	3	950	600×1 200	≤18	≤8.0	500

井式气体渗氮炉的结构与井式渗碳炉基本类似。表 7-13 为井式气体渗氮炉产品规格及技术参数。

表 7-13 井式气体渗氮炉产品规格及技术参数

型号	额定功率/ kW	额定电压/ V	相数	额定温度/ ℃	升温时间/ h	炉膛尺寸（直径×深度）/（mm×mm）
RN-30-6	30	380	3	650	≤1.5	450×650
RN-45-6	45	380	3	650	≤1.5	450×1 000
RN-60-6	60	380	3	650	≤1.5	650×1 200
RN-75-6	75	380	3	650	≤1.5	800×1 300
RN-90-6	90	380	3	650	≤2.0	800×1 300
RN-110-6	110	380	3	650	≤2.0	800×2 500
RN-140-6	140	380	3	650	≤2.0	800×3 500

大型井式渗碳炉常用于深层渗碳，渗层超过 3 mm，有的甚至在 8 mm 以上。其主要技术参数见表 7-14。

表 7-14　　　　　　　　　大型井式渗碳炉主要技术参数

型号	额定温度/℃	额定功率/kW	炉膛尺寸(直径×深度)/(mm×mm)	加热区	每区功率/kW	最大装载量/kg
XL0113	950	180	700×1 800	2	90	750
XL0122	950	400	900×4 500	4	100	3 200
XL0118	950	720	1 700×7 000	6	120	25 000

图 7-13 为某大型井式气体渗碳炉结构,其炉罐是一个套筒,插在炉底下方的密封槽内。井式渗氮炉也有类似结构。

深井渗氮炉的主要问题是氨分解率在炉膛不同深度的均匀度。为此,有的沿不同深度通入氨,有的采用真空渗氮。对于炉膛尺寸 ϕ400 mm×4 000 mm 真空渗氮炉,在生产中配合脉冲控制装置实现脉冲渗氮,对节氨有显著的作用。

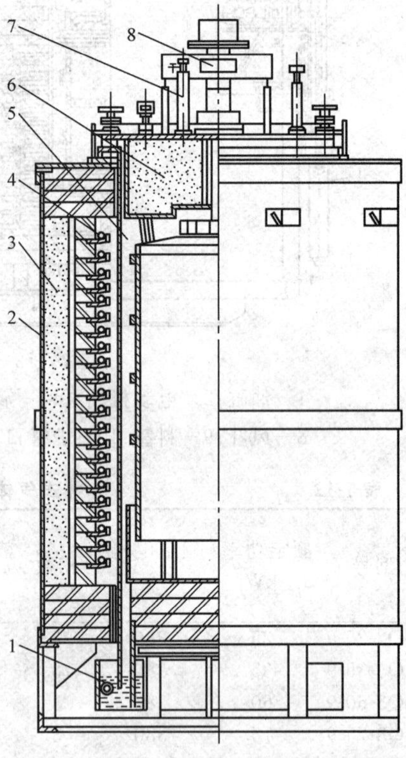

(2)炉子结构及特性

①气流循环

设在炉盖下端的风扇借扇叶的离心力驱动炉气流向四周,把从滴注管滴入的渗剂搅动带入气流,气流在炉罐壁上受阻,沿着炉罐内壁与料筐(或导向筒)的通道向下流动到炉罐底。在风扇中心负压的作用下,气流经料筐底的孔洞向上流入料筐,把新鲜渗剂提供给工件,同时破除停滞在工件表面的非活性气体层,随之被吸入风扇中心负压区,重新进行循环。在风扇下常吊挂一个挡风板,以防止气流直接从料筐上方返回风扇。

②炉罐密封

炉盖与炉罐之间应有良好的密封。真空渗氮炉盖外缘宜加水冷橡胶圈密封。渗碳炉中轴动态密封较困难,常用方法有活塞环式密封、迷宫式密封、密闭式电动机密封。密闭式电动机密封是电动机连接风扇转轴,直接压紧在炉盖上,实现完全密封。

③炉罐及构件

料筐、导向筒、炉罐、罐底座、料筐底盘等应用耐热钢制造,通常用 CrMnN 铸钢制造,该钢最高作用温度为 950 ℃,限制了炉子的工作温度。炉罐也常用 Cr25Ni20 钢制造,炉罐等构件受热时会变形和膨胀,要留有膨胀的余地。

渗氮炉炉罐通常采用 0Cr18Ni9Ti 不锈钢制造,不能用普通钢板制造。普通钢板易被渗氮,使罐表面龟裂剥皮,并对氨分解起催化作用,增加氨消耗且使氨分解不稳定,甚至无法渗氮。

④炉气氛供应、测量、控制装置

图 7-13　某大型井式气体渗碳炉结构
1—油封;2—炉壳;3—炉衬;4—加热器;5—炉膛;6—炉盖;7—滴注器;8—炉盖升降机构

炉盖上配有进气管或流体滴注管、排气管、测量炉温均匀度用热电偶引入管、碳(氮)势传感器插入孔或取气管、试样检查孔等。

7.2.4 罩式电阻炉

罩式电阻炉是一个炉底固定、炉身(带炉衬和电热元件)像一个罩子且可移动的炉子。罩式电阻炉按结构形式、气氛和最高工作温度可分为很多品种。罩式电阻炉的结构有多种形式。罩式电阻炉主要用于在自然气氛或保护气氛中进行钢件的正火、退火等。图 7-14 为炉气强迫对流的罩式退火炉结构。表 7-15 为罩式退火炉的技术规格。

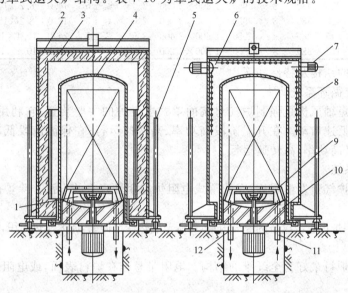

图 7-14 炉气强迫对流的罩式退火炉结构

1—风扇；2—加热罩外壳；3—炉衬；4—内罩；5—导向装置；6—冷却装置；7—鼓风装置；

8—喷水系统；9—底栅；10—底座；11—充气系统；12—抽真空系统

表 7-15　　　　　　　　　　　　　罩式退火炉的技术规格

类型	型号	功率/kW	电压/V	相数	最高工作温度/℃	炉膛尺寸/(直径×深度)/(mm×mm)	空炉升温时间/h	炉料温差/℃	最大装载量/t	占地面积/(m×m)	吊钩高度/m	质量/kg
	JL85-51	80	380	3	750	800×1 250	1.5	≤±5	3.0	4.4×7.7	4.80	8 500
	JL86-84	110	380	3	750	800×2 000	1.5	≤±5	5.0	4.4×8.5	6.80	15 430
	JL87-60	160	380	3	750	1 000×1 600	1.5	≤±5	5.0	5.5×9.6	6.20	13 500
	JL86-85	170	380	3	750	1 000×2 500	1.5	≤±5	8.0	5.5×10.5	8.00	18 500
750 ℃	JL87-61	180	380	3	750	1 200×1 600	1.5	≤±5	8.0	6.7×11.5	6.35	15 500
系列	JL86-11	250	380	3	750	1 200×2 500	2.0	≤±5	10.0	6.7×12.4	8.15	20 000
	JL87-62	210	380	3	750	1 400×1 600	2.0	≤±5	12.0	7.8×13.4	6.50	18 500
	JL86-87	400	380	3	750	1 400×3 200	2.0	≤±5	20.0	7.8×15.0	9.70	23 000
	JL87-63	330	380	3	750	1 600×2 000	2.5	≤±5	22.0	10.0×16.0	7.40	26 000
	JL87-64	450	380	3	750	1 600×3 200	2.5	≤±5	30.0	10.0×17.2	9.80	32 000

（续表）

类型	型号	功率/kW	电压/V	相数	最高工作温度/℃	炉膛尺寸（直径×深度）/(mm×mm)	空炉升温时间/h	炉料温差/℃	最大装载量/t	占地面积/(m×m)	吊钩高度/m	质量/kg
950 ℃系列	JL89-31	90	380	3	950	800×1 200	1.5	≤±5	2.5	4.7×7.8	4.85	9 000
	JL89-32	110	380	3	950	800×2 400	1.5	≤±5	5.0	4.7×8.9	7.90	17 000
	JL89-33	170	380	3	950	1 000×1 600	1.5	≤±5	5.0	5.8×10.0	6.40	14 500
	JL89-34	190	380	3	950	1 000×2 500	2.0	≤±5	7.5	5.8×11.0	8.00	19 000
	JL89-35	190	380	3	950	1 200×1 800	2.0	≤±5	8.0	7.0×12.0	6.80	18 000
	JL89-31	265	380	3	950	1 200×2 500	2.0	≤±5	10.0	7.0×12.9	8.20	21 000
	JL89-32	220	380	3	950	1 400×2 000	2.0	≤±5	14.0	8.2×14.0	7.40	22 000
	JL89-33	420	380	3	950	1 400×3 000	2.0	≤±5	18.0	8.2×15.6	9.60	28 000
	JL89-34	345	380	3	950	1 600×2 400	2.5	≤±5	24.0	10.4×16.8	8.40	30 000
	JL89-35	470	380	3	950	1 600×3 200	2.5	≤±5	28.0	10.4×16.8	9.90	36 000

罩式电阻炉的结构及特性如下：

(1)强制对流循环系统

功率强大的短轴风机是强制炉气对流的罩式电阻炉的主要装置，它利用双速双功率电动机的特性直接低速启动。在升温阶段高功率、高转速运行；在保温阶段低功率、低转速运行；在降温阶段又高功率、高转速运行。

(2)抽真空系统

为防止氢保护气氛发生爆炸，有的罩式电阻炉采用抽真空的方法排除炉内气氛。

(3)内钢罩

有的罩式电阻炉设置波纹状的淬火内罩，可调节受热变形伸缩，加大换热面积，强化换热过程。

(4)炉衬

罩式电阻炉炉衬最好为全纤维的结构。电阻带悬挂在炉衬表面，或电阻丝螺旋穿管，悬挂在炉墙支撑上。

(5)内罩冷却

在炉料冷却阶段常采用气、水联合冷却系统，先用轴流风机抽气，降低内罩外表面温度，待罩内炉料温度降到200 ℃以后，再启动喷水系统喷水冷却。

(6)进、排气管设置

进、排气管安装位置的距离应尽可能拉大，常将进气口延伸到内罩顶部，排气口设在炉台的平面以下。

(7)保护气用量

有资料建议：在加热、保温阶段保护气用量为$(0.3\sim0.6)L$ m³/(mm·h)（L 为内径周长，mm，气体体积指标准状态时的体积），炉压控制在100～400 Pa；在排气及冷却阶段加大用气量，为保温时的1～2倍。为在不同工艺段通入不同的气量，有的炉子在排气管出口处安装可装卸的变径接头，在加热、保温时换接上小尺寸 $\phi(3\sim5)$ mm 的接头，以减少通气量而不采用调节阀的办法，因为常易出现排气不稳定的现象，甚至发生回火。

(8)密封

炉台与内罩之间的密封采用水冷橡胶密封圈。

7.3　热处理燃料炉

热处理燃料炉是利用各种燃料燃烧产生的热量在炉中对热处理工件进行加热的设备。

热处理燃料炉所使用的燃料有固体燃料、液体燃料和气体燃料三类。因此可根据所使用的燃料不同分为固体燃料炉、液体燃料炉和气体燃料炉三类。

热处理燃烧炉所用的发热元件是各种燃烧装置，或是带有燃烧装置的辐射管。热处理燃料炉所用燃料来源广泛，与电能相比价格也较便宜，便于因地制宜地建造不同结构的装置，有利于降低生产费用，以洁净煤气或轻柴油为燃料时能取得高炉温、高加热速度、高生产能力的热工性能。当采用自动控制系统时，通过对炉温、炉压、炉气成分、燃料流量与压力、空气流量与压力的检测和控制，能实现较为精确的热工控制。炉温均匀度可达±5 ℃。但以煤、热脏煤气或重（渣）油为燃料时，则难以实现精确控制，也易造成环境污染。

固体燃料炉主要是煤炉。主要优点是可以就地取材，价格便宜。但煤燃烧不完全，容易产生黑烟，造成环境污染。煤炉的炉温均匀性较差，主要用于固体渗碳、退火等技术要求不严的热处理工艺，基本趋于淘汰。

液体燃料炉主要是油炉。油经喷嘴雾化后燃烧，如果控制得当，炉温均匀性基本能满足各种常规热处理工艺要求。

气体燃料炉主要是煤气炉。气体燃料与空气混合后燃烧，易于控制，炉温均匀性较好，可满足各种常规热处理工艺要求。

常用的热处理燃料炉的类型有室式热处理燃料炉、台车式热处理燃料炉和井式热处理燃料炉等，见表7-16。

表 7-16　　　　　　　　　　常用的热处理燃料炉的类型

炉型	炉温/℃	结构特点	生产用途
室式热处理燃料炉	650～950	室状炉膛，开闭式炉门，燃烧室以数条燃烧道形式置于炉底下部，形成炉气循环	小批量、小型工件热处理加热
台车式热处理燃料炉	650～1 150	室状炉膛，炉底为可进出炉膛的台车，炉外装料，台车入炉加热，加热过程结束后出炉卸料	中、大型工件成批热处理加热
井式热处理燃料炉	650～1 100	圆形井状炉膛，开闭式顶炉盖，用专用吊具吊挂装料	细长（轴、杆）件热处理加热
连续式热处理燃料炉	650～1 100	机械推料或机械化炉底输料，炉膛多划分温度区段，常见炉型有：环形炉、推杆式炉、辊底式炉、输送带式炉等	中、小型工件成批连续加热
罩式燃料炉	650～1 100	炉体为一罩子，或炉底不动，炉罩移动；或炉罩不动，炉底移动	工件成批热处理加热
步进式燃料炉	650～950	属于连续式炉，炉膛划分温度区段，依靠专用的步进梁机构使工件在炉内移动的一种机械化炉	规则工件成批连续加热
振底式燃料炉	650～1 100	属于连续式炉，炉膛多划分温度区段，依靠炉底振动输料，有气动或凸轮与弹簧配合的振动机构	小型工件成批连续加热
差温热处理燃料炉	1 000～1 100	炉膛可以开合，分立式和卧式两种，利用传动小车将炉膛拉开或闭合	将轧辊表面快速加热后进行淬火
牵扯引式炉	900～1 000	钢丝或钢带悬挂在炉子两端支撑辊上，通过出料端牵扯引机构将钢丝牵扯引出炉，并在炉内完成加热过程	钢丝、钢带的退火或淬火加热

7.3.1　室式热处理燃料炉

燃烧室多设在炉底下部，可借助烧嘴燃烧气体的喷射作用将炉内气体吸入炉底燃烧室。

这样可降低燃烧室温度,同时使由燃烧室另一端进入炉内的气体温度降低,有助于炉内温度均匀。随着超轻质耐火砖和耐火纤维炉衬的出现,底燃烧室取消,将高速调温烧嘴布置在炉底两侧的炉墙上,取得了更好的热工效果。室式炉炉底面积一般不超过 2 m²,炉膛深度不宜大于 1.9 m。

图 7-15 为上排烟 0.58 m×0.928 m 室式热处理燃料炉。其主要技术性能见表 7-17。

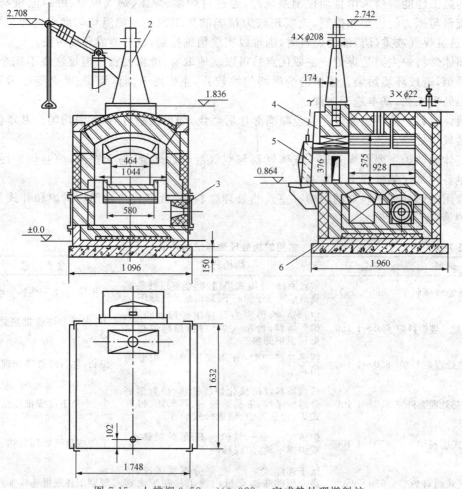

图 7-15 上排烟 0.58 m×0.928 m 室式热处理燃料炉
1—炉门升降机构;2—排烟嘴;3—高压喷射式烧嘴;4—炉架;5—炉门;6—基础

表 7-17　　　　　　　　　　　室式热处理燃料炉主要技术性能

名称	数据	单位	名称	数据	单位
最高炉温	1 000	℃	最大空气消耗量($\alpha=1.05$)	144	m³/h
最大生产能力	65	kg/h	最大燃烧生成气量($\alpha=1.05$)	0.04	m³/s
低发热量 (燃料名称)	35 600 (天然气)	kJ/m³	烧嘴数量	2	个
最大燃料消耗量	13	m³/h	烧嘴前煤气压力	100	kPa

图 7-16 为上排烟 0.928 m×1.508 m 滚动炉底室式热处理燃料炉。其主要技术性能见表7-18。

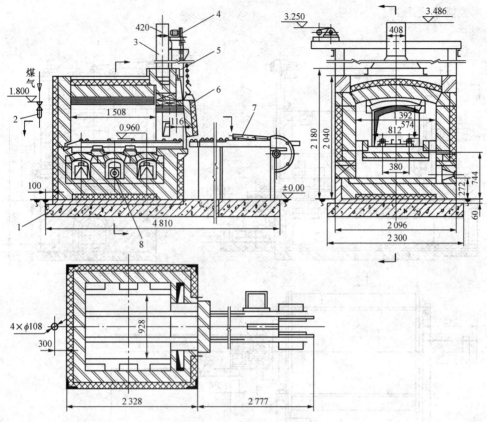

图 7-16 上排烟 0.928 m×1.508 m 滚动炉底室式热处理燃料炉

1—基础;2—煤气管道;3—烟囱;4—炉门升降机构;5—炉架;6—炉口、炉门;7—拉料机构;8—烧嘴

表 7-18　　　　　　　　滚动炉底室式热处理燃料炉主要技术性能

名称	数据	单位	名称	数据	单位
最高炉温	1 000	℃	烧嘴数量及型号	3,d_{pt}=42	个
低发热量（燃料名称）	5 860 发生炉煤气	kJ/m³	烧嘴前煤气压力	12	kPa
最大燃料消耗量	200	m³/h	最大燃烧生成气量	0.115	m³/s
最大空气消耗量	270	m³/h	最大生产能力	165	kg/h

7.3.2　台车式热处理燃料炉

台车式热处理燃料炉炉底为一可移动的台车,加热前台车在炉外装料,工件装在专用垫铁上,垫铁高度为 250～400 mm。加热时由牵引机构将台车拉入炉内,加热后拉出炉外卸料。台车式热处理燃料炉的排烟口多设置在两侧炉墙的下部,排烟口底面略高于台车表面。以耐火砖为炉衬时,多采用小截面、多数量的排烟口方案;以耐火纤维为炉衬时,多采用大截面、集中排烟的方案。炉膛多为侧燃式结构,即燃烧室或烧嘴安装在炉膛的单侧或两侧。以

油为燃料的台车式热处理燃料炉,往往在烧嘴前砌以网格式燃烧室,阻挡高温火焰冲击工件,并均布火焰以降低火焰速度。图 7-17 为带网格式燃烧室的燃油台车式热处理燃料炉。其技术性能见表 7-19。

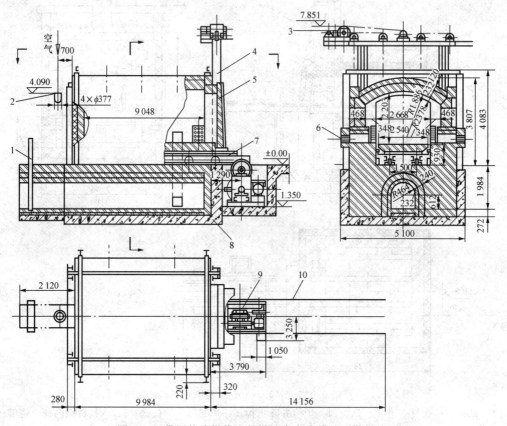

图 7-17 带网格式燃烧室的燃油台车式热处理燃料炉

1—烟道闸门;2—空气管道;3—炉门升降机构;4—炉架;5—炉门;6—油嘴;

7—台车;8—基础;9—台车牵扯引机构;10—轨道、砂封

表 7-19 燃油台车式热处理燃料炉技术性能

名称	数据	单位	名称	数据	单位
最高炉温	1 000	℃	最大燃烧生成气量	1.03	m^3/s
最大装载量	80	t	炉底热强度	$5.23×10^5$	$kJ/(m^2·h)$
低发热量	40 190	kJ/kg	烧嘴数量及型号	16,PK-50	个
(燃料名称)	(燃料油)		烧嘴前燃料油压力	50~150	kPa
最大燃料消耗量	288	m^3/h	烧嘴前煤气压力	7	kPa
最大空气消耗量	3 525	m^3/h	炉子排烟阻力	80	Pa

在热处理炉上采用耐火纤维炉衬,对提高炉子热工性能有显著作用。图 7-18 为 7 m× 30 m 耐火纤维炉衬台车式热处理燃料炉。炉子设计成既可整个炉子使用(炉长 30 m,炉温 950 ℃),也可半个炉子使用。将后半部炉身向后移开,然后放下悬挂在前半部炉身上的后

炉门,即可形成一个长 15 m 的炉子,炉温可达 1 100 ℃。耐火纤维炉衬厚 180 mm,采用预制炉墙板组装而成。这种炉墙板先用角钢焊成矩形框架,再在内侧焊上钢板网,然后以水玻璃砂浆为黏结剂在钢板网上竖向粘贴耐火纤维毡而成。整台炉子配用 24 个轻柴油高速烧嘴,采用上排烟方案,均布 6 个排烟孔。炉子配有前后两台台车,每台装载量为 300 t。投产后保温阶段炉内温差为±7 ℃,加热金属(含垫铁)单耗 863 kJ/kg,相当于加热金属热效率41%。

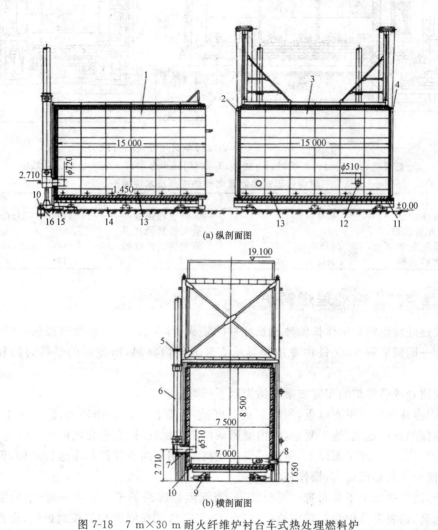

图 7-18　7 m×30 m 耐火纤维炉衬台车式热处理燃料炉

1—后半炉;2—后炉门;3—前半炉;4—前炉门;5—烟囱;6—空气预热器;7—排烟孔;8—高速烧嘴;9—台车牵引机构;10—台车侧面密封;11—前台车;12—排烟孔;13—高速烧嘴;14—后台车;15—台车后端密封;16—后半炉身驱动机构

　　图 7-19 为 3 m×6.6 m 燃煤台车式热处理燃料炉。该炉采用阶梯往复炉排燃煤机,基本上解决了烟尘危害问题。炉顶、炉门采用耐火纤维内衬,在提高升温速度、均匀炉温、节约燃料方面有明显改善。其主要技术性能见表 7-20。

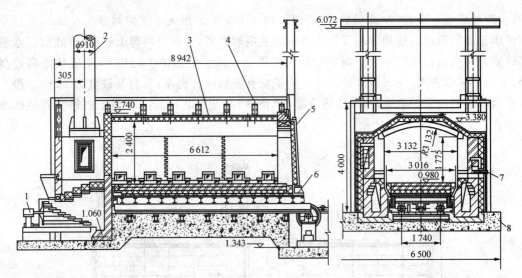

图 7-19　3 m×6.6 m 燃煤台车式热处理燃料炉

1—燃煤机；2—烟囱；3—炉衬；4—炉架；5—炉门；6—台车；7—烟道插板；8—基础

表 7-20　　　　　　燃煤台车式热处理燃料炉主要技术性能

名称	数据	单位	名称	数据	单位
最高炉温	950	℃	炉底热强度	582 000	kJ/(m² · h)
最大装载量	45	t	最大燃料消耗量	500	kg/h
低发热量	24 000	kJ/kg	最大空气消耗量	4 000	m³/h
（燃料名称）	（烟煤）		最大燃烧生成气量	1.17	m³/s

7.3.4　井式热处理燃料炉

井式热处理燃料炉用作长轴件或长杆件的正火、淬火、回火等热处理加热，其结构特点是炉身为一圆筒形深井，工件由专用吊具垂直装入炉内加热，所使用的燃料为油和各种煤气。

井式热处理燃料炉的布置方案概括为以下三类：

（1）炉身在车间地平面以下，所需厂房高度低，不恶化车间操作环境，但地下工程量大，需设置很深的操作地坑，施工复杂，坑内通风条件不能保证时，会恶化坑内操作环境。

（2）炉身在车间地平面以上，所需厂房高度高，占用车间空间使行车运行不便，但炉子施工简单，便于安装通风设施，操作环境较好。

（3）车间地平面上下各布置一部分炉身，当深度悬殊的炉子布置在一起时，为取得一致的地下标高，需将部分炉身布置在地面以上。为简化施工或便于均匀控制炉温，也需将特别深的井式热处理燃料炉部分炉身布置在地面以上。

常用的井式热处理燃料炉的炉膛结构有以下三类：

（1）旋流式。烧嘴切向安装，燃烧气体沿炉壁旋转运动，高温火焰有可能与工件直接接触而造成局部过烧，但结构简单，施工方便。

（2）循环式。烧嘴切线方向安装，烧嘴出口处建有一个带吸入口的循环烟道，烧嘴喷出的高速气流吸入部分炉气可降低燃烧气体温度，对防止工件过烧和均匀炉温有利。图 7-20 为 2.3 m×12.7 m 循环式井式热处理燃料炉总装图。

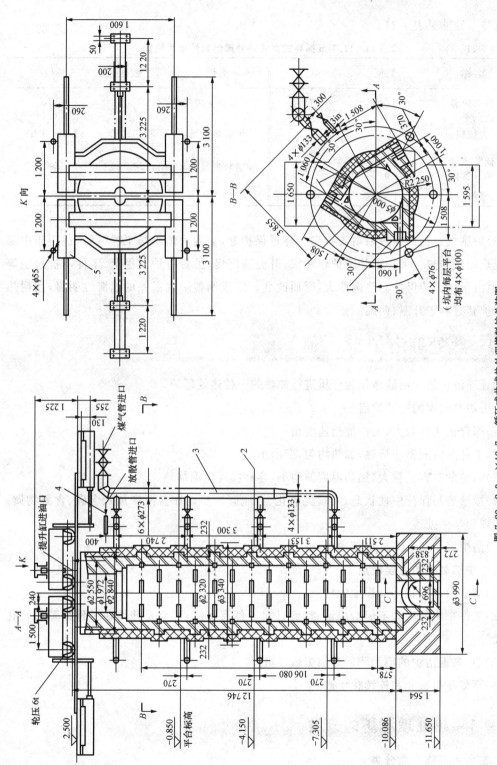

图 7-20　2.3 m×12.7 m 循环式井式热处理燃料炉总装图

1—烧嘴砖；2—平台；3—煤气管；4—煤气放散管；5—炉盖及开闭机构

其技术性能见表 7-21。

表 7-21　　　　　　2.3 m×12.7 m 循环式井式热处理燃料炉技术性能

名称	数据	单位	名称	数据	单位
最高炉温	1 000	℃	最大燃烧生成气量	1.05	m^3/s
最大装载量	30	t	炉底热强度	$3.39×10^5$	$kJ/(m^2·h)$
低发热量（燃料名称）	5 230（发生炉煤气）	kJ/m^3	烧嘴数量及型号	42，$d_{pt}=28$	个
最大燃料消耗量	1 900	m^3/h	烧嘴前煤气压力	12.5	kPa

（3）炉罐式。在炉膛内用耐火砖砌一环形保护套，炉内火焰不与工件接触，适用于中温及低温热处理加热。带炉罐井式炉较笨重，升温速度慢，虽具有炉温稳定、工件不被过烧等优点，但由于耐火砖保护套热惰性大，因而改变炉温或调整炉内温差的迟滞性明显，用耐热钢作保护套有利于升温、调温。

7.4　热处理浴炉

热处理浴炉是利用液体作为介质进行加热的一种热处理炉。

1. 浴炉热处理的主要优点

（1）综合换热系数大，工件加热速度快。

（2）工件与浴液密切接触，加热均匀，变形小。

（3）浴炉的热容量较大，加热温度波动小，容易实现恒温加热。

（4）盐液容易保持中性状态，实现无氧化、无脱碳加热。在盐液中加入含碳、含氮物质，容易实现化学热处理。

（5）浴炉容易实现工件局部加热操作。

2. 浴炉热处理的主要缺点

（1）浴液对环境有不同程度的污染。

（2）工件带出的废盐不但造成浪费，而且对工件有腐蚀，特别是残留在工件缝隙和盲孔中的盐。

（3）中、高温浴炉的浴面辐射热损失较严重。

（4）不便于机械化和连续化生产。

7.4.1　热处理浴炉的分类

1. 按所用液体介质分类

（1）盐浴炉

盐浴炉按温度划分为低、中、高温浴炉。低温盐浴炉主要是硝酸盐浴炉，用于 160～

550 ℃的等温淬火、分级淬火和回火。中、高温盐浴炉用于 600～1 300 ℃的工模具零件加热和液态化学热处理。

（2）熔融金属浴炉

熔融金属浴炉主要是铅浴炉。铅浴热容量很大，热导率很高，传热速度快，可实现快速加热。铅蒸气有较大毒性。它主要用于等温处理。工业纯铅约在 327 ℃熔化。铅加热时不附着在清洁的钢件上，但易被氧化，氧化铅会附着在钢件上。在生产中当温度超过 480 ℃时，常用颗粒状炭质材料（如木炭）作铅浴表面保护覆盖层，有时用熔盐作保护层。铅的密度大，零件在铅浴中加热时，如果不用夹具压下，就会浮起。

（3）油浴炉

油浴炉广泛应用于低温回火，有较高的温度均匀度，使用温度低于 230 ℃。油浴炉也用于分级淬火。与盐浴相比，油浴的优点：油在室温时易于管理，造成的热损失较少，油浴对所有钢奥氏体化加热用盐的带入都可适应。油浴炉的缺点：可使用的温度较低，油暴露在空气中会加速变质，例如，在 60 ℃以上每升高 10 ℃，油被氧化的速率约增加一倍，生成酸性渣，会影响淬火工件的硬度和颜色；在油中进行马氏体分级淬火时，工件达到温度均匀所需的时间较长，当马氏体分级淬火温度高于 205 ℃时，用盐浴比用油浴好。

2. 按加热方式分类

（1）电加热浴炉

电加热浴炉又分为外部电加热浴炉、内部电极加热浴炉和内部管状加热元件加热浴炉。

①外部电加热浴炉

外部电加热浴炉是利用电热元件在浴槽外进行加热的浴炉，加热介质可以根据工艺要求选择与配制。因电热元件与加热介质不接触，故溶液成分容易保持稳定。这类浴炉的主要缺点是：金属浴槽寿命较短，热惰性较大，浴液内温度梯度较大；重新启动时，浴槽的侧壁和底部容易过热，有造成喷盐的危险。

②内部电极加热浴炉

内部电极加热浴炉是将电极布置在熔盐液中，直接通电，以熔盐为发热体而产生热量。由于熔盐的电阻远大于金属电极，因此热量主要产生在熔盐中。内部电极加热浴炉工作的另一特点是交流电流通过电极和电极间熔盐时产生较强的电磁力，驱使熔盐在电极附近循环流动。特别是定向平行布置的电极，其电磁搅动力最强烈。

内部电极加热浴炉工作时，绝大部分电流从电极间或邻近的熔盐流过，转化为热能并在该处形成高温，再向外传递。因此内部电极加热浴炉的温度场与电极布置有很大关系。电极间的熔盐易因温度过高而分解。在电极间的盐液易从大气中溶入氧气，使电极和盐液氧化。

内部电极加热浴炉的优点是升温快，可用非金属浴槽，且可进行高、中、低温加热，故应用广泛。依电极浸入盐液的方式，内部电极加热浴炉分为插入式和埋入式两种。图 7-21（a）为插入式内部电极加热浴炉的一种结构，其主要构件是盛盐液的浴槽，电极从浴槽上方垂直插入熔盐。插入式的电极结构简单,易于更换,且可随意调节电极间距。其缺点是电极占据液面较大面积,增加了液面热损失,减少了炉膛利用率。

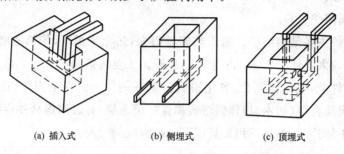

| (a) 插入式 | (b) 侧埋式 | (c) 顶埋式 |

图 7-21　电极浴炉结构

图 7-21(b)和 7-21(c)为埋入式内部电极加热浴炉的电极侧埋式和顶埋式两种结构。电极都是从浴槽侧壁埋入,埋在浴槽砌体中,只有一面与熔盐接触。它的电极不占据液面位置,提高了炉膛利用率,有明显的节能作用,但电极结构较复杂,且无法更换和调节电极间距。侧埋式内部电极加热浴炉的电极直接从炉后侧壁插入,其与砌体接触的间隙易漏盐;顶埋式的电极柄垂直向下埋入浴槽壁,其下端与电极相连,因此不易漏盐,但结构较复杂。

③内部管状加热元件加热浴炉

内部管状加热元件加热浴炉是将管状加热元件直接插入浴液中加热。这种浴炉的优点是炉体结构简单紧凑,热效率高,温度均匀度好,便于炉温控制。其主要缺点是管状加热元件使用温度受金属管材料耐热和耐蚀性的限制以及管内电热丝的负荷率较高,使用温度一般低于 400 ℃。

(2)燃料加热浴炉

燃料加热浴炉属外热式加热浴炉,主要应用于中温浴炉,燃料便于就地取用,设备投资和生产费用较低廉。其缺点是浴槽易局部过热,寿命短,燃料燃烧过程较难控制,炉温的均匀度和控制精度较差。这类浴炉的特性除加热方式外与外部电加热浴炉相似。

表 7-22 为电加热浴炉的型号、结构型式及最高工作温度。

表 7-22　　　　　　　　　　　电加热浴炉的品种和代号

型号	结构型式	最高工作温度/℃
RYN3	矩形浴槽,内部管状加热元件加热	300
RYN4		400
RYW5	矩形浴槽,外部电加热	550
RYW8	圆形浴槽,外部电加热	850
RYD6	矩形或圆形浴槽,内部电极加热	650
RYD8		850
RYD9		950
RYD13		1 300

表 7-23 为盐浴炉常用盐的物理性能。

表 7-23 盐浴炉常用盐的物理性能

盐浴炉常用盐	熔点/℃	工作温度/℃	固态密度/ (kg·m⁻³)	工作温度下密度/ (kg·m⁻³)	固态比热容/ [kJ/(kg·℃)]	液态比热容/ [kJ/(kg·℃)]	熔化热/ (kJ·kg⁻¹)
碱金属硝酸盐、亚硝酸盐、混合盐	~145	~300	2 120	1 850	1.34	1.55	127.7
碱金属硝酸盐、混合盐	~170	~430	2 150	1 800	1.34	1.50	230.3
碱金属氯化盐、碳酸盐、混合盐	~590	~670	2 260	1 900	0.96	1.42	368.4
碱金属氯化盐、混合盐	~670	~650	2 080	1 600	0.84	1.09	669.9
碱金属、碱土金属氯化盐、混合盐	~550	~750	2 070	2 280	0.59	0.75	345.4
氯化钡	~960	~1 290	3 860	2 970	0.38	0.50	182.1
碱类混合物	~150	~250	2 120	1 660	—	—	—

7.4.2 低温浴炉

低温盐浴炉主要指 RYN 类和 RYW5 类。RYN 类浴炉采用金属浴槽,由装在浴槽内的管状加热元件加热。这类浴炉一般用油、碱或低熔点盐作浴液,使用温度低于 400 ℃。RYW5 类浴槽采用金属浴槽,由位于浴槽外的电加热元件加热,用硝酸盐作浴剂时,使用温度限制在 550 ℃以下。低温浴炉广泛用于马氏体分级淬火、贝氏体等温淬火、工件回火、形变铝合金热处理等。

图 7-22 为采用管状加热元件加热的硝盐浴炉。图 7-23 为带有搅拌器的外部电加热硝酸盐浴炉。

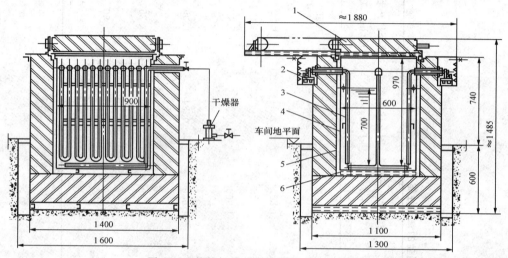

图 7-22　管状加热元件加热的硝酸盐浴炉
1—炉盖;2—汇流排;3—管状加热元件;4—浴槽;5—中槽;6—搅拌器

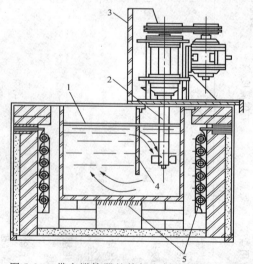

图 7-23　带有搅拌器的外部电加热硝酸盐浴炉
1—盐液面;2—搅拌器;3—挡板;4—隔离板;5—电加热元件

表 7-24 是外部电加热低温浴炉的技术数据。
表 7-25 是内部电极加热低温浴炉的技术数据。

表 7-24　外部电加热低温浴炉的技术数据

型号	溶剂	功率/kW	电压/V	相数	接线方法	最高温度/℃	升温时间/h	空载功率/kW	炉膛尺寸(长×宽×深)/(mm×mm×mm)	外形尺寸(长×宽×高)/(mm×mm×mm)	质量/kg
SY2-6-3	油	6	380	3	Y	300	1	2.1	400×300×250	580×560×660	—
SY2-12-3	油	12	380	3	Y	300	2	3	600×500×400	800×760×810	—
NS-85-61	硝盐	15	380	3	Y	550	≤1.2	4.5	φ400×400	1 380×1 220×1 510	1 250
NS-85-62	硝盐	20	380	3	Y	550	≤1.2	5	φ400×600	1 380×1 220×1 710	1 510
NS-85-63	硝盐	38	380	3	Y	550	≤1.2	6	φ400×800	1 580×1 420×1 710	2 050
NS-85-64	硝盐	45	380	3	Y	550	≤1.2	13	φ400×1 000	1 580×1 420×1 910	3 100
NS-85-65	硝盐	36	380	3	Y	550	≤1.2	10	φ500×750	1 480×1 320×1 650	2 500

表 7-25　内部电极加热低温浴炉的技术数据

炉型	工作温度/℃	功率/kW	电压/V	相数	接线方法	炉膛尺寸(长×宽×深)/(mm×mm×mm)	外形尺寸(长×宽×高)/(mm×mm×mm)	质量/kg
碱浴炉	160~180	12	380	3	Y	600×550×880	900×750×1 290(无罩)	400
等温淬火硝盐炉	160~200	21	380/220	3/1	Y/串联	850×600×500	1 200×900×2 405(带罩)	590
回火硝盐炉	550	36	380	3	Y	600×500×800	2 200×1 640×1 660	1 780

7.4.3 外部电加热中温浴炉

这类浴炉标准型号为 RYW8 型,其典型结构如图 7-24 所示。炉体结构与井式电阻炉相似。浴炉的炉壳用钢板焊接而成,并用型钢加固。浴炉底部应配有钢架,使炉壳底部离开地面不少于 75 mm,以利于底部通风。炉壳顶部的设计应考虑热膨胀的影响,以尽可能减少顶部的变形。此类浴炉应设有用于安装通风排气的接口。在浴炉的下部应设有排液口,以备在浴槽泄漏时排出泄漏的浴液。炉底耐火层应有向排液口倾斜的流槽。排液口一般不设计封盖,但应用厚纸粘封。炉衬的设计与制造应满足炉壳外表面温升的要求,其用材及结构与一般电阻炉相似。

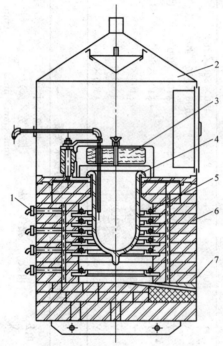

图 7-24　外部电加热中温浴炉结构

1—接线座;2—炉罩;3—炉盖;4—浴槽;5—电加热元件;6—炉衬;7—清理孔

表 7-26 是外部电加热中温浴炉的技术数据。

表 7-26　　外部电加热中温浴炉的技术数据

型号	额定功率/kW	电压/V	相数	接线方法	最高工作温度
GY2-10-8	10	220	1	串联	850
GY2-20-8	20	380	1	串联	850
GY2-30-8	30	380	3	Y	850

型号	坩埚尺寸 (直径×深度)/ (mm×mm)	空炉升温时间/ h	空载功率/ kW	外形尺寸 (长×宽×高)/ (mm×mm×mm)	质量/kg
GY2-10-8	200×350	≤3.0	4	1 300×1 236×1 834	1 150
GY2-20-8	300×550	≤3.5	5	1 400×1 190×2 115	1 200
GY2-30-8	400×575	≤5.5	7	1 440×1 220×2 316	1 550

7.4.4 插入式电极盐浴炉

这类炉子是电极浴炉的一种形式,电极从浴槽上方插入。图 7-25 是典型插入式电极盐浴炉的结构。这类浴炉的浴槽一般用耐火砖砌筑或耐火混凝土浇筑而成。浴炉的炉壳用钢板焊接而成,并用型钢加固。浴炉底部配有钢架,使炉壳底部离开地面不少于 75 mm,以利于底部通风。炉壳顶部应适当保温,以满足炉壳表面升温的要求。

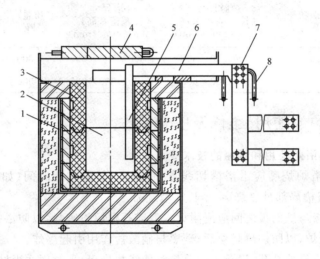

图 7-25. 插入式电极盐浴炉结构

1—钢板槽;2—炉膛;3—浴槽;4—炉盖;5—电极;6—电极柄;7—汇流板;8—冷却水管

在炉衬中通常有一个壁厚不小于 6 mm 的钢板槽。钢板槽的外壁与炉壳间砌以保温砖,内壁与浴槽之间填以厚度不小于 30 mm 耐火黏土捣固层或类似的隔层,用以防渗、防胀和绝热。

7.4.5 埋入式电极盐浴炉

图 7-26 为埋入式电极盐浴炉的一种结构,电极从浴槽侧壁插入,埋在浴槽砌体中,除此之外,其余与插入式电极盐浴炉基本相同。

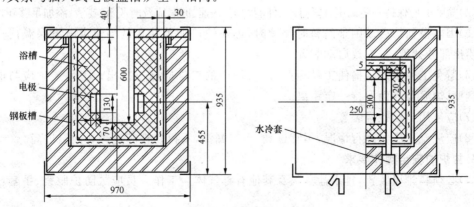

图 7-26 45 kW 高温埋入式电极盐浴炉结构

表 7-27 为单相埋入式电极盐浴炉的主要技术参数。

表 7-27　　　　　　　　　单相埋入式电极盐浴炉的主要技术参数

型号	额定功率/kW	电源电压/V	电极电压/V	额定电极电压/V	相数	额定温度/℃
RDM-20-8	20	380	12～29.2	24	单	850
RDM-25-13	25	380	12～29.2	24	单	1 300

型号	空炉耗损功率/kW	炉膛尺寸（长×宽×深）/(mm×mm×mm)	外形尺寸（长×宽×高）/(mm×mm×mm)	质量/kg	配套变压器型号
RDM-20-8	<8	200×200×600	1 060×860×935	1 000	ZUDG3-30-3
RDM-25-13	<13	200×200×600	1 060×860×935	1 000	ZUDG3-30-3

7.4.6　浴炉的使用、维修及安全操作

1. 外部加热热浴炉使用和维修的技术要点

(1)燃料加热浴炉烧嘴应沿浴槽切线方向安装。每隔一定时间(如每周)应旋转浴槽30°～40°,以防止浴槽局部过热烧穿,延长浴槽寿命。

(2)在浴槽突缘与炉面板之间应用耐火水泥或石棉填垫密封,以防浴盐流入炉膛。不宜用燃料加热硝酸盐炉,以防炉罐烧穿后,碳黑与硝酸盐作用引起爆炸。

(3)炉膛底部应设放盐孔,以备发生事故时使浴盐排出,平时用适当材料堵住。

(4)外部电加浴炉应用两支热电偶,分别测定盐浴及加热元件附近的炉膛温度。

(5)使用氰盐、铅、碱等有毒浴剂时,应设强力通风装置。

(6)盐浴要定期脱氧、捞渣、添加新盐。

2. 电极盐浴炉使用和维修的技术要点

(1)新购置或重修的电极盐浴炉应烘炉,可用电阻丝盘炉烘烤,分段升温和保温,以防混凝土浴槽开裂。

(2)工作时应开动排风装置,停电时炉口应加盖。

(3)炉壳与变压器接地。铜排与电极柄应接触良好。检查浴槽、电极、电极柄、变压器及水冷却装置等有无漏电、短路。清理炉子各部位的粘盐、氧化皮等污物。

(4)盐液面应保持一定高度,以保证工件能均匀、快速加热,应及时脱氧、捞渣、添加足够新盐。

(5)因电极盐炉启动困难而暂时停炉时,可在炉口加盖并在低档位供电下保温;长期停电应捞出部分盐液,并安放启动装置。

(6)避免工件落入浴槽使工件短路,落入炉中的工件应断电捞出。工件装炉应与电极、浴槽侧壁、炉底及液面保持一定距离。

(7)应采用自动控温装置。

(8)应注意变压器运行情况,不宜过载,不得漏油,不得使铁芯过热或油温过高。

3. 盐炉的安全操作要求

(1)必须装排风装置,排出盐蒸气及其他有毒气体。工作人员应戴防护眼镜、手套,穿工作服。

（2）向浴槽内加入的新盐和脱氧剂应完全干燥，分批、少量逐步加入。工件与夹具装炉前应充分烘干。向硝酸盐内加入工件应去除油污。低温盐浴需加水时，应在常温下加入。

（3）前后工序所用盐浴成分应能兼容，上道工序的少量用盐带入下道工序盐浴时，应不致引起盐浴变质或爆炸。严禁将硝酸盐带入高温盐浴和将氰盐带入硝酸盐中。在高温盐、氰盐、硝酸盐中作业时，应使用专用工具夹。

（4）毒性大、易爆炸、腐蚀性强或易潮解的浴剂，如氰盐、硝酸盐、氯化钡和碱等，应按规定，在专门地点，用专用容器包装存放，由专人保管。

（5）浴炉附近应备有灭火装置和急救药品。操作人员应经过训练。浴炉起火应用干砂灭火，不能用水及水溶液扑救，以免使盐飞溅或造成火势蔓延。

（6）废弃毒性盐浴剂接触过的工具夹、容器、工作服及手套均应进行消毒。带氰盐废物需用硫酸亚铁、熟石灰及水配制溶液进行消毒，浸泡、搅拌 30 min 后，再静泡 3 h。碱液废料通常用硫酸中和消毒。

7.5 热处理流态粒子炉

流态粒子炉是炉膛中具有处于流动状态粒子的炉子，它是利用流态化技术开发的一种热处理炉，已广泛应用于热处理生产。

7.5.1 基本原理

1. 流态粒子炉的结构

流态粒子炉由炉体、炉罐、粒子、布风板等部分组成，如图7-27 所示。在炉罐的底部安放布风板，气体通过布风板进入炉膛，使炉罐内的固态粒子形成流态床。工件在流态床中加热、冷却或进行化学热处理。

2. 流态化过程

（1）流态化的各个阶段

流态粒子炉内固体粒子所处的空间称为流化床或床层。粒子的运动状态随通过气体的速度而变化（图7-28）。当流速低时，气体从静止粒子间的空隙穿过，此时床层不动，称为固定床[图 7-28（a）]。当流速达到某一数值，使气体所产生的上托力等于粒子重力时，粒子互相分离，床层开始膨胀，此时的床层称为膨胀床。当流速增大到使粒子可在气体中自由运动，使床层尤如流体时[即所谓起始流态化，图 7-28（b）]，此时

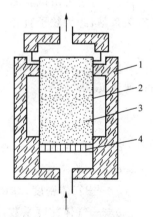

图 7-27　流态粒子炉结构
1—炉体；2—炉罐；3—粒子；
4—布风板

的气体速度称初始流态化速度 v_{mf}。气体速度进一步增大，床层体积明显增大，呈平稳悬浮状态，此时的床层称散式或平稳流态化床[图 7-28（c）]。气体流速再次增加，床层变得很不稳定，气体将以气泡形式流过床层，床层总体积减小，称为沸腾流态化或鼓泡流态化床[图 7-28（d）]，此状态是热处理常用的流态化状态。流速继续增大，气泡也随之增大，当气泡大到与流态化容器直径相等时，将出现喷涌现象，称为腾涌[图 7-28（e）]。在发生腾涌以前的各

流态化状态,床层上表面有一个清晰的上界面,此流化状态又称密相流态化。当流速很高时就会出现气流夹带颗粒流出床层,即气力输送颗粒现象,此时床层上界面消失,此种状态称稀相流态(图7-28(f)),此时的速度又称极限速度v_t。

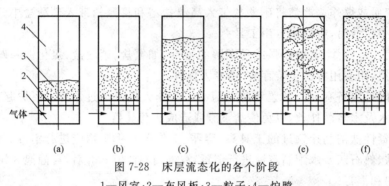

图 7-28　床层流态化的各个阶段
1—风室;2—布风板;3—粒子;4—炉膛

(2)流态床的压降

气流通过床层的压降随床层的状态而变化,在膨胀床阶段,床层压降随流速而升高。当达到起始流态点时,压降达到一个最大值ΔP_{max}。之后,床层突然"解锁",压降稍下降。虽流速再次增加,但压降几乎保持不变,直至流速有较大程度的增大,床层转化为稀相流态化后,压降才急剧下降。

(3)流态化速度

流态床的一个最重要的参数是初始流态化速度或称临界流态化速度,它随粒子和气流的特性而异,它可由试验测定。曾针对不同的条件提出过许多初始流态化速度的计算式,其基本关系是,约为粒子直径(d)的平方函数,并和粒子密度(ρ_s)成直线关系,即

$$v_{mf} \approx K d \rho_s$$

式中 K 为系数,随不同流化气体和状态而异。例如 Wen 和余 u 提出对小颗粒的初始流态化速度 v_{mf} 为

$$v_{mf} = \frac{d^2(\rho_s - \rho_g)g}{1\ 650\mu}, Re \leqslant 20$$

式中　d——颗粒直径,mm;

　　　　ρ_s——颗粒密度,kg/mm³;

　　　　ρ_g——气体密度,kg/mm³;

　　　　μ——气体黏度系数,kg/(m·s);

　　　　Re——气流的雷诺数。

初始流态化速度是指实际温度下的气流速度,由于气体随温度升高而膨胀,气体黏度随温度升高而增大,因此,工作温度越高,所需的气体量将越小。

流态化正常工作在初始流态化速度与极限流态化速度之间的范围。在此区间存在着一个换热系数最大和流态化稳定的最佳流速(V_0),此值一般为初始流态化的 1.3～3.0 倍,生产中可根据流态化状态确定。

3. 流态化粒子

在流态化炉中,粒子是加热介质,它在气流作用下,形成紊流,与被加热工件进行无规则

的碰撞,从而进行传热和传质,完成热处理过程。粒子又是形成流态的主体,它影响到是否可形成均相的流态化和均相的热处理气氛状态,影响炉内温度均匀度和气体的消耗量。

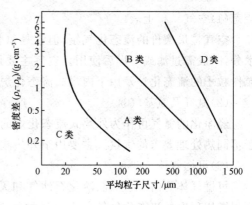

图 7-29　流态化粒子分类图

通常把流态化粒子分为四类,即 A(细颗粒)、B(粗颗粒)、C(过细颗粒)、D(过粗颗粒)类,如图 7-29 所示。

平均颗粒粒径在 20 μm 以下时易吹散,难于形成正常流态化;平均颗粒粒径在 0.5 mm 以上的,也难于形成正常流态化,一般用于喷动床;粒径在 40 ～ 1 000 μm,气-固密度差为 1 000～4 000 kg/m³ 的,是最易形成流态化的颗粒。

热处理流态化炉常用的粒子随炉型而异。

(1)碳粒

碳粒是导电性粒子。在流态化炉中与空气发生燃烧反应,主要用于电极加热的流态化炉,碳粒微粉易飞扬,应良好除尘。碳粒在 800 ℃以下为弱氧化性,800～900 ℃呈中性,1 000 ℃以上呈渗碳性。碳粒的堆集密度为 0.76 g/cm³,用碳粒作为流态化粒子时,其粒度组成推荐选配范围如表 7-28 所示。

表 7-28　　　　　　　　　粒度组成推荐选配范围

粒度/mm	含量(质量分数)/%	
	流态床质量与床层性能较好	流态床质量与床层性能尚可
0.2～0.14	10～15	15～25
0.14～0.076	55～65	40～50
<0.076	25～30	35～40

(2)耐火材料颗粒

用得最多的是刚玉(主要成分是 Al_2O_3)颗粒,它是中性粒子,与热处理气氛一般不发生反应,耐高温,耐磨。用于中高温的耐火材料粒子应不含 Fe,以免 Fe 熔化黏结粒子。

(3)氧化铝空心球

这类粒子因体积密度小,有利于降低初始化速度,圆形度好,易均匀流化;主要缺点是强度较低,易破碎,使用中需定期筛分。市场购入的空心球需经水选筛分。氧化铝空心球的堆集密度约为 0.35 g/cm³,它用于渗碳、渗氮和保护加热的外部加热流态粒子炉时,常选用平均粒径小于 0.25 mm 的粒子,以减少气氛的消耗量;用于内部燃烧的流态粒子炉,工作温度为 900 ℃时,平均粒径约为 0.7 mm,工作温度为 1 050 ℃时,平均粒径约为 1.1 mm。

4.流态化气体

流态化气体有两个作用,一是作为流态化气体,使粒子流化;二是作为热处理气氛,满足工件保护加热、渗碳、渗氮等工艺要求。

热处理流态化炉常用的气体有如下几种:

（1）空气

空气是最廉价的流态化气氛,但它是氧化性气氛。工业用的压缩空气又常含有较多的水分,一般需过滤或干燥后使用。空气主要用于不要求防氧化的外热式流态化炉或用于碳粒作粒子的流态化炉及用于内燃式流态化炉作可燃气体助燃剂。

（2）氮气及氮基气氛

经净化的氮气可作为外热式流态化炉的气体,或者添加还原性或渗碳性气体,组成适用于不同热处理要求的气氛。主要用于外热式流态化炉。

（3）可燃气体

可燃气体有丙烷、丁烷、液化石油气和天然气等,它们与按一定比例的空气混合可产生不同燃烧程度的流态化气氛。当空气过剩系数≥1时,进行完全燃烧,炉气氛为氧化性,所产生的热量用于加热炉和工件;当空气过剩系数<1~0.5时,发生不完全燃烧,如同产生放热型气氛,这种气体主要用于内燃式流态化炉,是最经济的气体,既作热源又作流态化气体;当空气过剩系数<0.3时,则可产生相当于吸热型气氛,做渗碳性的气体。

（4）其他气体

对外热式流态化炉,流态化气体可以任意配制,如氨的裂化气、甲醇裂化气等。

7.5.2 分类

根据向流态床输入热能的方式,可将流态床分为直接电阻加热式、外部电阻元件加热式、内部电阻元件加热式、内部燃烧加热式和外部燃烧加热式等几种类型。

1.直接电阻加热式流态粒子炉

这类炉子是通过设置在炉膛侧壁上的电极及炉膛内的碳粒子导电加热。碳粒既是加热介质,又是导电体和发热体。图7-30和图7-31分别为RL型直接电阻加热式流态粒子炉结构图和装置系统图。

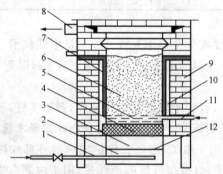

图7-30　RL型直接电阻加热式流态粒子炉结构

1—进气管;2—下气室;3—上气室;4—布风板;5—耐热砂;6—石墨粒子床;
7—电极板;8—排烟口;9—轻质保温砖;10—炉膛;11—辅助进气管;12—预布风板

工作时,压缩空气经干燥后进入风室,再经布风板进入炉膛,使碳粒子流态化。炉膛四角有时装有辅助进气管,起辅助流化作用。

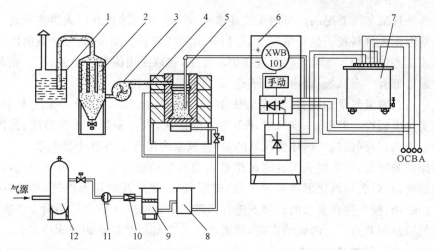

图 7-31　RL 型直接电阻加热式流态粒子炉装置系统图

1—过滤器；2—布袋式除尘器；3—吸风机；4—炉体；5—热电偶；6—控制器；
7—变压器；8—干燥器；9—滤油筒；10—调压阀；11—分水滤气器；12—储气罐

上下气室和预布风板的作用是对流态化气体在进入布风板之前起缓冲和均压作用。一般风室内的压力为 5～7 kPa，流速在 10 m/s 以下。预布风板应有均匀的透气性，耐热、耐磨、不易变形，并要防止碳粒落入风室。布风板可用高铝透气砖或金属板打孔制作。耐热砂使气体均压并保护布风板，可使用 40～60 目刚玉砂，厚度 50～70 mm。碳粒子粒度 40～60 目或 60～80 目。电源经降压整流为 150 V。直流电源，通过电极传递到碳粒导电加热。除尘装置可以防止环境污染。

表 7-29 列出了部分直接电阻加热式流态粒子炉的产品规格和技术参数。

表 7-29　　　　　RL 型直接电阻加热式流态粒子炉的产品规格和技术参数

型号	额定功率/kW	额定电压/V	温度/℃	炉膛尺寸 （长×宽×深）/ （mm×mm×mm）	空炉升温时间/min
RL-30-10	30	110、140	1 000	250×350×420	—
RL-45-10	45	110、150	1 000	300×400×500	35～60
RL-75-10	75	110、160	1 000	400×500×550	40～70
RL-100-10	100	110、160	1 000	450×550×600	45～75

型号	空炉损耗功能/ kW	风室压力/ kPa	空气流量/ （m³·h⁻¹）	石墨装载量/ kg	炉体外形尺寸 （长×宽×高）/ （mm×mm×mm）
RL-30-10	—	—	—	—	
RL-45-10	10	2～6	18～25	40	920×880× 1 350～1 800
RL-75-10	20	2～6	30～40	70	1 070×920× 1 647～2 000
RL-100-10	—	—	—	—	—

2. 外部电阻元件加热式流态粒子炉

这类炉子是用电热元件在炉罐外加热，粒子多采用非导电体耐火材料粒子。流态化气体可根据热处理工艺需要配制。可用于工件渗碳、渗氮、光亮淬火及回火等热处理。该炉的主要缺点是因耐火材料粒子热导率较小,空炉升温时间较长。图 7-32 为一典型的外部电阻元件加热式流态粒子炉。电阻元件布置在炉罐外侧,炉罐采用耐热合金钢制作,由炉顶装入炉内。炉罐底部有一布风板,罐内的粒子是 80 目的 Al_2O_3 粒子。

用氧分析仪测量气氛的碳势,氧探头从 45° 方向插入流态床中,插入深度大于 75 mm。该炉有三支热电偶检测温度,一支从炉罐顶沿内壁插入,以控制炉子工作温度;另两支作为超温监控热电偶,分别监控发热体及风室的温度,风室内温度不得超过 290 ℃。

渗碳操作顺序是,先将装有工件的吊筐放入通氮气的流态床内,再关好炉盖,并通氮气升至渗碳温度,然后利用汽化器将甲醇气化,使甲醇气、氮气及少量天然气(甲烷)一起经布风板通入炉罐内,使工件在要求的碳势下进行渗碳。炉罐换气次数为每小时 300 次,废气由炉盖的排气口排出并点燃。渗碳结束后,用氮气吹洗 2 min,然后出炉淬火冷却。

3. 内部电阻元件加热式流态粒子炉

这类炉子的加热电阻元件布置在粒子中,如图 7-33 所示。根据炉子工作温度,可选用电热辐射管或碳化硅元件作为加热元件。这种炉型应保证电阻加热元件附近良好的流态化状态,无局部过热,以免毁坏电阻元件。

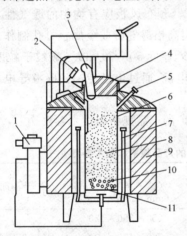 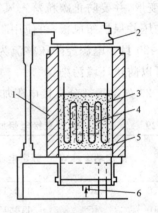

图 7-32　外部电阻元件加热式流态粒子炉
1—汽化器;2—排气口;3—点火器;4—炉盖;5—氧探头;6—炉罐;7—电阻元件;8—Al_2O_3粒子;9—炉体;10—耐火材料;11—布风板

图 7-33　内部电阻元件加热式流态粒子炉
1—炉体;2—炉盖;3—加热元件;4—工件;5—粒子;6—流态化气入口

4. 内部燃烧加热式流态粒子炉

这类炉子采用可燃混合气作为流态化气体和热源,可燃混合气在炉床上面点燃,火焰向下传递,最后在布风板上方稳定燃烧。炉膛的温度靠控制混合气体的供入量和比例调节,但受粒子大小和流态化状态的限制。炉子工作温度一般为 800～1 200 ℃。主要用于工件淬火加热。图 7-34 是用液化石油气为燃料的内部燃烧加热式流态粒子炉,粒子直径为 0.7～1.2 mm 的氧化铝空心球。该炉子设计的关键是要消除可燃气在气室和供气管路中回火爆炸的危险,该炉的布风板装置具有内混式和外混式两种供气方式。内混式是指液化石油气与空气在风室内预先混合,然后通过布风板孔进入炉罐内燃烧;这种供气方式混合均匀、燃烧速度快,但有回火的危险,布风板上部温度应低于 350 ℃ 以下。外混式是指液化石油气经上气室进入炉罐,而空气经下气室进入炉罐,在炉罐内混合、燃烧,无回火危险。在空炉升温阶段可采用混合供气,在炉子工作阶段,应采用分离供气方式。

该炉采用两支热电偶控温,一支用于控制炉子工作温度,炉子到温后,通过控制液化气供气管路上电磁阀的通断来调节可燃气供入量,达到调节温度的作用;另一支热电偶用来检测布风板上部约 80 mm 处的粒子温度,当该处温度超过 350 ℃ 时,必须使供气管路中的二位三通换向阀处于分离供气状态。

这种炉子的优越性之一是空炉升温时间短,对炉膛工作尺寸为 $\phi400$ mm $\times$ 550 mm 的炉子,由室温升至 1 100 ℃ 的时间小于 1.5 h。

5. 外部燃烧加热式流态粒子炉

外部燃烧加热式流态粒子炉如图 7-35 所示。使可燃混合气在布风板下燃烧室内燃烧,燃烧后混合一定量的空气,调整好所需的温度再通过布风板进入炉膛。这类炉子多用于低温炉。

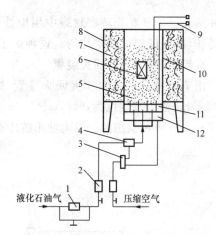

图 7-34　内部燃烧加热式流态粒子炉

1—电磁阀;2—流量计;3—二位三通换向阀;4—混合器;5—氧化铝空心球;6—工件;7—耐火纤维;8—炉壳;9—热电偶;10—炉罐;11—上气室;12—下气室

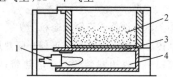

图 7-35　外部燃烧加热式流态粒子炉

1—过量空气燃烧器;2—粒子;3—布风板;4—充气室

7.5.3　流态粒子炉的应用

流态粒子炉应用于淬火、正火、退火、回火、渗碳、渗氮、碳氮共渗以及分级淬火、等温淬火等多种热处理工序,流态粒子炉有间歇式炉,也有连续生产线。

1. 冲压件淬火回火生产线

图 7-36 为冲压件流态床淬火回火生产线。冲压件分组装入专用夹具内,由传送机构送入流态粒子炉中加热,在加热保温后转入淬火槽,工件在淬火槽内停留大约 1 min,然后用热水清洗,除去残油和氧化铝,再将工件自动送到流态粒子炉中回火;回火后,工件转移到温度较低的流动粒子冷却槽内;最后,卸下工件入库。这条生产线的特点之一是用流态粒子炉的废气加热回火炉。

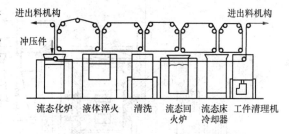

图 7-36　冲压件流态床淬火回火生产线

2. 紧固件淬火炉

图 7-37 是一种滚筒式连续流态粒子炉。焊有弹簧状传热片的滚筒的下半部埋在流态床中,通过改变滚筒旋转速度来调节工件的处理时间,可用电或天然气进出料机构加热,均

为外热式。工件在旋转密封罐中用惰性气体保护。密封罐的旋转为两圈向前,一圈向后连续动作,以保证工件转动均匀。这种炉子适用于紧固件、轴承及小零件连续淬火。

3. 齿轮渗碳淬火、回火装置

图 7-38 是连续渗碳淬火回火装置,处理零件为 SAE8620 钢汽车传动齿轮,处理能力为 272 kg/h。热处理规范为:927 ℃×84 min 渗碳,177~204 ℃ 回火。处理后总硬化层深度为 0.57~0.66 mm。流态粒子炉内使用链传动传送工件,炉间的传送采用摇臂传送机构。

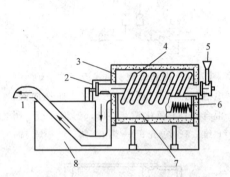

图 7-37 滚筒式连续流态粒子炉

1—自动传送装置;2—淬火斜道;3—隔热层;4—滚筒;5—工件上料装置;6—电热带;7—Al₂O₃流态床;8—淬火系统

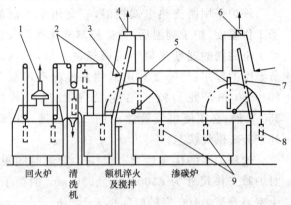

图 7-38 流态床连续渗碳生产线

1—出气口;2—工件传送系统;3—出料门;4,6—排气口;5—内门;7—进料口;8—工件;9—流态床加热区

4. 氮碳共渗流态粒子炉

图 7-39 是一台氮碳共渗流态粒子炉。该炉使用碳粒子流态化和埋入式电极加热,在通入空气的同时,通入 40%~50% 氨气(质量分数)。在碳粒子燃烧反应和氨分解反应下,550~600 ℃时可获得气氛的成分(质量分数)为:N_2 47%,CO_2 16%,CO 8%,NH_3 29%。该炉容积 ϕ400 mm×600 mm;电源 220 V,三相,10 kVA;流态粒子量 17 kg;空气输入量 100 L/min,NH_3 输入量 30 L/min;处理温度(550~630)±5 ℃;630 ℃升温时间 30 min。

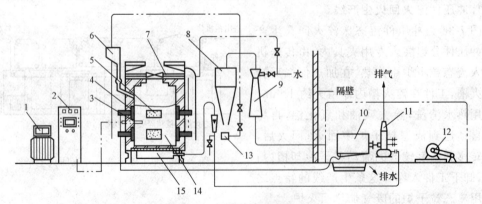

图 7-39 氮碳共渗流态粒子炉

1—变压器;2—操作盘;3—热电偶;4—电极;5—刚玉粒子;6—粒斗;7—炉盖;8—集尘器;9—喷射管洗涤器;10—气水分离器;11—排风机;12—罗茨泵;13—流量计;14—流态床;15—气室

7.6　真空热处理炉

真空是指低于一个大气压力的气体状态。一标准大气压(1 atm)等于 1.013×10^5 Pa (N/m^2),1 Torr 等于 1 mmHg,一标准大气压(1 atm)约等于 760 mmHg,1 Torr 约等于 133 Pa。1 Bar 等于 10^5 Pa。真空区域可分为低真空(760~1 Torr 或 $10^5 \sim 10^2$ Pa)、中真空 $(1 \sim 10^{-3}$ Torr 或 $10^2 \sim 10^{-1}$ Pa)、高真空$(1^{-3} \sim 10^{-7}$ Torr 或 $10^{-1} \sim 10^{-5}$ Pa)和超高真空 $(<10^{-7}$ Torr 或 10^{-5} Pa)。

真空热处理指在真空中对材料进行热处理。真空热处理的主要优点是:无氧化、无脱碳、无增碳、脱气、脱脂、表面质量好、淬火变形小、低能耗、无污染等。真空热处理的主要缺点是:某些合金元素在真空中蒸发较大;真空热处理加热缓慢,对于大型零件存在严重的加热滞后;真空热处理设备昂贵。

利用真空热处理炉可实现真空淬火、真空回火、真空退火、真空渗碳等,也可进行真空烧结和真空钎焊。

7.6.1　真空热处理炉分类

真空热处理炉的种类较多,通常按用途和特性分类。按用途可分为真空退火炉、真空淬火炉、真空回火炉、真空渗碳炉、真空钎焊炉及真空烧结炉等。按真空度可分为低真空炉 $(1\,333 \sim 1.33 \times 10^{-1}$ Pa)、高真空炉$(1.33 \times 10^{-2}$ Pa$\sim 1.33 \times 10^{-4}$ Pa)、超高真空$(1.33 \times 10^{-4}$ Pa 以上)。按工作温度可分为低温炉$(\leqslant 700\ ℃)$、中温炉$(700 \sim 1\,000\ ℃)$、高温炉 $(>1\,000\ ℃)$。按作业性质可分为间歇作业炉、半连续或连续作业炉。按炉型可分为立式炉、卧式炉及组合式炉。按热源可分为电阻加热、感应加热、电子束加热和等离子加热等真空炉。通常,按炉子结构与加热方式,把真空炉归纳为两大类,一类是外热式真空热处理炉,也称热壁炉;另一类是内热式真空热处理炉,也称冷壁炉。

7.6.2　外热式真空热处理炉

外热式真空热处理炉的结构与普通电阻炉类似,只是需要将盛放热处理工件的密封炉罐抽成真空状态并严格密封。

常用外热式真空热处理炉的结构如图 7-40 所示。这类炉子的炉罐大都为圆筒形,以水平或垂直方向全部置于炉体内[图 7-40(c)、图 7-40(d)]或部分伸出炉体外形成冷却室。为了提高炉温,降低炉罐内外压力差以减少炉罐变形,可采用双重真空设计,即炉罐外的空间用另外一套抽低真空装置[图 7-40(b)]。为了提高生产率,可采用由装料室、加热室及冷却室三部分组成的半连续作业的真空炉[图 7-40(e)]。该炉各室有单独的抽真空系统,室与室之间有真空密封门。为了实行快速冷却,在冷却室内可以通入惰性气体,并与换热器连接,进行强制循环冷却。

1. 外热式真空热处理炉的优点

(1)结构简单,易于制造。

(2)真空容积较小,排气量小,炉罐内除工件外,很少有其他需要除气的构件,容易达到高真空。

（3）电热元件在外部加热（双重真空除外），不发生真空放电。

（4）炉子机械动作少，操作简单、故障少、维修方便。

（5）工件与炉衬不接触，不发生化学反应。

2. 外热式真空热处理炉的缺点

（1）炉子的热传递效率较低，工件加热速度较慢。

（2）受炉罐材料所限，炉子工作温度一般低于 1 000～1 100 ℃。

（3）炉罐的一部分暴露在大气中，虽然可以设置隔热屏，但热损失仍然很大。

（4）炉子热容量及热惯性很大，控制较困难。

（5）炉罐的使用寿命较短。

3. 炉罐材料

炉罐是外热式真空热处理炉的关键部件，它在高温和一个大气压（外压）下工作。炉罐材料应具备下列条件：

（1）具有良好的热稳定性和抗氧化性。

（2）焊接性能要好，焊缝应无气孔和裂纹，有足够的高温强度和气密性。

（3）材料成分中的合金元素蒸气压要低，防止合金元素在高温、高真空下挥发。

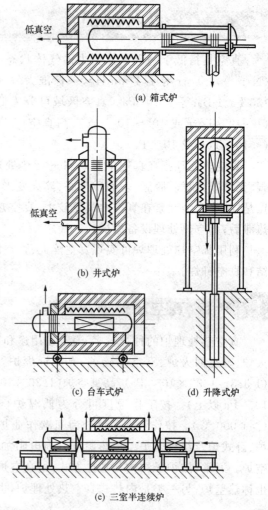

(a) 箱式炉

(b) 井式炉

(c) 台车式炉   (d) 升降式炉

(e) 三室半连续炉

图 7-40　常用外热式真空热处理炉的结构

（4）热胀系数要小，在反应加热、冷却的条件下，炉罐的氧化层不易被破坏。

在实际应用中，炉罐壁要有适当厚度，以防止氧化损失和受热变形。

7.6.3　内热式真空热处理炉

内热式真空热处理炉与外热式真空热处理炉相比，其结构比较复杂，制造、安装、调试精度要求较高。内热式真空热处理炉可以实现快速加热和冷却，使用温度高，可以大型化，生产效率高。内热式真空热处理炉有单室、双室、三室及组合型等多种型式。它是目前真空淬火、回火、退火、渗碳、钎焊和烧结的主要炉型。尤其是气冷真空炉、油淬真空炉发展很快，得到了推广应用。

1. 气冷真空炉

气冷真空炉是利用惰性气体作为冷却介质，对工件进行气冷淬火的真空炉。气体冷却介质有氢、氦、氮和氩等。用上述气体冷却工件所需的冷却时间如以氢为 1,则氦为 1.2,氮为 1.5,氩为 1.75。可以看出,氢的冷却速度最快,但从安全的角度来看,氢有爆炸的危险,不安全;氦的冷却速度较快,但价格高,不经济;氩不但价格高,而且冷却速度低;因此一般多采用氮作为工件的冷却介质。试验表明,氦与氮的混合气具有最佳的冷却和经济效果,20×10^5 Pa 氮气可达静止油的冷却速度,40×10^5 Pa 氢气则接近水的冷却速度。

　　各种类型的气冷真空炉如图 7-41 所示。图 7-41(a)、图 7-41(b) 是立式和卧式单室气冷真空炉,气冷真空炉其加热与冷却在同一个真空室内进行。因此结构比较简单,操作维修方便,占地面积小,是目前广泛采用的炉型。图 7-41(c)、图 7-41(d) 是双室气冷真空炉,其加热室与冷却室由中间真空隔热门隔开。工件是在加热室加热,在冷却室冷却。这种炉型,由于冷却气体只充入冷却室,加热室仍保持真空状态有利于工件冷却,所以可缩短再次开炉的抽真空和升温时间,且有利于工件冷却。图 7-41(e) 是三室半连续式气冷真空炉,它由预备室、加热室和冷却室等部分组成,相邻两个室之间设真空隔热门。该炉生产效率较高,能耗较低。

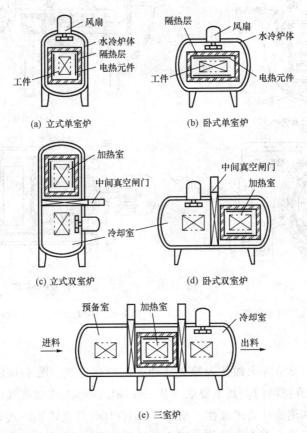

图 7-41　各种类型的气冷真空炉

　　真空高压气冷技术发展很快,相继出现了负压气冷($< 1 \times 10^5$ Pa)、加压气冷($1 \times 10^5 \sim 4 \times 10^5$ Pa)、高压气冷($5 \times 10^5 \sim 10 \times 10^5$ Pa)和超高压气冷($10 \times 10^5 \sim 20 \times 10^5$ Pa)等真空

炉,以利于提高冷却速度,扩大钢种的应用范围。气冷真空炉有内循环和外循环两种结构,如图7-42所示。内循环是指风扇、热交换器均安装在炉壳内形成强制对流循环冷却,而外循环的风扇、热交换器安置在炉壳外进行循环冷却。

真空炉内的传热主要为辐射传热,很少对流换热,工件在真空炉内加热速度相对较慢。为缩短加热时间、改善加热质量、提高加热效率,近年来又开发出带对流加热装置的气冷真空炉,后者有两种型式的结构。图7-43(a)所示为单循环风扇结构,即对流加热循环和对流冷却循环共用一套风扇装置。图7-43(b)所示为双循环风扇结构,即对流加热循环和对流冷却循环各自有独立的风扇装置。在高温(>1 000 ℃)下,搅拌风扇的材料可采用高强度复合碳纤维。它轻便、又有足够的高温强度和抗耐高温气体冲刷性能。这类炉子可用于真空高压气冷等温淬火。

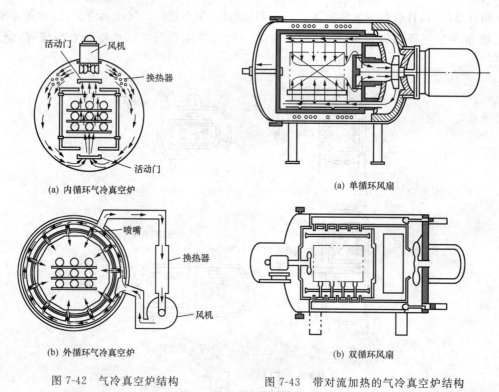

(a) 内循环气冷真空炉

(a) 单循环风扇

(b) 外循环气冷真空炉

(b) 双循环风扇

图 7-42 气冷真空炉结构

图 7-43 带对流加热的气冷真空炉结构

2. 油淬真空炉

油淬真空炉是用真空淬火油作为淬火冷却介质的真空炉。图7-44(a)为卧式单室油淬真空炉,它不带中间真空闸门。其主要缺点是工件油淬所产生的油蒸气污染加热室,影响电热元件的使用寿命和绝缘件的绝缘性。图7-44(b)(c)(d)是立式和卧式双室油淬真空炉,加热室与冷却油槽之间设有真空隔热门。双室油淬真空炉克服了单室油淬真空炉的缺点,且有较高的生产效率、较低的能耗,但是其结构比较复杂,造价也较高。图7-44(e)(f)是三室半连续和三室连续真空炉。它生产效率较高,能耗较小,适于批量生产使用。

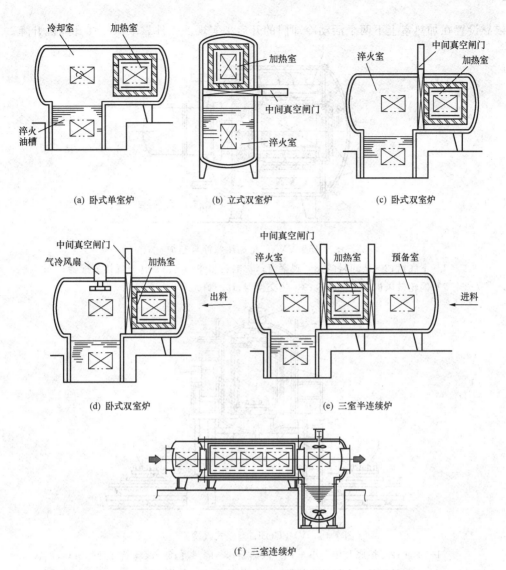

(a) 卧式单室炉   (b) 立式双室炉   (c) 卧式双室炉

(d) 卧式双室炉   (e) 三室半连续炉

(f) 三室连续炉

图 7-44   各类油淬真空炉结构

7.6.4   真空热处理炉实例

1. VVTC 型高压气淬真空炉

图 7-45 为 VVTC 型高压气淬真空炉。该型炉由高压炉壳、加热室、气体分配器及风冷系统等部分组成;方形加热室由石墨毡构成;加热元件为石墨管,共 12 根分上下两排布置。该炉在加热室顶部和底部采用可摇摆式气体分配器,循环气体通过装在气体分配器上的喷嘴,以 40~60 m/s 的速度喷出,用微机控制交替自上而下和自下而上循环吹风冷却工件。

2. VVFC(BL)型立式气冷真空炉

VVFC(BL)型炉是立式单室底装料气冷真空炉,如图 7-46 所示。表 7-30 为其技术参数。该炉可用石墨管加热,石墨毡隔热或钼带加热全金属隔热屏隔热。该炉的强制冷却循环依靠设置在加热室上下两个活动冷却门的开启来实现。工件靠滚珠丝杠升降机升降。

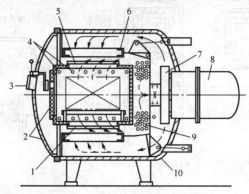

图 7-45 VVTC型高压气淬真空炉

1—下底盘;2—装卸料门;3—观察窗;4—电热元件;5—顶盖;6—气体分配器;

7—涡轮鼓风机;8—电动机;9—热交换器;10—炉壳

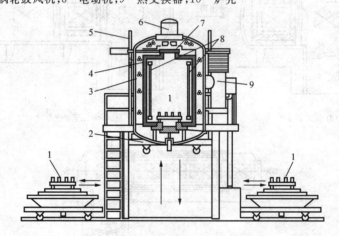

图 7-46 VVFC(BL)型立式气冷真空炉

1—炉底;2—炉底及传动小车;3—散热器;4—隔热屏;5—滚珠丝杠升降机;

6—冷却风扇;7—上活动冷却门;8—加热元件;9—真空机组

表 7-30　　　　　　　　　　**VVFC(BL)型真空炉技术参数**

型号	有效加热区/(mm×mm)	装炉量/kg	加热功率/kW	气冷压强/Pa
VVFC(BL)-4848	φ1 219×1 219	1 361	225	
VVFC(BL)-4854	φ1 219×1 371	1 361	225	
VVFC(BL)-4860	φ1 219×1 524	1 361	225	$6×10^5 \sim 10×10^5$
VVFC(BL)-4872	φ1 219×1 829	1 361	300	
VVFC(BL)-7272	φ1 829×1 829	2 722	450	
VVFC(BL)-7284	φ1 829×2 134	2 722	550	

3. ZC2、WZC型双室油淬气冷真空炉

这类型炉是一种卧式双室油淬气冷真空炉。图 7-47 为 ZC2 型炉的结构。图 7-48 为 WZC 型炉的结构。表 7-31 为其主要技术参数。该型炉以油淬为主,气淬为辅。该炉加热室采用石墨毡与硅酸铝纤维毡制造,加热元件为石墨布或石墨管。该炉热效率较高,炉温均匀度好,可以实现快速加热。ZC2 型炉将加热室、淬火室、油槽及中间门等壳体制成一个整体结构,有利于获得并维持真空。WZC 型炉的传送机构采用分叉式结构,不入油,预备室短;温度和机械动作实现微机控制。

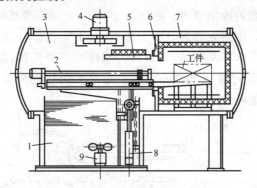

图 7-47 ZC2 型双室油淬气冷真空炉

1—淬火油槽;2—水平移动机构;3—整体式炉体;4—气冷风扇;5—翻板式中间门;6—中间墙;7—加热室;8—升降机构;9—油搅拌器

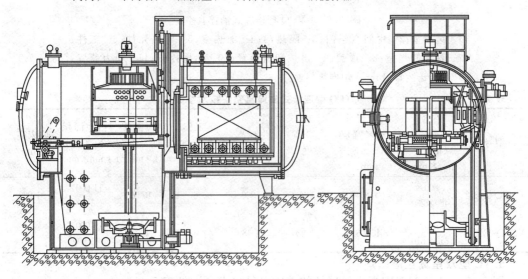

图 7-48 WZC 型双室油淬气冷真空炉

表 7-31	ZC2、WZC 型双室油淬气冷真空炉主要技术参数						
型 号	有效加热区/ (mm×mm×mm)	装炉量/ kg	最高温度/ ℃	加热功率/kW	压升率/ (Pa·h⁻¹)	气冷压强/ Pa	生产单位
AC2-30	400×300×180	40		30			首都航天机械公司
ZC2-65	620×420×300	100	1 320	65	0.67	—	工业炉厂
AC2-100	1 000×600×410	300		100			
WZC-10	150×100×100	5		10			
WZC-20	300×200×180	20		20			
WZC-30	450×300×300	60	1 300	40	0.67	—	北京机电研究所
WZC-45	670×450×400	120		63			
WZC-60	900×600×450	210		100			

4. CVCQ 型连续式油淬真空炉

CVCQ 型炉是多工位步进式连续油淬真空炉,见图 7-49。表 7-32 为其技术参数。该炉由装料室、加热室、油淬卸料室等部分组成。该炉除装卸料外,全部实现加热室炉体是在内圆筒外包围一个矩形水套的冷壁结构。隔热屏是 25 mm 厚石墨毡和 25 mm 厚的硅酸铝纤维毡组成的混合毡结构。电热元件为管状石墨布,分上下两排安装在炉床上下方。油淬卸料室为垂直放置的圆筒形水冷夹层结构,顶部为水冷夹层封头盖,头盖可以打开,便于维修操作。装料室为单层圆筒壳体。该炉的特点是加热室可以同时容纳三个料筐(或六个料筐),连续生产,效率高,能耗低。

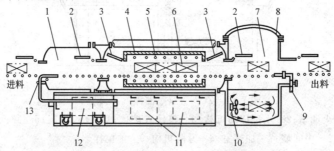

图 7-49　CVCQ 型连续式油淬真空炉

1—装料室;2—中间真空门;3—隔热门;4—加热室;5—电热元件;6—工件;
7—油淬卸料室;8—顶盖;9—出炉卸料装置;10—油搅拌器;11—动力装置;
12—传送装置;13—入炉推料装置

表 7-32　　　　　　　　CVCQ 型连续式油淬真空炉技术参数

型号	有效加热区/(mm×mm×mm)	料筐尺寸(长×宽)/(mm×mm)	最高温度/℃	生产率/(kg·h⁻¹)	工作真空度/Pa	真空泵抽气速率/(L·min⁻¹)	占地面积(长×宽)/(mm×mm)	炉床高/mm
CVCQ-091872	1 800×460×230	600×460	1 320	360	67	10 000	11 000×5 100	1 230
VCCQ-2024144	3 640×610×510	910×610	1 320	1 180	67	30 000	19 000×5 500	980

5. VC 型双室真空渗碳炉

图 7-50 为 VC 型双室真空渗碳炉的结构。其技术参数见表 7-33。

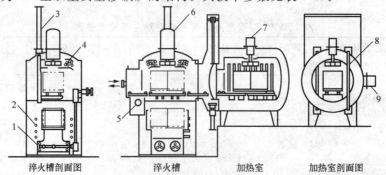

淬火槽剖面图　　　淬火槽　　　加热室　　　加热室剖面图

图 7-50　VC 型双室真空渗碳炉

1—油搅拌器;2—油加热器;3—提升缸;4—冷却管;5—操纵器;6—气冷风扇;
7—渗碳气循环风扇;8—加热元件;9—排气口

表7-33 　　　　　　　　　　　　　　VC型真空渗碳炉技术参数

型　　号	有效加热区尺寸/ (mm×mm×mm)	装炉量/ kg	炉温/ ℃	真空度/ Pa	功率/ kW	渗碳气流量/ (m³·h⁻¹)	一次充氮/ m³	冷却水流量/ (m³·h⁻¹)
VC-40	610×920×610	420	1 000	25	155	1.5	16	14
VC-50	760×1 220×610	660			215	2.0	18	16

6. 双室真空离子渗碳淬火炉

双室真空离子渗碳炉可以在同一个炉内完成离子渗碳和油淬工艺过程。该炉由炉体、加热室、真空闸阀、冷却室、淬火油槽、真空系统、渗碳气供给系统、电气控制系统及直流电源等部分组成。图7-51是ZLSC-60A型双室真空离子渗碳炉,表7-34是其主要技术规格。

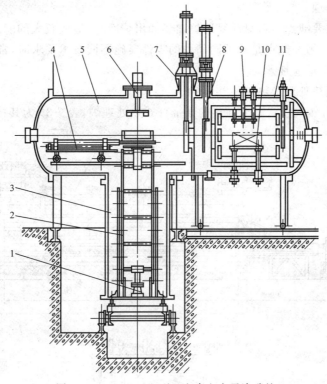

图7-51　ZLSC-60A型双室真空离子渗碳炉

1—油搅拌马达;2—升降机构;3—淬火油槽;4—工作车;5—冷却室;6—风机;

7—真空闸阀;8—挡热阀;9—阳极;10—阴极;11—加热室

表7-34 　　　　　　　　　　　　　　双室真空离子渗碳炉技术规格

型号	有效加热区尺寸/ (mm×mm×mm)	最高温度/ ℃	加热功率/ kW	直流电源功率/ kW	压升率/ (Pa·h⁻¹)
ZLSC-60A	500×350×300	1 300	45	15	0.67
ZLT-30	450×300×250		30	20	0.67
ZLT-65	620×420×300		65	25	0.67
ZLT-100	1 000×600×410		100	50	0.67
HZCT-65	600×400×300		65	25	0.67
HZCT-100	900×600×410		100	50	0.67

7.7 连续式热处理炉

7.7.1 推杆式连续式热处理炉

推杆式炉依靠推料机间隙地把放在轨道上的炉料（或料盘）推入炉内和推出炉外。工件在炉膛内运行时相对静止,出炉淬火时,有的是料盘倾倒,把炉料倒出;有的是工件连同料盘一起出炉或进入淬火槽内冷却。

这类炉子由于对工件的适应性强,便于组成生产线,广泛应用于淬火、正火、退火、回火、渗碳和渗氮等热处理。

这类炉子的主要缺点是料盘反复进炉加热和出炉冷却,造成较大的能源浪费,热效率较低,且料盘易损坏。另一缺点是对不同品种的零件实施不同技术要求时,常需把原有的炉料全部推出,工艺变动适应性差。

1. 推杆式普通热处理加热炉

图 7-52 为在自然气氛状态下加热的某推杆式热处理炉,表 7-35 为其技术性能。

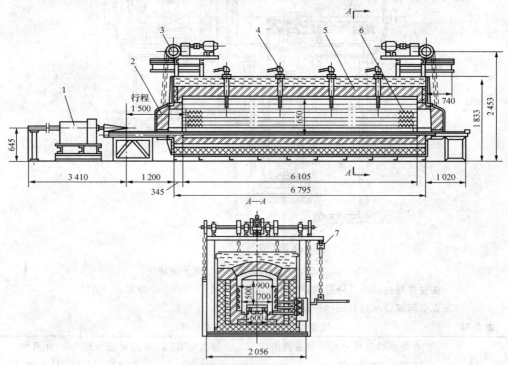

图 7-52　推杆式热处理炉

1—推料机;2—炉门;3—炉门升降机构;4—热电偶;5—炉衬;6—电热元件;7—悬挂叉

表 7-35		推杆式热处理炉技术性能			
工作温度/℃	工作室尺寸/(m×m×m)	电加热器功率/kW	工次最大装载量/kg	供电线路电压/V	加热器连接
950±10	6.1×0.7×0.6	168	1 000	380	4Y

2. 三室推杆式气体渗碳炉

图 7-53 为日本"中外炉"的三室推杆式气体渗碳炉。第一室为烧脂预热室；第二室为加热、渗碳和扩散室；第三室为降温保持室。该炉所装料盘尺寸为 560 mm×560 mm×50 mm，每盘载重 110 kg，炉子生产率 220 kg/h。该炉与原有一室推杆式炉比较，在同样生产率和渗层深度同为 1 mm 的情况下，料盘数由原 18 盘降为 14 盘，生产周期由 9 h 降为 7 h；能耗由 293×10⁴ kJ/t 降为 188×10⁴ kJ/t，节能 40%。预热室温度由原 500 ℃ 升到 800 ℃；渗碳室气氛较稳定，炭黑也较少；第一和第三室的温度对第二室温度的影响也较少。两种炉子温度分布的比较如图 7-54 所示。

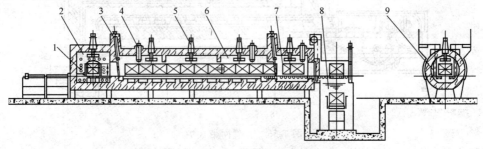

图 7-53　三室推杆式气体渗碳炉

1—废气烧嘴；2—烧脂预热室；3—中间门；4—安在炉内的气氛发生装置；5—风扇；
6—渗碳、扩散室；7—保温室；8—淬火槽；9—辐射管

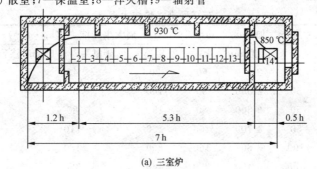

(a) 三室炉

(b) 一室炉

图 7-54　三室与一室推杆式渗碳炉的炉温分布比较

7.7.2　输送带式连续式热处理炉

输送带式连续式热处理炉是在直通式炉膛中装一传送带，连续地将放在其上的工件送

入炉内,并通过炉膛送出炉外。它的优点是工件在运输过程中,加热均匀,不受冲击震动,变形量小。主要问题是输送带受耐热温度的限制,承载能力较小;输送带反复加热和冷却,寿命较短;热损失也较大。这种炉子广泛用于轴承、标准件、纺织零件的淬火、回火、薄层渗碳和碳氮共渗等热处理。这类炉子常依输送带结构分类,主要有网带式和链板式。

1. DM 型网带式炉

图 7-55 为有罐的网带式炉,表 7-36 为其技术规格。

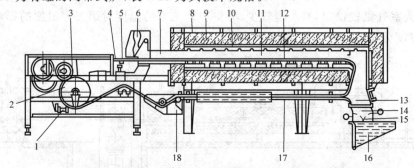

图 7-55　有罐网带式炉

1—驱动鼓轮机构;2—驱动鼓轮;3—装料台;4—网带;5—炉底板驱动机构;6—火幕;7—密封罐;8—外壳;9—炉衬;10—炉膛;11—热电偶;12—活动底板;13—气体进口;14—滑道;15—淬火剂幕;16—淬火槽;17—网带退回通道;18—水封

表 7-36　　　　　　　　有罐网带式炉技术规格

型号	有效尺寸/mm		加热区长度/mm	功率/kW	最大生产能力/(kg·h⁻¹)			气体消耗量/(m³·h⁻¹)
	宽	高			直接淬火	碳氮共渗 0.1 mm	渗碳 0.3 mm	
DM-22F-L	220	50	2 400	50	80	40	20	2～3
DM-30/25-L	300	50	2 500	50	100	55	40	3～4
DM-30/36-L	300	50	3 600	80	150	80	50	3～4
DM-30/47-L	300	50	4 700	100	200	110	70	3～4
DM-60/36-L	600	100	3 600	160	300	160	100	10～15
DM-60/54-L	600	100	5 400	250	460	250	160	15～20
DM-60/72-L	600	100	7 200	320	600	320	200	15～20

这种网带炉的网带传动是借炉底托板驱动网带。网带平整地置于托板上,托板又由炉罐弧形槽内的高温瓷球支托,并与炉前的一组滚轮、压轮、驱动机构组成一个前进后退的系统。托板由产生往复运动的偏心轮驱动,托板前进时,与网带摩擦而带动网带前进;托板回缩时,网带停止不动,造成网带作步进式的前进。这种传动方式网带较少承受机械张力,因此不易伸长和变形。网带设有压紧装置,以防网带打滑,使运行速度均匀,网带位移到落料口处,由返回通道,经液态密封槽密封返回炉前,循环运动。

工件放置在网带上,相对静止,平稳地通过炉膛加热,加热时间由无级调速网带运行来控制。加热好的工件随网带通过马弗罐从落料口自动掉入油槽内。炉口是靠从炉膛喷出保护气燃烧产物和火帘密封。

2. 无罐输送带式炉

图 7-56 为无罐输送带式炉的一种结构。表 7-37 为其技术规格。输送带从炉口输入和

输出,有的采用从炉后下通道返回,经水封池密封输出。常采用金属辐射管加热,有的炉子采用 SiC 质辐射管,每支功率 3～4 kW,在炉膛前端安设强力风扇,形成局部较高气压,实现炉门密封;炉膛材料多采用抗渗碳砖,也有用碳化硅质的。

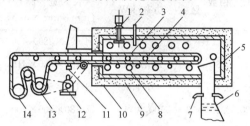

图 7-56　无罐输送带式炉

1—风扇;2—进气口;3—网带;4—托辊;5—抗渗层;6—淬火口;7—油帘装置;8—辐射管;9—保温层;10—炉壳;11—气帘装置;12—驱动电动机;13—传动轮;14—张紧鼓

表 7-37　　　　　　　　　无罐网带炉技术规格

项目名称	额定功率/ kW	额定温度/ ℃	炉膛尺寸/ (mm×mm×mm)	生产率(淬火)/ (kg·h⁻¹)
WD-30	30	950	1 500×250×50	50
WD-45	45	950	2 250×250×50	75
WD-60	60	950	2 250×350×75	100
WD-75	75	950	2 500×400×75	150
WD-100	100	950	3 600×400×100	200
WD-130	130	950	3 600×600×100	300

3. 链板式炉

图 7-57 为链板式炉的一种结构。表 7-38 为其技术规格。输送带的工作边由托辊支承,松边在炉底导轨上拖动。输送带从动轮安置在密封的炉膛内,工件通过振动输送机送入,落到输送带上。传动带被动轴两端在炉壳上的活动板用密封箱密封。进料口用火帘密封。炉罐的炉子有的在炉膛进料端处设一强力离心风扇,在该处形成紊流增压,实现炉门密封。在与淬火槽连接的落料通道管上,加冷却水套,依靠液压泵形成油帘密封,同时设抽油烟口,以防淬火油烟进入炉膛。由链轮带动输送链连续传动,在出料端安主动轮,进料端安被动轮。输送链在炉内会受热伸长,所以在出料端设置拉紧从动轮的装置。

链板式的输送带常用的有冲压链板和精密铸造的链板。铸造链板比冲压链板有较大的承载能力。在较高温度下使用时,由于各链片之间的拉力是由穿过链片的芯棒承受,易弯曲、变形,传送带易拉长,带子的使用寿命相对较短。改进的办法是在铸造链板上加两个凸肩,靠链板的凸肩来传送拉力,芯棒只起拉紧整排链板的作用,不易弯曲变形。

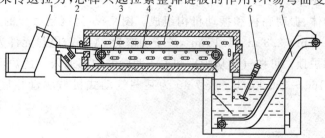

图 7-57　链板式炉

1—上料机;2—振动送料板;3—传送带;4—支撑螺丝轮;5—辐射管;6—搅拌器;7—淬火槽输送带

表 7-38 链板式炉技术规格

炉型	额定功率/kW	额定电压/V	额定温度/℃	相数	加热区数	每区加热功率/kW	炉膛尺寸（长×宽×高）/（mm×mm×mm）	传送带速度/（m·min⁻¹）	最大技术生产率/（kg·h⁻¹）
RJC-45-2	45	380	250	3.1.1	3	—	4 695×380×400	—	130
RJC-65-3	65	380	350	3	3	25,20,20	4 760×580×415	—	270
RJC-120-7	120	380	700	3.1.1	3	60,24,36	4 110×600×415	0.05~0.34	400
RJC-180-9	180	380	900	3.1.1	3	100,40,40	4 180×400×200	0.043 5~0.4	—
RJC-240-7	240	280	700	3.1	5	36~100	9 000×600×250	0.03~0.12	700
RJC-340-9	340	380	900	3.1	4	36~100	6 250×600×250	0.03~0.12	—

7.7.3 振底式连续式热处理炉

这类炉子设有振动机构,使装载工件的活动底板在炉膛内往复运动,借惯性力使工件连续向前移动。由于振动炉底板一直处在炉内,无需工夹具,故炉子热效率高。依振动机构的不同,这类炉子分机械式、气动式和电磁振动式。三种振底炉的特点和应用范围如表 7-39 所示。

表 7-39 振动机构的种类、特点和应用范围

类别	特点	应用
机械式	运动可靠,结构较复杂,采用无级变速器调节加热时间	多用于中、小型工件的淬火、和其他热处理
气动式	结构简单,动作灵敏,但受气压波动影响较大。气缸活塞易损耗,气缸工作时振动较大。采用时间继电器调节加热时间	广泛用于大、中、小型工件的淬火、正火、回火及其他热处理
电磁振动式	结构简单,利用共振驱动,驱动力较小,采用时间继电器调节加热时间	用于小型工件的热处理

1. 气动振底炉的振动原理

气动振底炉的工作原理可由图 7-58 示意说明。当炉底板在活塞杆推动下加速前进时,处在底板上的工件也随之前进;活塞移动一定距离 L,底板速度达到一定值后突然停止;在此瞬间,工件借惯性作用克服摩擦阻力继续前进一段距离 S,然后活塞杆带动底板缓慢返回原来位置。因此在底板一周期运动中,工件实际向前移动了 S,$S = L_2 - L_1$。

2. 气动振底式炉

振底式炉由炉体、振动底板和振动机构组成。图 7-59 为钢制底板的气动振底式炉,炉底板有效面积为 $0.5\ m×2.3\ m = 1.15\ m^2$,炉子功率为 $84\ kW$,电热元件为电阻带,分 10 组布置在炉底下部和炉顶。可按气体从炉后和炉子两侧的中部通入。此炉可处理中碳钢螺钉等工件,生产率为 $160~250\ kg/h$。表 7-40 为某些气动式机械驱动振底炉的技术规格与参数。

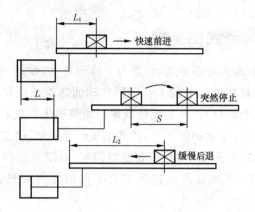

图 7-58　工件在振动底板上运动的动作原理

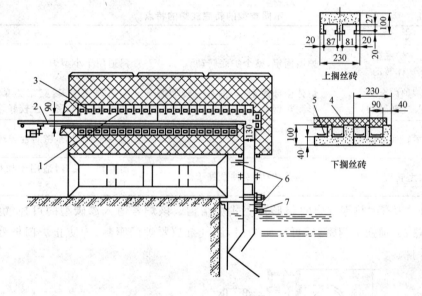

图 7-59　气动振底式炉

1—热电偶孔；2—炉底板；3—电热元件；4—碳化硅砖；5—炉底搁砖；6—保护气进口；7—水油膜喷口

表 7-40　　气动式机械驱动振底炉主要技术规格与参数

项目 名称	额定 功率/ kW	电源 电压/ (相)V	额定 温度/ ℃	炉膛 尺寸/ (mm× mm×mm)	加热 区数	最大生产 率(淬火)/ (kg·h⁻¹)	震动 频率/ (次· min⁻¹)	底板 宽度/ mm	底板 行程/ mm	空炉升 温时间/ h
RZQ-15-9	15	(3)380	900	1 100×230×120	1	18	3～30	201	40～50	≤1.5
RZQ-30-9	30	(3)380	900	2 200×280×130	2	50	3～30	—	40～50	≤2.5
RZQ-60-9	60	(3)380	900	2 500×330×135	3	100	3～30	—	40～50	≤3.0
RZJ-90-9	90	(3)380	900	2 800×600×150	2	180	3～30	500	60	≤3.5
RZJ-150	150	(3)380	900	4 800×800×150		300	3～30	700	60	≤4.5
RZJ-200	200	(3)380	900	7 700×800×185	3	380	3～30	700	60	≤5.5

7.7.4 转底式连续式热处理炉

转底式炉具有一个圆形或环形炉底，炉底与炉体分离，以砂封、油封或水封连接，由驱动机构带动炉底旋转，使放置在炉底上的工件随同移动而实现连续作业。在炉体一侧设有装料口与出料口（或共用一个炉口）。为实现气氛保护加热和化学热处理，应加强炉门、炉底与炉墙间密封，炉顶设置风扇，驱动炉气循环，炉底上设凸起支架，使工件加热均匀。

这种炉子结构紧凑，占地面积小，使用温度范围宽，对变更炉料和工艺的适应性强。这种炉子主要供齿轮、轮轴、曲轴以及连杆等多种零件的淬火加热、渗碳、碳氮共渗等工艺处理。

转底式炉依据炉底的形态分为碟型、环型和转顶型，如表 7-41 所示。

表 7-41 不同类型的转底式炉的特点

定型		说明	特点
碟型转底式炉	炉底整体转动	炉墙固定，整个炉底转动	只适用于小型炉
	炉内金属支架转动	炉体全部固定，炉内有一转动的伞形耐热钢支架	耐热钢耗用多，支架为单轴支承，适于小型炉，密封性较好
环型转底式炉		炉底有一环型区可以转动，炉体其余部位固定	适用于大型炉，密封性较碟型炉差
转顶型转底式炉		炉顶盖转动，工件悬挂于炉顶	需专用工夹具，适用于加热长条形工件

图 7-60 为有耐热钢支架的碟形转底式炉结构。该炉若通入渗碳型的可控气氛应改用辐射管加热；为加强炉门密封，可用斜炉门，用气缸拉紧炉门密封；为防止炉门框变形，也常用水冷炉门框。

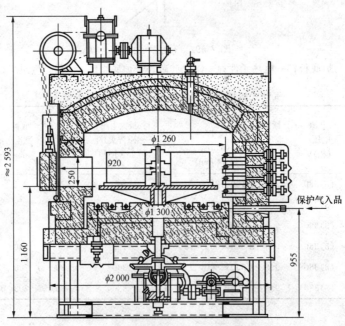

图 7-60 有耐热钢支架的碟形转底式炉结构

图 7-61 为炉底整体转动的碟形转底式炉结构。

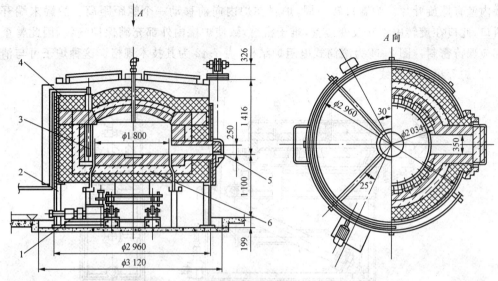

图 7-61　炉底整体转动的碟形转底式炉结构

1—定心装置；2—支腿；3—辐射管；4—炉衬；5—炉门；6—转底

图 7-62 为环形转底式炉结构。环形转底式炉大量应用于冶金钢管加热,其炉子规格一般都很大。

图 7-63 为悬挂转底式炉的结构。

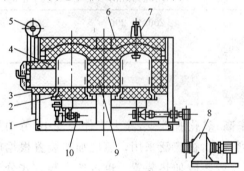

图 7-62　环形转底式炉结构

1—骨架；2—转动炉底；3—火帘装置；4—加热元件；
5—炉门升降机构；6—炉顶；7—通风机；8—传动机构；
9—炉衬；10—传动支承装置

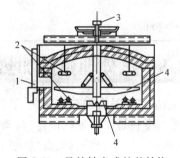

图 7-63　悬挂转底式炉的结构

1—炉门；2—电热元件；3—旋转机构；
4—转盘

7.7.5　滚筒式(鼓形)连续式热处理炉

滚筒式炉在炉内装有旋转炉罐,炉罐不断旋转,炉内的炉料也随之旋转、翻倒和前进,使小型物料不至于堆积,有利于均匀加热和均匀接触炉气氛,实现连续作业。滚筒式炉呈鼓形状,故又称鼓形炉。这类炉子主要用于处理轴承滚珠、标准件等小型零件的热处理。

滚筒式炉的炉罐前端与装料机构连接,后端与淬火槽组装在一起,形成一个连续作业炉。炉罐水平放置,两端伸出炉墙外并支承在滚轮上,由电动机经减速器及链条带动旋转。炉罐内壁有螺旋叶片。炉罐每转一周,炉料在炉内向前移动一个螺距距离。炉罐末端开有出料口,此口在旋转中不断改变位置,难于密封,致使炉罐内外都充满保护气氛,因此整个炉膛都应保持密封。图 7-64 为滚筒式电阻炉结构,表 7-42 为其技术规格。这种炉子可与清洗机、回火炉等组成生产线。

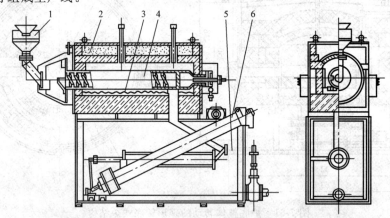

图 7-64　滚筒式电阻炉结构

1—料斗;2—炉衬;3—电热元件;4—回转炉罐;5—淬火槽;6—淬火槽回转机构

表 7-42　　　　　　　　　　　　　滚筒式电阻炉的技术规格

炉型	额定功率/kW	额定电压/V	相数	额定温度/℃	炉膛尺寸(直径×深度)/(mm×mm)	最大生产率/(kg·h^{-1})
RJG-30-8	30	220	1	830	200×1 200	30
RJG-70-9	70	380	3	920	310×2 000	150

7.8　热处理感应加热装置

感应淬火具有加热速度快,易控制,生产率高,氧化脱碳少,淬火工件畸变小,劳动条件好,无污染和易于实现机械化、自动化等一系列优点,被广泛采用。感应加热装置根据电源频率不同,可分为超高频、高频、超音频、中频、工频感应加热装置。也可按变频方式分为电子管式变频装置、晶体管式变频装置、机式变频装置、晶闸管变频装置及工频加热装置。国内各种变频装置的电流频率、功率及应用范围见表 7-43。

感应热处理优点是机械化自动化程度较高,产品处理质量的均匀性和一致性好,同时减轻体力劳动和改善劳动条件。

感应加热用热处理设备主要指淬火机床、感应器以及各种专用的感应加热调质、退火、淬火生产流水线等。我国 20 世纪 50 年代使用 KS-30 型半自动通用淬火机床、R4 型齿轮淬火机床、P1 型轴类淬火机床及各种通用淬火机床和专用淬火机床等。各工厂多根据需要自行设计制造,并未形成系列化产品。20 世纪 70 年代后期,开发了一些先进的淬火机床与控制新技术,如射流技术,光控技术、微机程控技术及微电脑全控技术。

表 7-43　　　　　　　　　　　　国内常用感应加热装置的特性

加热装置类别	频率范围/Hz	功率范围/kW	设备效率/%	热处理应用范围
电子管变频加热装置	高频:$10^5 \sim 10^6$	$5 \sim 500$	$50 \sim 75$	脉冲淬火:表面淬火
	超音频:$10^4 \sim 10^5$	$5 \sim 500$	$50 \sim 75$	表面淬火
晶体管变频加热装置机	高频:$10^4 \sim 10^5$	$2 \sim 200$	$75 \sim 92$	表面淬火
式变频加热装置工频加	中频:$5 \times 10^2 \sim 10^4$	$100 \sim 1\,000$	$90 \sim 95$	表面淬火;透热热处理
热装置	中频:$5 \times 10^2 \sim 10^4$	$15 \sim 1\,000$	$70 \sim 85$	表面淬火;透热热处理
	工频:5×10	$50 \sim 4\,000$	$70 \sim 90$	深层淬火;透热热处理

7.8.1　感应淬火机床分类

1.按生产方式分

淬火机床有通用,专用及生产线三大类型。通用淬火机床适用于单个或小批量生产;专用淬火机床适用于批量或大批量生产;生产线将多种热处理工艺组合在一起,生产效率更高,适用于大批量生产。

2.按感应加热电源分

由于感应电源不同,淬火机床结构也有所不同,按电源频率分为高频淬火机床、中频淬火机床和工频淬火机床。

3.按处理零件类型分

一般可分为轴类淬火机床、齿轮淬火机床、导轨淬火机床、平面淬火机床及棒料热处理流水线等。

4.按处理零件安放的形式分

有立式淬火机床、卧式淬火机床。

5.按热处理工艺分

可分为淬火、回火、退火、调质及透热等用途的淬火机床设备。

7.8.2　感应淬火机床的基本结构与设计原理

种类繁多的淬火机床及淬火装置,基本上由下列几部分组成,其设计原理如下:

1.机架

机架是机床的主要基础件,必须有足够的刚性,结构力求简单。机架上导轨可采用装配式,便于调整及采取淬硬和防锈措施。机架上还应考虑积水的排放。机架可用铸铁件或型钢或厚钢板焊接结构,前者稳定,抗震性强;后者制造成本较低。立式机架可设计成框架式、龙门式及单柱式,根据零件重量、长度以及吊装方式而定。卧式机架根据需要设计成回转式、车床式和台式等。卧式与立式相比,零件吊装方便。

2.升降部件

同时感应淬火,零件从需感应器中进出,应便于装卸;连续感应淬火,零件与感应器作连续相对运动,应设计升降、横向或回转等运动机构。其导轨也可制成装配式,经淬硬及防锈处理。工频或中频加热淬火机床处理的零件常比较大而重,多采用零件固定,淬火变压器移动的方式。高频淬火机床多数处理小型零件,都采用淬火变压器不动而零件移动的方式。连续加热淬火时感应器与工件相对移动,为保证零件加热到所需温度和连续淬硬,其相对移动速度,机床应设计成可调式,并应有快速返回移动机构。一般淬火时相对移动速度为 2～

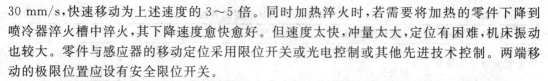

30 mm/s,快速移动为上述速度的3～5倍。同时加热淬火时,若需要将加热的零件下降到喷冷器淬火槽中淬火,其下降速度愈快愈好。但速度太快,冲量太大,定位有困难,机床振动也较大。零件与感应器的移动定位采用限位开关或光电控制或其他先进技术控制。两端移动的极限位置应设有安全限位开关。

3. 零件装卡及转动部件

为了感应加热均匀,圆形零件应在加热时旋转,一般旋转速度采用30～200 r/min。速度过快影响零件冷却。如齿轮喷冷时,零件旋转太快,齿两侧冷却不一致,影响硬度及齿向变形。齿轮同时加热淬火,其旋转速度以≤60 r/min为宜。现代的淬火机床都设有测速机构,转速可根据工艺参数调整并给出指示。

立式轴类淬火机床,在上下运动部件上装有上下顶尖。下顶尖支承零件重量并使零件转动;上顶尖应设计成弹簧支承式,以使零件在加热过程中可以轴向伸长。卧式轴类淬火机床,零件装卡也采用顶尖式,顶尖的一端须有齿形锥面,以带动零件或采用桃形夹头,也可用卡盘卡住零件;另一端也用弹簧顶尖。两顶尖间距离应可用手动或机动调节,以适应不同长度零件的需要。对直径太大、重量太重的零件,顶尖或夹盘夹住转动不够安全,在立式轴类淬火机床上的顶尖可设计成抱辊,将零件抱住,允许轴转动及伸长;卧式淬火机床则设计成滚轮式,主动滚轮借摩擦力使零件转动。对太长的轴类件,在感应器前后应设托轮或校正轮,以减少淬火变形。各类型淬火机床,零件所采用的夹紧装置,应安全可靠,用机械压紧。

4. 传动机构

由于移动和转动需要变速,一般采用直流无级变速,易实现自动控制。也可采用交流变速电动机,但变速级数有限。采用齿轮箱换挡变速,则变速只能手动。采用液压马达旋转及液压缸做直线运动,也能无级变速,但受油温黏度等影响,速度不够稳定但结构简单,在淬火机床设计中应用比较普遍。利用水力冲动叶轮转动零件,目前已很少采用。变频调速由于其结构简单、稳定、可靠,故在目前的淬火机床中已开始采用。

5. 感应器的位置高度

应考虑操作方便及操作者能观察到工件加热状态,在感应器不移动的情况下,一般高1～1.2 m。在淬火变压器上下移动的情况下,操作者应能随之上下移动。大型淬火机床横向移动时,操作者也应能随之移动。操作者附近应有移动的操纵按钮,操作时能随时控制。上述大型淬火机床还应考虑电缆管及冷却水管移动的问题。

6. 淬火机床精度

淬火机床精度可低于机械加工机床,但也不能太粗制,一般规定主轴锥孔径向圆跳动为0.3 mm,回转工作台面的跳动量为0.3 mm,顶尖连线对滑板移动的平行度在夹持长度小于2 000 mm时为0.3 mm,工件进给速度变化量为±5%。导轨表面均应精刨或精磨,此部位及摩擦表面均应淬硬。

7. 工艺参数及程序控制

感应淬火,除电源装置控制台上备有各种测试电参数(电压、电流、功率、功率因数等)的仪表外,为了保证热处理质量,淬火机床的控制台上尚应备有移速表、转速表、冷却水流量计等。在冷却水管路上,应有水压表及水温表,并应放在操作者易观察到的地方。温度控制,除了工频淬火利用辐射高温计或光电高温计自动控制外,高中频淬火,目前尚无有效的温度自动控制办法。国内某些单位已试制成光导纤维测温计,用于检测温度。由于高中频感应加热的速度极快,须有灵敏度很高、能快速反应的温度仪表与之适应。此外,在操作中,水雾、油雾影响温度测试的正确性。某些单位利用居里点电压变化,使继电器动作,以间接控制,但不能明确指示淬火温度。

　　淬火机床控制台上应备有手动及自动各种操作按钮,以及多工位的时间继电器。目前有些厂将微机程控器(PC)应用于淬火机床的程控上,能根据需要编程序,使用方便,技术先进,零件热处理质量能得到进一步保证。

　　8. 多工位结构

　　在大量生产中,为了提高生产率和电源装置的利用率,可设计成多工位结构。如凸轮轴双工位淬火机床,端头淬火多工位机床等。

　　9. 上下料机构

　　在全自动淬火机床中还应考虑采用上下料机构。

　　10. 特殊问题

　　淬火机床处于交变的电磁场中,工件加热的温度、水雾、油烟及淬火用的各种冷却介质对淬火机床的影响,在设计中都应作为特殊问题加以考虑。为了减少电磁场的影响,淬火感应器离四周的机构应有一定的距离。轴承及转动、滑动部件、都应有防水防锈蚀措施,防止机床部件及电动机被水淹及受潮,应考虑上下水道及防水挡板。为了改善操作者劳动条件,还应考虑照明及抽风装置。

7.8.3　轴类通用淬火机床

　　工厂中使用最普遍的是轴类通用立式淬火机床,在其上添加一些附件,就可进行其他各种零件的淬火,如齿轮的全齿淬火、单齿淬火,套的内外圈或内外导轨的淬火,端面、平面的淬火等。这类淬火机床按其传动方式分类,有机械式和液压式两类。图 7-65 为 GCFW 型通用立式中频淬火机床结构。表 7-44 为 GCFW 型通用立式中频淬火机床的技术规格。

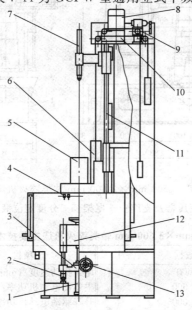

图 7-65　GCFW 型通用立式中频淬火机床结构

1—底座;2—导轨;3—滑座;4—分度开关;5—中频变压器;6—水路支架;7—上顶尖;8—主传动电动机;9—链轮;10—减速器;11—导轨;12—主轴箱;13—手柄

表 7-44　　　　　　　　GCFW 型通用立式中频淬火机床的技术规格

型号	最大夹持长度/mm	最大加热长度/mm	最大加热直径/mm	最大工件质量/kg	传动结构方式	冷却方式	机床外形尺寸（长×宽×高）/（mm×mm×mm）
GCFW11200/120-W	2 000	1 200	10 000	复合式	喷淋、埋液	2 510×2 010×5 670
GCFW11350/120-W	3 500	1 200	20 000	复合式	喷淋、埋液	3 510×2 010×4 160

注：此类机床主要用于轴径、大齿轮单点液火。

7.8.4　轴类淬火机床

图 7-66 为 φ500 mm×3 600 mm 轴类淬火机床结构。表 7-45 为其技术规格。

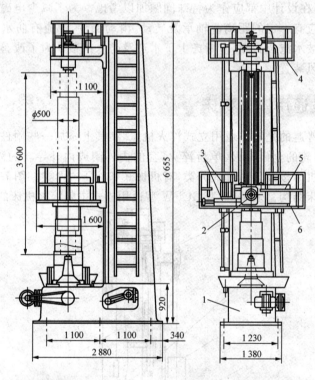

图 7-66　φ500 mm×3 600 mm 轴类淬火机床结构

1—底座；2—分度定位机构；3—变压器及支座；4—尾架；5—分度定位液压系统；6—感应器平面

表 7-45　　　　　　　φ500 mm×3 600 mm 轴类淬火机床主要技术规格

项目	数据	备注	项目	数据	备注
淬火轴类最大直径/mm	600		尾架移动速度/(mm·min^{-1})	82～2 435	
淬火轴类最大长度/mm	3 600		主驱动电动机功率/kW	4	
淬火轴类最大质量/kg	3 000		升降驱动电动机功率/kW	4	
主轴旋转速度/(t·min^{-1})	3.94～118	无级调速	液压系统油泵电动机功率/kW	0.8	
感应器移动速度/(mm·min^{-1})	22～620	无级调速			

图 7-67 为 φ1 000 mm×5 000 mm 轴类淬火机床结构。表 7-46 为其技术规格。

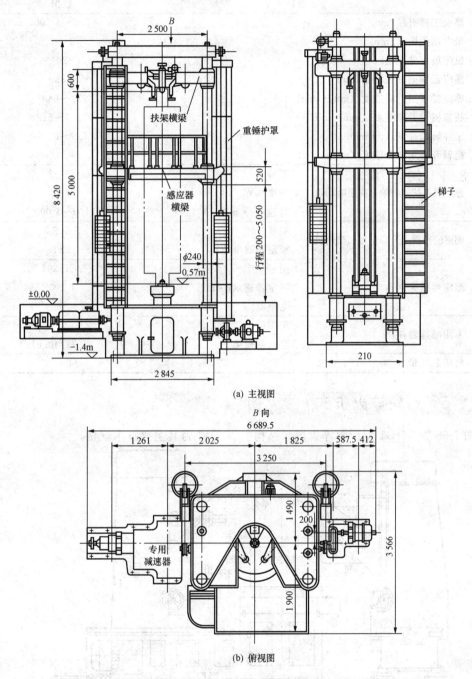

(a) 主视图

(b) 俯视图

图 7-67　φ1 000 mm×5 000 mm 工频轴类淬火机床结构

表 7-46　　　　　　　φ1 000 mm×5 000 mm 工频轴类淬火机床要技术规格

项目		数据
淬火工件直径/mm		200～1 000
最大顶尖距离/mm		5 000
机床最大件承重/t		20
感应器横梁最大行程/mm		4 850
感应器横梁升降速度/(mm·min⁻¹)		33～548
扶架横梁升降速度/(mm·min⁻¹)		31.6～522
工件转动速度/(r·min⁻¹)		7.9～39.7
抱辊开合角开合速度/(r·min⁻¹)		0.32
感应器及扶架横梁升降用电动机	型号	Z2-52
	功率/kW	7.5
	转速/(r·min⁻¹)	100～1 000
测感应器横梁升降位置用整角机	型号	S-5、S-3
	额定励磁电压/V	220
感应器横梁测速电动机	型号	ZCF-361
	额定转速/(r·min⁻¹)	1 100
	电枢电压/V	106
专用减速器速比	至感应器横梁	23.56/38.9
	至扶架横梁	24.72/40.81
机床总质量/t		34.873

7.8.5　齿轮淬火机床

图 7-68 为 W1G1 型齿轮淬火机床结构。表 7-47 为其主要技术规格。

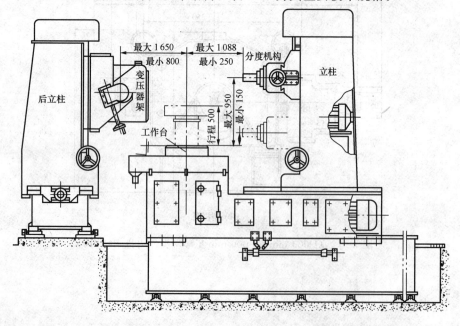

图 7-68　W1G1 型齿轮淬火机床结构

表 7-47　　　　　　　　**W1G1 型齿轮淬火机床主要技术规格**

项　目	数据	备　注
淬火齿轮模数	6～55	
淬火圆柱齿轮直径/mm	500～2 100	
淬火锥齿轮直径/mm	500～1 300	
淬火齿轮最大齿宽/mm	4 000	
淬火圆柱齿轮螺旋角/(°)	0～45	
淬火锥齿轮的斜角/(°)	0～35	
淬火齿轮最大质量/kg	4 000	
工作台垂直与水平移动速度/(mm·s⁻¹)	0.5～20	油压、无级
延续延时淬火煌延续时间/s	2～60	无级
同时淬火时间/s	20～600	无级
工作台垂直移动最大行程/mm	500	
工作台水平移动最大行程/mm	850	
变压器垂直移动最大行程/mm	450	
定位器垂直移动最大行程/mm	800	
变压器回转角度/(°)	±40	
机床外形尺寸(长×宽×高)/(mm×mm×mm)	5 340×1 458×3 360	
机床总质量/t	9.10	

7.8.6　曲轴淬火机床

图 7-69 为 GC12150 曲轴淬火机床结构。表 7-48 为其主要技术规格。

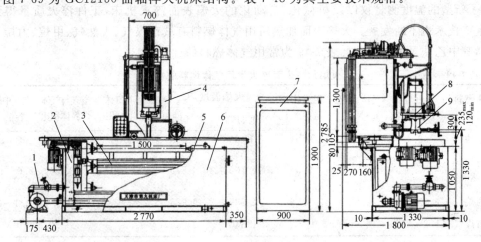

图 7-69　GC12150 曲轴淬火机床结构

1—介质循环泵；2—床架；3—回转床身；4—淬火摇车；5—尾架；6—水槽；

7—机床电器控制柜；8—变压器滑板；9—感应器

197

表 7-48   **GC12150 曲轴淬火机床主要技术规格**

项目	数据	备注	项目		数据	备注
最大零件安装长度/mm	1 500		淬火变压器	容量/KVA	500	
最大零件回转直径/mm	300			匝比	2/8～2/27	
曲轴最大半冲程/mm	100	浸液合适	中频补偿电容量/μF		16.2～27.58	
最大零件质量(4 件)/kg	600		电机总容量/kW		8.3	
零件主轴转速(2 件)/(r·min⁻¹)	30/60		机床总质量/t		4.0	

7.8.7　感应热处理自动生产线

图 7-70 为线材感应热处理自动生产线。

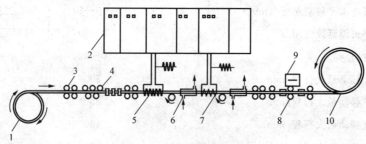

图 7-70　线材感应热处理自动生产线

1—供料装置;2—感应加热电源;3,4—输送装置;5—淬火加热感应器;6—冷却器;
7—回火加热感应器;8—校正装置;9—缺陷检查仪;10—卷收装置

7.9　热处理火焰表面加热装置

　　火焰表面加热是一种较早的表面加热方法,由于它的设备简单、投资少,动力供应方便和生产成本低,适用于各种形状大小的工件的表面加热,现在生产上仍广泛使用。近年由于采用了新型的温度测量仪以及机械化、自动化的火焰表面淬火机床,工件淬火质量得到保证,生产技术也不断发展。火焰表面加热所用气体燃料有城市煤气、天然气、甲烷、丙烷及乙炔等,其中乙炔是最常用的。表 7-49 为常用气体燃料的性质。

表 7-49   **火焰加热表面淬火常用气体燃料的性质**

气体燃料名称	发热量/(MJ·m⁻³)	气体密度/(kg·Nm⁻³)①	相对密度与空气比	火焰温度/℃		氧与气体燃料体积比	空气与气体燃料体积比	空气中燃烧容量/%
				氧助燃	空气助燃			
乙炔	53.4	1.170 8	0.91	3 105	2 325	1.0	*	2.5～80.0
甲烷（天然气）	37.3	0.716 8	0.55	2 705	1 875	1.75	9.0	5.0～15.0
丙烷	93.9	2.02	1.56	2 635	1 925	—	25	2.1～9.5
城市煤气	11.2～33.5	*	*	2 540	1 985	*	*	*

　　注: * 依实际成分及发热值而定。

　　① Nm³,表示标准状态下气体的体积。

7.9.1　火焰加热器

一般常用的手工焊接炬可作为火焰淬火面积较小的加热工具。加热面积较大的多采用特制的火焰加热器,其加热效率显著提高。工具内设有水冷结构,因而能控制外界辐射热的影响,保持混合气体的供气稳定。图 7-71 为常用的 HY3 型火焰加热器结构。

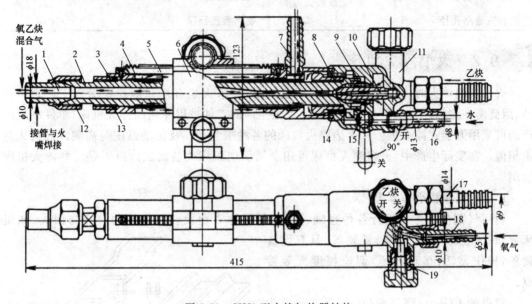

图 7-71　HY3 型火焰加热器结构

1—连接管;2—混合室;3—密封螺母;4—水冷却套管;5—齿条及齿轮;6—调位夹具;7—出水接头;
8—螺旋套;9—垫圈;10—喷嘴;11—乙炔调节阀;12—连接螺母;13—石棉填料;14—橡胶填料;
15—进水调节阀;16—进水接头;17—乙炔接头;18—氧气接头;19—氧气调节阀

火焰加热器以氧与乙炔混合的较为普遍。使用不同介质燃气时,必须按燃气性质要求,配备专用的火焰加热器,见图 7-72 所示。其结构尺寸见表 7-50。扩大或缩小各供气与出气通路的截面,使氧与不同燃料气混合后燃烧以保证火焰稳定。所以加热器适用的氧气压力为 294~784 kPa,燃气压力为 49~147 kPa。喷火嘴多焰孔截面积应为各孔的总圆面积之和。

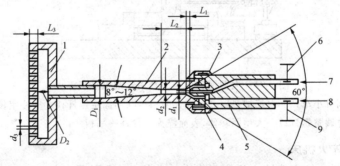

图 7-72　专用火焰加热器

1—喷火嘴;2—混合室;3—喷嘴;4—螺帽;5—炬体;6—氧气调节阀;
7—氧气导管;8—燃气导管;9—燃气调节阀

主要尺寸	符号	经验公式	主要尺寸	符号	经验公式
喷嘴孔径	d_1	—	储气室直径	D_2	$(1.5\sim2)d_3$
混合口孔径	d_2	$19\sim76$ mm,查表获得	喷嘴与混合口间隙	L_1	$(1.2\sim1.5)d_1$
喷火嘴孔径	d_3	$9.4\sim47$ mm,查表获得	混合孔径长	L_2	$(6\sim12)d_2$
混合室通路孔径	D_1	$(1.5\sim3)d_2$	喷火嘴孔径深	L_3	$(5\sim10)d_3$

表 7-50　专用火焰加热器主要结构尺寸

7.9.2　火焰淬火机床

火焰表面淬火时,为了得到良好的工艺效果,要求火焰有规律地稳定沿着工件表面移动,因此需在专门淬火机床上进行淬火。大量生产的工件采用专用的淬火机床,单件小批生产的可采用万能式淬火机床。火焰淬火机床的各种工艺动作及传动系统与高频淬火机床基本相似。在实际生产中,火焰淬火机床可用金属切削机床改装而成。以下是一些淬火机床示例。

1. 利用气割机小车淬火

利用气割机小车可进行各种直线、平面、回转体表面及斜面零件的淬火与回火,如机床导轨、大型轴承圈、滚道、铁轨等,具有设备简单,操作灵活,移动方便,调速幅度大等特点。

常用的 CGl-30 型气割机,其行进速度为 $50\sim75$ mm/min(无级调速),可用直流伺服电动机,功率 24 W,电压 220 V,电流 0.5 A,工作电压 110 V。图 7-73 是机床导轨利用气割机小车淬火。图 7-74 是大型回转体表面利用气割机小车淬火。

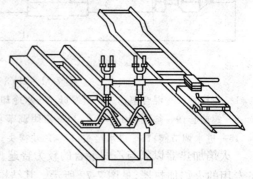

图 7-73　机床导轨利用气割机小车淬火

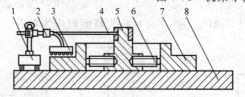

图 7-74　大型回转体表面利用气割机小车淬火

1—气割机小车;2—火焰加热器;3—喷火嘴;4—圆周固定连杆;5—中心定位支架;
6—定位调整螺钉;7—大型回转体,表面淬火工件;8—平板

2. 齿轮火焰淬火机床

液压射流控制齿轮火焰淬火机床系半自动化操作,适用于直径 $300\sim1\,000$ mm、模数 2以上、齿宽 200 mm 以下的直齿轮和斜齿轮的逐齿淬火。可以使烧嘴慢速均匀上升,稳定加热淬火,快速退出烧嘴,自动拨齿后,烧嘴快速下降。

该淬火机的原理见图 7-75。采用一个附壁式双稳元件、两个液压缸、两个信号阀、两个回油阀、一个加速阀、两个节流阀、一个溢流阀、两个单向阀及一个手动发信阀。开车时搬动手动发信阀,待机床正常运行后,再放回无作用位置,元件左端有输出。

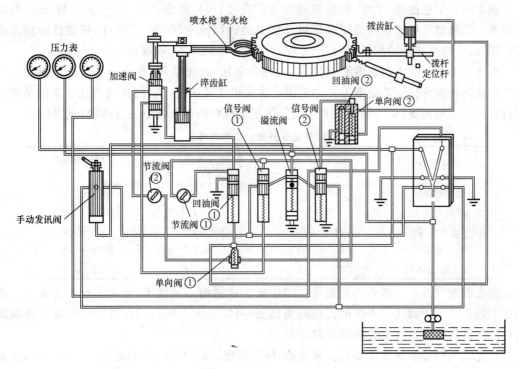

图 7-75　液压射流控制齿轮火焰淬火机原理

(1)进油

一路经单向阀①、节流阀①进入淬火液压缸下缸,使烧嘴慢速上升淬火;另一路油流经节流阀②到加速阀而进入信号阀①下端,当离出口 2～3 mm 时打开加速阀,使烧嘴快速退出淬火位置,而回油阀①封闭;此时另一路油进入拨齿液压缸前缸,拨齿杆退出。

(2)回油

淬火液压缸的上缸的油经回油阀②回油。拨齿液压缸后缸的油经元件从排油道回油。下端油则经加速阀下端节流槽回油池,因此信号阀①延迟数秒后打开,发出信号,经元件左控制道,元件切换,从右端输出。

(3)进油

进入拨齿液压缸后缸,拨齿缸前进拨齿,拨齿到位,油打开单向阀②经淬火液压缸上缸,使烧嘴快速下降,回油阀②封闭。

(4)回油

拨齿缸前缸的油经元件从排油道回油,淬火液压缸下缸的油经回油阀①回油。烧嘴快速下降到位后,管路油压增高,打开信号阀②经元件右控制道,元件切换,另一循环开始。用该淬火机代替手工操作淬火,可提高工效,淬火层的硬度与深度均匀一致,可避免工件局部烧坏现象,减轻了工人劳动强度,提高了淬火质量。

7.10　激光表面热处理装置

激光具有单色性、相干性、高的方向性和高亮度,可以聚焦产生 $10^4 \sim 10^{12}$ W/cm² 的功率密度。金属制品通过激光表面强化可以显著地提高硬度、强度、耐磨性、耐蚀性和耐高温等性能,从而提高产品的质量,延长产品使用寿命和降低成本,取得较大的经济效益。

激光表面强化技术包含激光热处理、激光合金化、激光熔敷、激光非晶化、激光熔凝、激光冲击硬化和激光化学热处理等多种表面改性优化处理工艺。它们共同的理论基础是激光与材料相互作用的规律,它们的主要区别是作用于材料的激光能量密度不同,见表7-51。

表 7-51　　　　　　　　　各种激光表面强化技术的特点

工艺方法	功率密度/ (W·cm⁻²)	冷却速度/ (C·s⁻¹)	作用区深度/ mm
激光热处理	$10^4 \sim 10^5$	$10^4 \sim 10^6$	0.2~3.0
激光合金化	$10^4 \sim 10^6$	$10^4 \sim 10^6$	0.2~2.0
激光熔敷	$10^4 \sim 10^6$	$10^4 \sim 10^6$	0.2~3.0
激光非晶化	$10^6 \sim 10^{10}$	$10^6 \sim 10^{10}$	0.01~0.10
激光冲击硬化	$10^9 \sim 10^{12}$	$10^4 \sim 10^6$	0.02~0.20

激光表面热处理是激光表面强化技术中最为成熟的一项技术,其主要设备构成也是激光表面强化技术中最具代表性的。在此基础上,只需添加一些辅助设备即可实现其他表面强化。以下着重介绍激光表面热处理装置。

激光表面热处理装置主要包括激光器、导光系统、加工机床、控制系统、辅助设备以及安全防护装置等。

工业用高功率激光器有 CO_2 激光器、YAG 激光器等。

7.10.1　CO_2 激光器

CO_2 激光器输出功率大,电光转换效率高。目前,用于材料加工用的 CO_2 激光器连续输出功率为几百瓦至几万瓦,脉冲输出功率为几千瓦至十万瓦,光电转换效率为 15%～20%。其激光波长为 10.6 μm,属于远红外光。工业用高功率 CO_2 激光器有轴向流动式 CO_2 激光器和横向流动式 CO_2 激光器。

1.轴向流动式 CO_2 激光器

轴向流动式 CO_2 激光器的特征是激光工作气体沿放电管轴向流动进行冷却,气流方向同电场方向和激光方向一致。轴流式激光器包括慢速轴流(气体速度在 50 m/s 左右)和快速轴流(气体流速大于 100 m/s,甚至达到亚音速),慢速轴流是早期产品,输出功率低,未继续发展。图 7-76 为快速轴流激光器的典型结构。主要由细放电管、谐振腔体、高压直流放电系统、高速风机、热交换器及气流管道等部分组成。

气体放电是在细放电管内进行的,管径很小,气压很低,能形成均匀的辉光放电。气体在管内高速流动,参与激发作用而变热的工作气体迅速离开放电区,经热交换器冷却后在腔内循环流动,从而使进入放电区的气体总是冷的,保证激光器以高效率、高功率输出。几种常见的轴流 CO_2 激光器的技术性能数据见表 7-52。

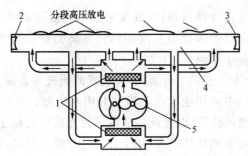

图 7-76　快速轴流激光器的典型结构

1—热交换器；2—后球面镜；3—输出窗；4—谐振腔体；5—高速风机

表 7-52　　　　　几种常见的轴流 CO_2 激光器技术性能数据

型号	输出功率/ W	模式	光束发散角/ mrad	脉冲方式	脉冲频率/ Hz	整机效率/ %
TRUMPF(德) TLF	2 200	TEM_{00}	<3	门脉冲	100～10 000	5.9
FANUC(日) C2000B	2 000	低阶模	<2	门脉冲	5～2 000	5.5
PRC(美)	2 000	$TEM_{00/00+01}$	<2	门脉冲、超脉冲	0～5 000	—
OPL(瑞士) OERLIKON	2 200	$TEM_{00/01}$	<2	门脉冲	20～2 000	8.6
ROFIN-SINAR DC020(德)	2 000	M<1.45	—	门脉冲	0～5 000	7.8

2. 横向流动式 CO_2 激光器

横流 CO_2 激光器结构见图 7-77。

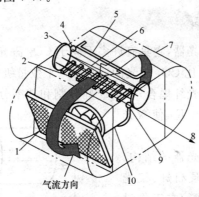

气流方向

图 7-77　横流 CO_2 激光器结构

1—热交换器；2—分段阳极；3—折叠镜；4—全反镜；5—阴极；6—放电区；

7—钢壳；8—输出激光；9—输出镜；10—风机

其特征是工作气体流动方向与谐振腔光轴以及放电方向相互垂直。激光器由密封壳体、谐振腔(半透半反输出镜、折叠镜、后腔全反射镜等)、高速风机、热交换器和放电电极(阳极和阴极)、激光电源、真空系统及控制系统等组成。

流和轴流激光器的输出功率都与谐振腔内气体的质量流量有关，但横流激光器气压高，谐振腔流道截面积大,且流速也相当高,故其质量流率比轴流要大得多;允许注入的电功率密度也更高,所以横流激光器每米放电长度能得到更高的输出功率,可达 3 W/m。横流激光器结构也较紧凑,在工业中得到了广泛的应用。

横流激光器的电极分为管板式与针板式,管板式的阴极为表面抛光的水冷铜管,阳极为分割成多块的平板铜电极,中间用绝缘介质填充并用水冷却。在阴阳极之间均匀分布有一排细铜丝触发针,起预电离的作用,以保证主放电区辉光放电的稳定性。针板结构的阳极板为水冷纯铜板,阴极用数百个钨丝针组成,每个针都配有镇流电阻,以保持放电的均匀性。

谐振腔内的全反射镜常用导热性能良好的铜作基材,抛光后表面镀上金膜,反射率可达 98％以上。半反射镜作输出窗口,需用可透过 10.6 m 的红外光材料制成,常用砷化镓(GaAs)和硒化锌(ZnSe)晶体材料制造,透过率控制在 20％~50％。国内已有 1~5 W 的横流 CO_2 激光器产品,并已研制成功 10 W 的器件。国外最大输出功率已达 200 W,但商品化的以 1~5 kW 为主。几种常用的横流 CO_2 激光器技术性能数据见表 7-53。

表 7-53   **横流 CO_2 激光器技术性能数据**

型号	输出功率/W	模式	光束发散角/mrad	电光转换效率/%	连续工作时间/h	功率不稳定度/%	生产厂家
HGL-81	2 000	多模	5	15	8	<±3	华中理工大学
GJ-2	1 500	多模	5	12	8	<±2	北京市机电研究院
HJ-4	2 000	多模	—	12	8	<±2	上海雷欧激光厂
C-515	1 500	TEM_{00}	1.4		8	<±3	南京东方激光有限公司

7.10.2   YAG 激光器

YAG 激光器属于固体激光器,它具有许多不同于 CO_2 激光器的良好性能,它的输出波长为 1.06 μm 的近红外激光,比 CO_2 激光的波长短一个数量级,与金属的耦合效率高,加工性能良好。YAG 激光还能与光纤耦合,借助时间分割和功率分割多路系统,能够方便地将一束激光传输给多个远距离工位,使激光加工柔性化,更加经济实用。

图 7-78 为固体 YAG 激光器的结构。由掺钕钇铝石榴石晶体棒、泵浦灯、聚光腔、光学谐振腔和电源等组成。在工作过程中,激光棒和泵浦灯外围都须水冷,以保证其长时间连续稳定工作。

YAG 激光器能以脉冲和连续两种方式工作,其脉冲输出的性能指标范围大,并可通过调 Q 和锁模技术获得巨脉冲及超短脉冲,使其加工范围比 CO_2 激光器更广

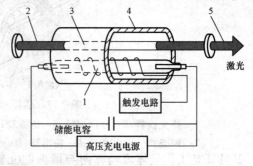

图 7-78   固体 YAG 激光器结构

1—脉冲氙灯;2—全反射镜;3—工作物质;4—椭圆柱泵浦腔;5—部分反射镜

泛。YAG 激光器结构紧凑,重量轻,使用方便可靠,维修简便,应用前景好。

该激光器有以下几点不足:

(1)运转效率很低

整机效率只有 $1\%\sim3\%$。比 CO_2 激光器效率低一个数量级。

(2)在工作过程中存在内部温度梯度

会引起热应力和热透镜效应,限制了其平均功率和光束质量的进一步提高。

(3)每瓦输出功率的成本比 CO_2 激光器高

进一步提高输出功率时,其光束质量稳定性低于 CO_2 激光器。目前国内此类激光器的输出功率一般为 400 W,国外已有 4 500 W 的产品。

7.10.3　激光器的选择

选择工业激光器主要技术指标的依据选择激光器的技术指标,主要考虑以下因素:

1.输出功率

决定于加工的目的、加热面积及淬火深度等因素。

2.光电转换效率

CO_2 激光器整机效率一般在 $7\%\sim10\%$,YAG 激光器在 $1\%\sim3\%$。

3.输出方式

有脉冲式或连续式输出激光器。对于激光热处理,一般采用连续式。

4.输出波长

CO_2 激光器输出波长为 $10.6~\mu m$;YAG 激光器输出波长为 $1.06~\mu m$。材料对不同波长的光有不同的吸收率,常在被加工的工件表面涂覆高吸收率的涂料来提高对激光的吸收率。使用 YAG 激光器来加工工件时,可不需要表面涂料。

5.光斑尺寸

是用于设计导光、聚焦系统的参数。

6.模式

多模适用于表面热处理,基模或低阶模适用于切割、焊接及打孔等加工。

7.光束发散角 θ

一般 <5 mrad,设计导光、聚焦系统的参数。

8.指向稳定度

<0.1 mrad。

9.功率稳定度

$<\pm2\%\sim3\%$。

10.连续运行时间

>8 h。

11.运行成本

主要是水、电、气和光学易损件。

12.操作功能

要有完备的用户接口,达到与加工机床联机控制的要求。

7.10.4 激光光束的导光和聚焦系统

导光和聚焦系统的作用是将激光器输出光束经光学元件导向工作台，聚焦后照射到被加工的工件上。其主要部件包括光闸、光束通道、光转折镜、聚焦镜、同轴瞄准装置、光束处理装置及冷却装置等，见图7-79。

激光聚焦的光学系统如图7-80所示。透射式聚焦激光功率一般不超过3 000 W。

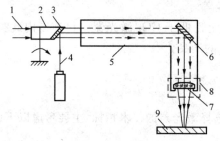

图 7-79　导光系统　　　　　　　　　图 7-80　激光聚焦系统

（a）透射式　　　（b）反射式

1—激光束；2—光闸；3—折光镜；4—氦氖光；5—光束通道；
6—折光镜；7—聚焦透镜；8—光束处理装置；9—被加工工件

1. 选用光学系统元件必须遵循的原则

（1）应有高的传输效率。

（2）应力求简单，以减少元件所造成的损耗。

（3）针对激光高斯光束的特性，合理地设计和使用光学元件，以满足前后元件的最佳匹配条件。

2. 反射镜

导光系统中使用的反射镜，一般采用导热性能好的铜材制作镜的基体，经光学抛光后，镀一层金反射膜，反射率在98%以上。如果使用的激光功率较小，也可以采用石英玻璃或硅单晶作基体。使用中反射镜受到污染后，反射率会下降，需要定期维护。在承受大功率激光照射时，反射镜会因吸收激光产生热变形，因此，一般都要采用水冷却的方法进行保护，以保持良好的光学性能。

3. 透镜

CO_2 激光器和 YAG 激光器输出光的波长均属红外光波长范围，须采用红外材料作为透镜的基体材料，对于 CO_2 激光来说，使用最多的是砷化镓和硒化锌材料。由于后者可以透过可见光，因而能通过一束与 CO_2 激光或 YAG 激光的同轴指示光（一般采用氦氖激光器或半导体激光器，输出光为红色可见光），在进行激光热处理时，可以通过指示光进行定位。透镜的两面都采用镀多层介质膜的办法，使透过率接近100%。在使用激光功率不高时，可不加水冷却装置。

7.10.5 激光光束处理装置

一般多模激光光束，在整个光斑上光强分布是不均匀的，会影响激光热处理表面温度的均匀度。光束处理装置可将不均匀的光斑处理成较均匀的光斑，也可改变光斑尺寸和形状，增加扫描宽度。常用的有振镜扫描装置、转镜扫描装置和反射式积分镜等,图 7-81 为这几种激光光束处理装置。

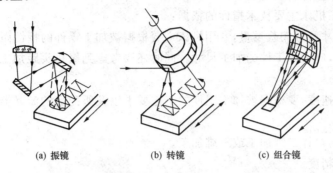

(a) 振镜　　　　　　(b) 转镜　　　　　　(c) 组合镜

图 7-81　激光光束处理装置

7.10.6　光导纤维传输

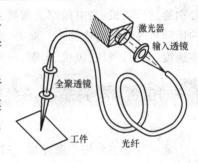

激光束通过一根光导纤维可以传输到许多不易加工的部位,其传输方向的自由度优于通过反射镜传输的效果(图 7-82)。

用光导纤维传输高功率大能量激光技术,主要适用于波长 1.06 μm 的 YAG 激光器。这种光导纤维采用石英玻璃做纤芯材料,它的传输能力已达到连续功率 2 kW,峰值功率 120 kW,芯径的损伤阈值为 10^3 W/cm^2。

图 7-82　光导纤维传输系统

7.10.7　加工机床

加工机床是完成各项操作以满足加工要求的装置。按用途分为专用机床和通用机床,按运动方式可分为以下三种。

1. 飞行光束

此类加工机床的主要运动由外光路系统来实现,工作台只是作为被加工工件的支撑,工件不动,靠聚焦头的移动来完成加工。这类加工机床适用于较重或较大工件的加工。

2. 固定光束

这种类型的加工机床结构更接近三维数控机床,聚焦头不动,靠移动工件来完成加工。具有无故障工作时间长,光路简单,便于调整维护等特点。还可实现多通道、多工位的激光加工。

3. 固定光束＋飞行光束

这类加工机床的设计,主要是考虑到固定光束的加工机床占地面积太大,而将其中一个轴做成飞行光束结构,从而使整机结构变得轻巧。

随着激光加工在工业领域应用范围的不断扩大,专用机床及机床的柔性化是发展趋势之一。专用机床可以满足激光加工的特殊需求,降低成本。特别是安装在流水线中的激光加工机床,还便于配备一些辅助设备,如为了提高被处理工件对激光的吸收率,就需要有清洗干燥和涂覆高吸收率材料的装备。

选择激光加工机床主要技术指标的依据:

(1)工作台尺寸及最大载重量,专用机床主要根据被加工零件的特性而定。

(2)工作行程,应大于工件的加工尺寸。同时还要考虑到聚焦头距加工工件表面的离焦量要求。

(3)最大扫描速度,要根据被加工工件的工艺要求以及所配套的激光器的输出功率进行合理的选择。

(4)联动轴数,选择二维加工或三维加工。

(5)最小进给精度。

(6)定位精度。

(7)重复定位精度。

对于激光热处理来说,一般的机床精度足以满足要求。激光热处理装置的控制系统,可分别通过计算机、光电跟踪或布线逻辑方式实现逻辑处理,以控制工作台或导光系统按需要的运动轨迹动作完成加工。此外,激光材料加工装置的完整控制系统还应包括激光功率,扫描速度、光闸、气压、风机、电源、导光、安全机构等多种功能控制。

7.10.8 激光表面热处理装置实例

1.通用装置

通用装置主要用于激光加工技术开发应用领域,其特点是多行业、多品种的激光加工。大致可以分为两类。

(1)X、Y 平面激光热处理装置,Z 轴用于调节聚焦斑点的大小。

(2)X、Y 平面并配有旋转轴的激光热处理装置,主要是针对热处理中大量的轴类零件。

通用装置中激光器的选择,一般为输出功率较高的 CO_2 激光器,功率在 $1\sim5$ kW。图 7-83 为美国赫夫曼(HOFFMAN)公司生产的五轴数控激光加工机床,激光器可根据加工对象选配 CO_2 激光器或 YAG 激光器。

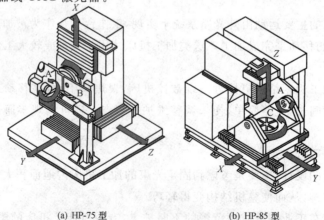

(a) HP-75 型　　　　　　　　　　(b) HP-85 型

图 7-83　五轴数控激光加工机床

激光器各参数和加工机床各轴全部由计算机控制,同一系统可以进行不同工艺操作,适合较大零件上几个不同部位一次装夹处理。最大载荷 900 kg,工件最大直径 1 220 mm。

图 7-84 是 TLC105 五轴加工系统的原理,系统配备了 6 kW 快速轴流射频 CO_2 激光器,并配有多种聚焦装置,可进行激光热处理、切割、焊接。

图 7-85 是六轴机器手的原理,配备了一台 550 WYAG 激光器,通过光导纤维传输到机器手,可在直径 3 m 的空间内进行激光加工。

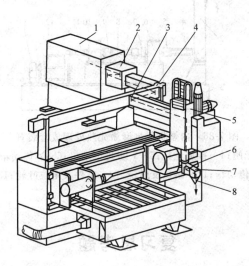

图 7-84 TLC105 五轴加工系统原理

1—TLF 系列激光器;2—光束扩束器;3—X—Y 反射镜;4—圆偏振镜;
5—Y—Z 反射镜;6—Z—C 反射镜;7—C—B 反射镜;8—光学聚焦透镜

2. 专用装置

图 7-86 为内燃机气缸套激光热处理成套装置。横流 CO_2 激光器的功率多为 1 200 W,随机带有功率检测和反馈装置。采用焦点移动式扫描机构,光斑可以在缸套内同时做旋转和轴向运动。

淬火机床采用微机控制,可以处理内径在 ϕ(75~160 mm),高度小于 300 mm 的缸套和管状工件,激光束轴向扫描速度小于 780 mm/min,圆周扫描转数为 3~9 r/min,生产效率为 10~20 件/h。

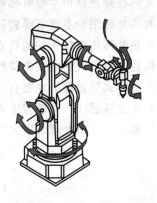

图 7-85 六轴机器手原理

汽车缸体激光热处理,电磁离合器激光热处理都取得很好的效果,提高了产品性能,减少了对环境的污染。

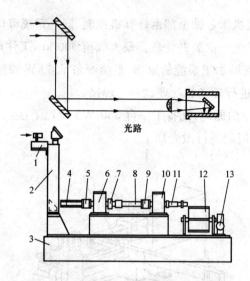

光路

图 7-86　内燃机气缸套激光热处理成套装置

1—床身；2—折光器；3—光闸；4—推进丝杠；5—Y 步进电动机；6—Y 传动箱；7—联轴节；8—导光筒；
9—X 步进电云朵楞；10—X 传动箱；11—聚焦反射镜；12—工件及定位叶轮；13—Z 步进电动机

复习思考题

1. 热处理车间主要设备有哪些？

2. 热处理电阻炉主要有哪些种类？各自的结构特点是什么？有何用途？

3. 热处理燃料炉主要有哪些种类？各自的结构特点是什么？有何用途？

4. 热处理浴炉主要有哪些种类？各自的结构特点是什么？有何用途？

5. 热处理流态粒子炉的特点是什么？有何用途？

6. 真空热处理炉主要有哪些种类？各自的结构特点是什么？有何用途？

7. 连续式热处理炉主要有哪些种类？各自的结构特点是什么？有何用途？

8. 热处理感应加热装置主要有哪些种类？各自的结构特点是什么？有何用途？

9. 激光表面热处理装置主要有哪些种类？各自的结构特点是什么？有何用途？

第8章

热处理冷却设备

8.1 淬火冷却设备的作用及其基本要求

热处理冷却设备包括淬火冷却设备和冷处理设备。淬火冷却设备的作用是实现钢的淬火冷却，达到所要求的组织和性能；同时应避免工件在冷却过程中开裂和减少变形。

淬火冷却是将加热了的工件进行强烈快速冷却的过程。在此过程中发生形成气泡、沸腾和对流等复杂的热交换，受到淬火介质的成分、浓度、温度、流量、压力、运动状态及工件形状等因素的影响，实现对这些参数的控制是淬火冷却设备的关键问题。

对淬火冷却设备的基本要求是：

(1)能容纳足够的淬火介质，以满足吸收高温工件热量的需要。

(2)能控制淬火介质的温度、流量和压力等参数，以充分发挥淬火介质的功能。

(3)能造成淬火介质与淬火件之间的强烈运动，以加快热交换过程。

(4)对容易开裂和变形的工件，应设置适当的保护装置，以防止开裂和减少变形。

(5)设置淬火件浸液、输送及完成淬火工艺过程的机械装置，实现操作机械化。

(6)提高淬火过程的可控程度，如控制淬火冷却各阶段的冷却能力，实现淬火工艺过程的计算机控制。

(7)设置介质冷却循环系统，以维持介质温度和运动。

(8)防止火灾、保护环境和生产安全。

8.2 淬火冷却设备的分类

8.2.1 按冷却工艺分类

1. 浸液式淬火设备

在用此类设备淬火时，工件直接浸入淬火介质中。该设备的主体是盛淬火介质的槽子，根据需要可设有介质供排管路、介质加热装置、介质搅拌和运动装置、淬火件传送机械及介质冷却循环装置等。

2. 喷射式淬火设备

这类淬火设备又分为喷液式和喷雾式。喷液式是对工件喷射液态介质而冷却，其冷却强度可通过喷射压力、流量和距离来控制。喷雾式是对工件喷吹空气或气液混合物而冷却，其冷却能力可通过控制压力、流量、气流中水的添加量和距离来控制。

3. 淬火机和淬火压床

此类设备是依据工件的形状而设计的淬火机械装置。工件在机械压力或限位下实现淬火。使用此装置的主要目的是减少工件淬火变形或使淬火、成型两工序合并为一个工序。

8.2.2 按冷却介质分类

1. 水淬火介质冷却设备

此类设备主要指盛水淬火介质的槽子。水的热容量很大,冷却能力很强。工件在水中淬火时,易在工件表面上形成蒸汽膜,阻碍冷却。为此淬火水槽应设搅拌器或其他使介质运动的装置,以破坏蒸汽膜和使介质温度均匀化。水温控制在 $15 \sim 25$ ℃,可获得一致的淬火效果。

2. 盐水溶液淬火槽

盐水溶液淬火槽的结构与淬火水槽基本相似。工件在盐水中淬火时,蒸汽膜不易形成。所以盐水槽通常不设搅拌器。淬火盐水许可的温度范围也较宽。盐水冷却循环系统一般不使用冷却器,所用的泵和管路应考虑盐的腐蚀性。

3. 苛性钠溶液淬火槽

此槽的结构与盐水溶液槽相似。苛性钠易对人皮肤造成伤害,要特别注意生产安全。

4. 油淬火介质冷却设备

此设备主要指盛油淬火介质的槽子。油的黏度较大、并影响冷却能力和温度均匀度。因此油槽应控制油温和加强搅拌。油温一般保持在 $40 \sim 95$ ℃,最常用的是在 $50 \sim 70$ ℃。油槽应设油冷却循环系统和加热装置,为防止水混入还应设置排水口。

5. 聚合物溶液淬火槽

此槽的结构与淬火水槽相似。工件在此介质中淬火时,易黏附一层薄的聚合物,影响冷却能力。因此此槽应设置搅拌器,但搅拌能力不必太强。

6. 浴态淬火槽

浴态淬火槽是指盐浴淬火槽或铅浴淬火槽,其结构与盐浴炉相似。通常用于分级淬火和等温淬火。

7. 流态化床淬火装置

此淬火装置是以流态化固体粒子为淬火介质。工件在该介质中淬火可产生相当于盐浴淬火的效果。该装置通过控制气流量来调节冷却能力。

8. 气体淬火装置

气体淬火装置有如下几种情况。

(1)在密封容器内气淬,淬火件置于容器中,冷的气体通过喷嘴或叶片而形成高速气流,吹击工件表面,将其冷却。上述的喷雾冷却属此种状态。此装置多应用于大型零件,具有开裂倾向小、变形小和成本低的优点,但工件硬度均匀度较差。

(2)在炉子冷却室内强风气冷,例如,在可控气氛箱式炉的前室内或连续式炉冷却区段内,设置风扇或冷风循环装置,强制冷却工件。

(3)在炉内气冷,例如在真空炉内依靠高压氮气等气体的冷气流冷却工件。

(4)强风直接喷吹工件,将其冷却。

8.3 淬火槽体的设计

8.3.1 淬火槽体的设计内容

(1)根据工件的特性、淬火方法、淬火介质、生产量和生产线的组成情况,确定淬火槽的结构类型。

(2)根据每批淬火件的最大质量、最大淬火件尺寸确定淬火槽的容积。

(3)选择淬火介质在槽内的运动形式,确定供排介质的位置。确定驱动介质运动装置的安装位置。

(4)选择淬火槽的结构材料,考虑材料的抗蚀性和避免应用催化介质变质的材料,铜及其合金有催化油聚合老化的作用。

(5)设置防火,排烟装置。

8.3.2 淬火槽体的结构形式

1.普通型间隙作业淬火槽

普通型淬火槽的主体结构由槽体、介质进液管、排液管及溢流槽组成。根据需要设置介质搅动装置、介质冷却装置或介质冷却循环系统和简单的输送机械。图 8-1 为普通型间隙作业淬火槽。

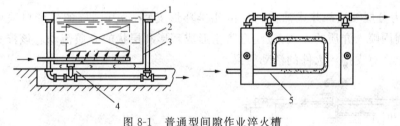

图 8-1 普通型间隙作业淬火槽

1—溢流槽;2—排液管;3—淬火槽;4—事故排出管;5—进液管

(1)槽体形状和尺寸

槽体的形状有长方形、正方形和圆形。槽的体积(溢流槽以下)应能容纳所需的介质、淬火件和夹具。槽子的高度要留有淬火件上下运动的空间,槽底要留有沉积污物的距离。热油容易被空气氧化变质,因此槽的表面不宜过大,但淬火件与槽内壁要留有足够的空间,以便工件淬火时运动。与可控气氛炉连接的淬火槽应密封。

(2)进液管与溢流槽

对无搅拌的淬火槽,进液管和溢流槽的相对位置限定了介质在槽内的运动流线。进液管一般布置在槽的下部,伸到槽内,距槽底 $100 \sim 200$ mm 处,以免搅动沉积在底部的铁屑等污物。进液管管径依流速设计,对水一般取 $v = 0.5 \sim 1.0$ m/s,对油一般取 $v = 1.0 \sim 2.0$ m/s。

溢流槽设在槽体上口边缘,以便槽内上浮的热介质溢流,兼作热介质的出口。溢流槽最好制成环形,以使热介质能在整个槽内均匀上浮。溢流槽的容积应能容纳一批淬火件和夹具。从溢流槽排出的热介质可依靠自重排出,也可由泵抽出,再从槽下部充入。当依靠自重排出时,其管径按流速 $0.2\sim0.3$ m/s 设计。介质液面距槽口距离,通常取 $0.1\sim0.4$ m。

2. 深井式淬火槽

这类淬火槽用于大型轴类工件淬火。图 8-2 为 3.5 m×19 m 深井式淬火油槽。它采用大流量离心泵,流量为 290 m³/h,使油循环流动。

图 8-3 为带导向筒的深井式淬火油槽。导向筒可提高油流经淬火件的速度,但缩小了淬火空间。

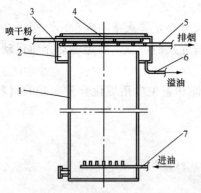

图 8-2 深井式淬火油槽
1—油槽体 3.5 m×19 m;2—溢流槽;3—防火喷干
粉管;4—槽盖;5—排烟管;6—热油自重流出管
$\phi325$ mm;7—进油管 $\phi219$ mm

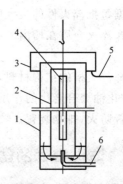

图 8-3 带导向筒的深井式淬火油槽
1—淬火油槽体;2—导向筒;3—溢流槽;
4—工件;5—排油管;6—进油管

图 8-4 为分层喷液深井式油槽。油由几排环形支管,沿其圆周的供油口喷射进入淬火槽,此种沿圆周喷入介质的方式,应注意防止形成环形和层状的介质流动。该淬火槽底装有排液管,槽上设有支撑淬火件的活动横梁。

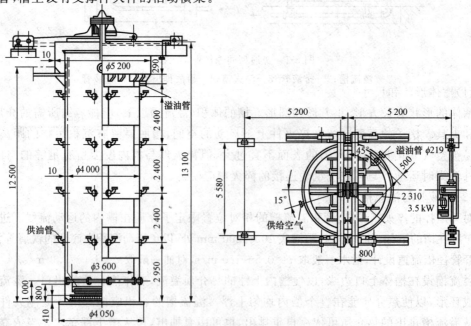

图 8-4 分层喷液深井式油槽

3. 连续作业淬火槽

连续作业淬火槽与间隙作业淬火槽的主要差别在于淬火件是自动落入还是在机械夹持下浸入淬火槽。从工艺角度分析,应注意如下几点:

(1)淬火件淬火后到达输送机时,应保证淬火件表面已基本冷却,不得处于塑性状态,以免工件造成撞击变形。

(2)淬火件在输送机上不得堆积,以保证工件均匀冷却。

(3)淬火件的淬火时间要保证工件完成组织转变。

图 8-5 为连续作业输送带式淬火槽。

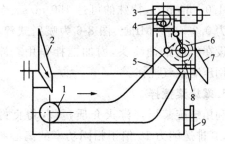

图 8-5 连续作业输送带式淬火槽
1—从动轮;2—淬火工件导槽;3—减速机构;4—偏心轮;5—输送带;6—棘轮;7—料槽;8—主动轮;9—清理孔

8.4 淬火介质搅拌

8.4.1 搅拌的作用

1. 提高淬火烈度

淬火介质从热钢件中吸取热量的能力,可以用淬火烈度(H)来表示,以静止水的 H 值为 1.0,则空气、油、水、盐水的 H 值见表 8-1。

表 8-1	淬火烈度与各种介质流动状态的关系			
流动状态	空气	油	水	盐水
不搅动	0.02	0.25~0.30	0.9~1.0	2.0
轻微搅动	—	0.30~0.35	1.0~1.1	2.0~2.2
中等速度搅动	—	0.35~0.40	1.2~1.3	—
良好搅动	—	0.40~0.50	1.4~1.5	—
强烈搅动	0.05	0.50~0.80	1.6~2.0	—
剧烈搅动	—	0.80~1.10	4.0	5.0

2. 提高淬火介质均匀度

搅拌可以使整个淬火槽的介质形成一个较均匀的温度场和较强烈的介质运动状态,有利于减少工件变形和避免开裂,防止油局部过热,避免火灾,减缓介质老化和提高介质使用寿命。

8.4.2 搅拌的方法

1. 手动搅拌

用人力夹持淬火件在淬火介质中做上下或圆环形或"8"形摆动,可达到 1.1~1.8 m/s 的运动速度,但重现性差。

2. 喷射式搅拌

利用泵输入淬火介质,进行喷射搅拌,搅拌速度可达 4.0~30 m/s,特殊的可达 150 m/s。泵的压力一般为 0.2~0.3 MPa。图 8-6 为喷射式淬火油槽,利用设在槽底的油喷头,增加搅拌作用。淬火介质可使用压缩空气搅拌。

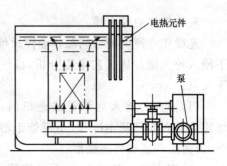

图 8-6　喷射式淬火油槽

3. 螺旋桨搅拌

利用螺旋桨搅拌淬火介质,可获得良好的紊流效果,其排送能力 10 倍于相同功率的离心泵的排送能力。螺旋桨无需管道,容易安装、取出和维修。图 8-7 为螺旋桨搅拌器。

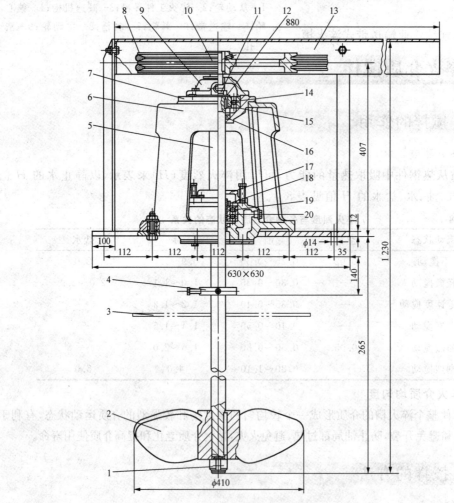

图 8-7　螺旋桨搅拌器

1—左向螺帽;2—叶轮;3—工艺板;4—挡环;5—轴;6—底座;7—轴承座;8—V 形带;
9—上压盖;10—带轮;11—紧固螺母;12—止动垫圈;13—防护罩;14—单列调心球轴承;
15—轴套;16—密封圈;17—下压盖;18—紧固螺母;19—锥套;20—双列调心球轴承

8.4.3 螺旋桨的安装

螺旋桨必须正确安装在淬火槽中方能有良好的效果。螺旋桨安放在淬火槽底部靠近工件淬火区。淬火介质在螺旋桨作用下按螺旋形流动,液流撞击工件或撞击对面槽壁后回流到螺旋桨的根部,液流的循环流动在工件淬火区形成强烈紊流。图 8-8 所示为螺旋桨安装在密封箱式炉的淬火槽底部。

图 8-9 为螺旋桨直接从淬火槽顶部插入安装,将槽底做成圆弧形,起导向液流的作用。这种结构在螺旋桨开动时,会将槽底的污物翻起。

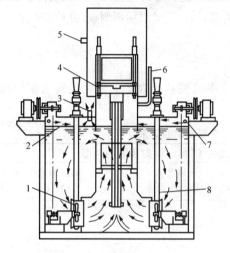

图 8-8 螺旋桨安装在密封箱式炉的淬火槽底部
1—提升装置;2—淬火油液面;3—氮气出口;4—搅拌器;
5—往后室通气的气孔;6—排气道;7—氮气入口;8—加热器

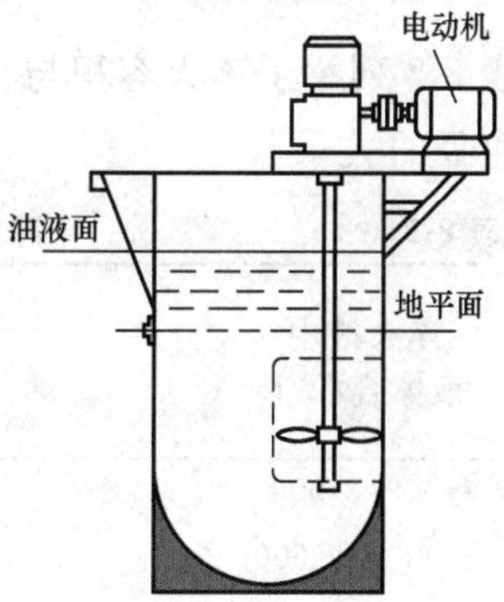

图 8-9 螺旋桨从淬火槽顶部插入安装

图 8-10 为设导向通道的淬火槽,螺旋桨安装在导向管中,可形成最强烈的液流。侧面安装螺旋桨的淬火槽,需设置液流导向板,螺旋桨与导向板的安装位置很重要,其尺寸关系如图 8-11 所示。

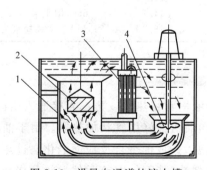

图 8-10 设导向通道的淬火槽
1—导向通道;2—工件;3—冷却器;4—螺旋桨

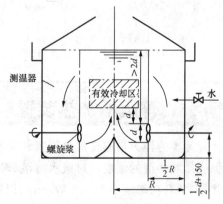

图 8-11 螺旋桨与导向板的安装位置

8.4.4 搅拌的速度

淬火介质搅拌的速度,应有利于使介质形成紊流,雷诺数应达 4 000 以上,但流速过大会增大动力消耗,且易混入空气,一般不宜大于 1 m/s。要使直径 25 mm、温度 900 ℃的工件,在 60 ℃油中经 1 min 冷却到接近油温:对间隙式淬火槽,其油的搅拌量应为槽容积的 2～3 倍;对连续式淬火槽,每小时处理 1 kg 工件的淬火油的搅拌量为 0.002～0.004 m^3。螺旋桨的转速,一般在 100～450 r/min,超过 450 r/min,就可能混入空气。

对 6%MH 聚合物溶液的淬火介质,有试验表明搅拌速度为 0.2～0.5 m/s 时,淬火效果最佳。MH 水溶性淬火介质以高分子聚合物木素磺酸盐为基,加入适量添加剂制成,极易溶于水。

8.4.5 搅拌器的功率

表 8-2 列举了淬火容积与机械搅拌器所需功率的关系。表 8-3 为搅拌器功率与搅拌螺旋桨直径的关系。

表 8-2 淬火容积与机械搅拌器所需功率的关系

淬火槽中液体容积/L	流动速度为 15 m/min 时需要的功率		
	淬火油/($W \cdot L^{-1}$)	水域盐水/($W \cdot L^{-1}$)	MH 聚合物液/($W \cdot L^{-1}$)
190～3 000	0.985	0.788	0.9
3 000～7 600	1.182	0.788	0.95
7 600～11 400	1.182	0.985	1.1
＞11 400	1.382	0.985	1.2

表 8-3 搅拌器功率与搅拌螺旋桨直径的关系

位置	功率/kW	螺旋桨直径/mm	位置	功率/kW	螺旋桨直径/mm
上置式	0.18	203	侧置式	0.74	305
	0.25	254		1.47	356
	0.37	279		2.21	406
	0.55	305		3.68	457
	0.74	330		5.52	508
	1.11	356		7.36	559
	1.47	381		11.04	610
	2.21	406		14.72	660(用于水和盐水)
				18.40	711(用于水和盐水为 660)

8.5 淬火槽加热装置

完善的淬火槽应设加热装置。对水及盐水溶液槽常将热水或蒸汽直接通入槽内加热,但会影响盐液的浓度。对碱水溶液、聚合物溶液和油槽最好用管状加热器。用于油槽的加热器,负荷功率应小于 1.5 W/cm^2,以防油局部过热,造成油聚合反应而老化。过热的油还会在电热元件表面裂解,沉积焦油,影响电热元件散热,甚至使电热元件过热和烧断。对淬火浴槽常在外侧或底部加热。

8.6　淬火介质冷却

8.6.1　淬火介质冷却方法

1.自然冷却

依靠液面散热,其散热能力很差,一般仅
1~3 ℃/h。

2.水套式冷却

水套式冷却是在淬火槽外设冷却水套,
这种方法热交换面积很小,很难达到良好效
果。图 8-12 为带冷却水套的淬火槽。

3.蛇形管冷却

将铜管或钢管盘绕布置在淬火槽内侧,
通入冷却水,冷却淬火介质。此法虽有较大
换热面积,但主要冷却槽四周的介质,槽中央
仍有较大温差,需加强介质的搅拌才能减小
槽内介质的温差。图 8-13 为带蛇形冷却管
的淬火槽。

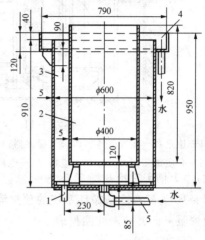

图 8-12　带冷却水套的淬火槽

1—放水孔;2—淬火槽;3—冷却水套;4—冷却水溢
流槽;5—冷却水供入管

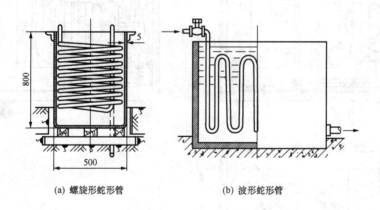

(a) 螺旋形蛇形管　　　　　(b) 波形蛇形管

图 8-13　带蛇形冷却管的淬火槽

4.淬火槽独立配冷却循环系统

一个淬火槽独立配冷却循环系统,结构较紧凑,储油量也较少,有如下几种结构形式。

(1)小型淬火槽自身配冷却器

这种结构是将小型冷却器直接安在淬火槽内的油循环通道中,如图 8-14 所示。

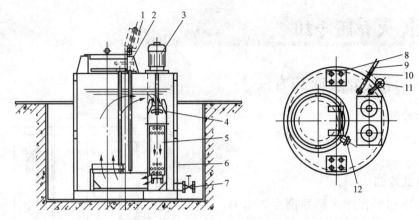

图 8-14　自身带冷却器的淬火槽

1—顶盖;2—蒸发气体出口;3—搅拌器;4—循环通道;5—热交换器;6—槽;7—紧急排放阀;
8—介质加热器;9—冷却水进口;10—电磁阀;11—冷却水出口;12—连接排气扇

(2)淬火槽配设冷却循环系统

图 8-15 为配有冷却循环系统的独立淬火槽。该槽还设有可移动的小车,可为多台小型热处理炉服务。其技术性能见表 8-4。

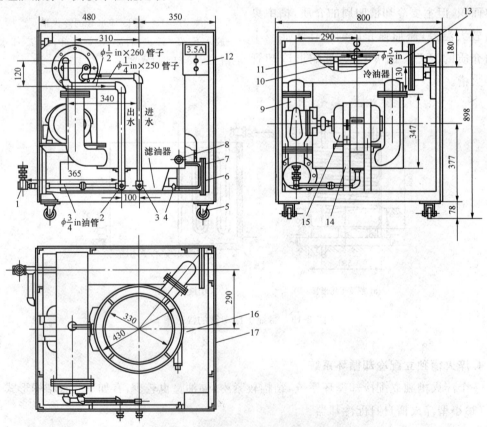

图 8-15　配有冷却循环系统的独立淬火槽

1—放油管阀门;2—出水管接头;3—进水管接头;4—滤油器外壳;5—行轮;6—滤油器盖;7—过滤网;8—管子堵头;9—油泵;10—冷却管夹头;11—冷却管;12—电磁开关;13—油冷器外壳;14—马达架;15—马达;16—淬火槽支架;17—淬火槽

表 8-4　配有冷却系统的独立淬火槽的技术性能

水温/℃		每小时淬火钢件质量/kg	小时换热器/kJ	需水量/(L·min⁻¹)	循环油量/(L·min⁻¹)
进口	出口				
21	32	68	37 980	13.7	17.1
24	35	59	32 916	12.2	17.1
27	38	50	27 852	10.6	17.1
32	40	40	22 788	9.1	17.1

注:淬火槽油温为 66~49 ℃。

（3）热处理炉独立配置冷却循环系统

图 8-16 为与箱式可控气氛炉配套的淬火槽,设在炉子前室的下面,在淬火槽侧面设有独立的油冷却循环系统,如图 8-17 所示。

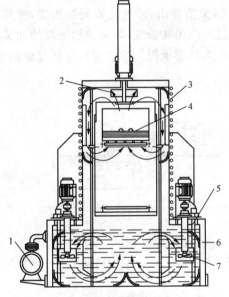

图 8-16　可控气氛密封箱式炉淬火槽

1—外部淬火油冷却系统;2—气氛循环风扇;3—外壳冷却;4—冷却室上部炉料位置;5—加热元件;6—绝热淬火槽;7—带屏蔽的搅拌器

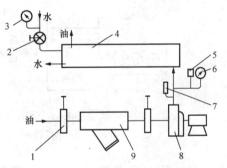

图 8-17　独立的油冷却循环系统

1—闸阀;2—球阀;3—压力表;4—冷却器;5—控制继电器;6—压力表;7—温度控制仪;8—泵;9—过滤器

5. 热处理车间统一设置冷却循环系统

（1）设有集液槽的冷却循环系统

这种系统油的循环流动路线是,热油从溢流槽流入集液槽,油中杂质在集液槽中沉积;油经过滤器,再由液压泵将热油打入换热器,热油被冷却后,进入淬火槽,如图 8-18 所示。

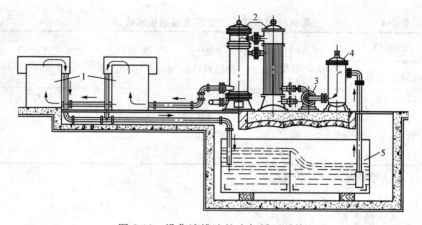

图 8-18　设集液槽油的冷却循环系统

1—淬火器；2—换热器；3—液压泵；4—过滤器；5—集液槽

（2）不设集液槽的冷却循环系统

这种系统油的循环路线是，热油经液压泵从溢流槽抽出，经过滤器到换热器，冷却后的油又回到油槽内。如果要加大油流动速度，可另设一油循环系统，即从油槽上部抽油又从油槽下部打入。这种系统结构紧凑，油的冷却完全由换热器承担。油中的污物从过滤器清除，或沉积在槽底。图 8-19 为该系统油的流程图。

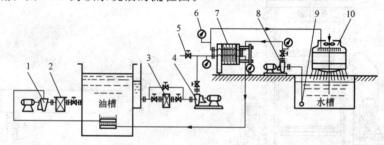

图 8-19　不设集液槽的油冷却循环系统

1、4—液压泵；2、3—过渡器；5—阀门；6—压力表；7—换热器；8—水泵；9—底阀；10—冷却水塔

8.6.2　淬火介质冷却循环系统的组成

1. 集液槽

集液槽通常是由钢板焊成的长方形或圆筒形槽体。集液槽常兼做事故放油槽用，其内部常用隔板隔成两部分或三部分，分别做存液、沉淀和备用。集液槽的容积应大于所服务的全部淬火槽及冷却系统中淬火介质容积的总和。对集油槽一般加大 $30\%\sim40\%$；对集水及水溶液槽，要加大 $20\%\sim30\%$。槽内隔板的高度约为槽高的 3/4。集油槽一般设入油孔和放油孔，以便维修。进油管应插到液面以下，吸油管应插到槽底部，其末端应加过滤网。要有液面标尺和紧急放油阀门。集油槽还应考虑设保温和加热装置。

我国许多老式油冷却循环系统，不设冷却器，把集油槽做得很大，依靠自然冷却。这种结构带来油储量大、油易老化、更换困难、火灾危险性大、占地大和地坑深等问题。

2. 过滤器

过滤器安装在集液槽与泵之间，主要作用是隔离氧化皮、盐渣等污物，保护泵和换热器。常用双筒网式过滤器，工作时一组过滤器投入运行，另一组备用或清理。表 8-5 为 SLQ 系列过滤器的型号及技术规格，它所采用的过滤网孔有 $80\ \mu m$ 和 $120\ \mu m$。这对热处理冷却系统的过滤，过于严格，常造成过早堵塞。可选用 $0.5\ mm \times 0.5\ mm$ 网孔的过滤器。

表 8-5　　　　　　　　　　SLQ 系列过滤器的型号及技术规格

型号	公称通径 D_N/mm	过滤面积/ m^2	外形尺寸/ (mm×mm×mm)	通过能力/ (L·min^{-1})
SLQ-32	32	0.08	397×340×440	130/310
SLQ-40	40	0.21	480×376×515	330/790
SLQ-50	50	0.31	1 023×330×800	485/1 160
SLQ-65	65	0.52	1 087×374×860	820/1 960
SLQ-80	80	0.83	1 204×370×990	1 320/3 100
SLQ-100	100	1.31	1 337×442×1 190	19 990/4 750
SLQ-125	125	2.20	1 955×755×1 270	3 340/8 000
SLQ-150	150	3.30	1 955×755×1 530	5 000/12 000

3. 泵

水及水溶液淬火槽多选用离心水泵，其工作压力一般为 $0.3 \sim 0.6\ MPa$。输送盐水、苛性碱等水溶液则应选用塑料泵和耐蚀泵。油冷却系统常选用齿轮泵和离心油泵。离心油泵的结构与离心水泵相近似。当油的运动黏度 $< 20\ mm^2/s$ 时，离心油泵的性能与离心水泵相近。

泵的性能除流量和扬程外，要注意泵的吸程和允许的安装高度。输送热水、热油的泵有可能发生气蚀现象，使泵不能正常工作，温度越高影响越大。为避免泵发生气蚀，热处理冷却系统的泵一般安装在淬火油槽的下部。

4. 冷却器（换热器）

用于油冷却的冷却器（换热器）有列管式冷却器、板式冷却器、螺旋板式冷却器、复波伞式冷却器和风冷式冷却器；用于水冷却的有塔式冷却器。

（1）板式冷却器

其结构如图 8-20 所示。

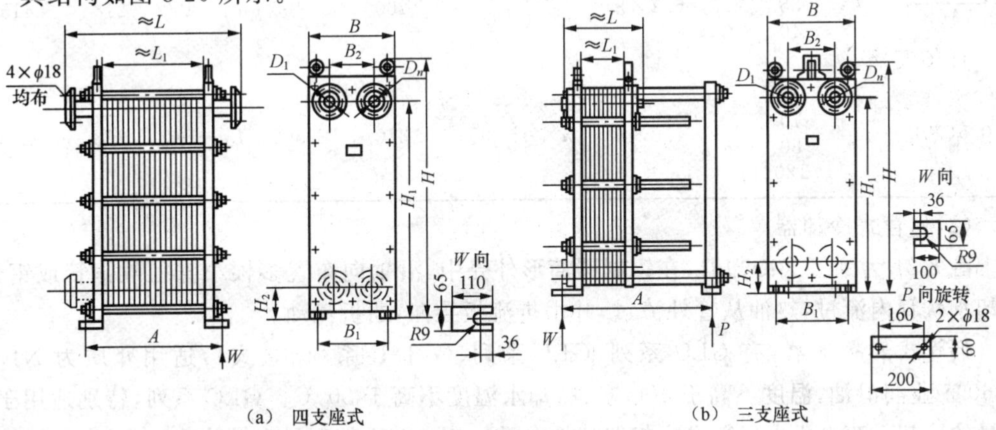

（a）四支座式　　　　　　　　　（b）三支座式

图 8-20　板式冷却器

223

它由若干波纹板交错叠装,隔成等距离的通道。热油和冷却水交错通过相邻通道,经波纹板进行热交换,形成二维传热面交换器,可制成很大的换热面。表 8-6 为板式冷却器的型号和性能。表 8-7 为板式冷却器的结构尺寸。

表 8-6　　　　　　　　　　　　　板式冷却器的型号和性能

型号	公称冷却面积/ m²	油液量/(L·min⁻¹)		水流量/(L·min⁻¹)		进油温度/ ℃	出油温度/ ℃	油压降/ MPa	进水温度/ ℃
		L-AN46 全损耗系统用油	L-AN32 全损耗系统用油	L-AN46 全损耗系统用油	L-AN32 全损耗系统用油				
BRL0.05~1.5	1.5	20	10	16	8				
BRL0.05~2	2	32	16	25	13				
BRL0.05~2.5	2.5	50	25	40	20				
BRL0.1~3	3	80	40	64	32	50	≤42	≤0.1	≤30
BRL0.1~5	5	125	63	100	50				
BRL0.1~7	7	200	100	100	80				
BRL0.1~10	10	250	125	200	100				

表 8-7　　　　　　　　　　　　　板式冷却器的结构尺寸

板片规格	公称冷却面积/ m²	结构尺寸/mm						
		L_1	A	B_1	H_1	L	B_2	H_2
0.05	1.5 2 2.5	3.8×n	L_1+120	165	530	L_2+180	80	74
$\dfrac{0.1}{0.1(×)}$	3 5 7 10	4.9×n	L_1+128 n×7+410	250	636.5	L_1+144	142	88.5
$\dfrac{0.2A}{0.2A(×)}$	13 18 24	6.5×n	L_1+150 n×9+720	335	980 1 062	L_1+312	190	140 222
$\dfrac{0.3A}{0.3A(×)}$	30 35 40	6.2×n	L_1+46 n×10+600	200	1 400	L_1+460	218	415
0.5(×)	60 70 80 120	4.8×n	n×7+805	310	1 563	L_1+500	268	230

(2)列管式冷却器

图 8-21 为列管式冷却器,在钢制圆筒形外壳中,沿轴向布置多根小直径纯铜管或钢管。冷却水从管内流过,热油从管外流过,并由折流板导向,曲折流动。

列管式油冷却器,有 GLC 系列、GLL 系列、GLL-L 系列(立式),适用介质为 N10~N460 工业润滑油,温度不高于 100 ℃,冷却水温度不高于 30 ℃。GLC 系列,特别适用于小流量的冷却。表 8-8 为列管式冷却器特性参数。表 8-9 为其型号和油流量。

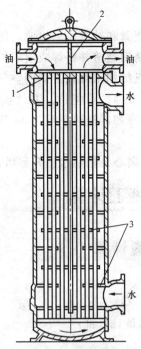

图 8-21 列管式冷却器
1—管板;2—隔板;3—折流隔板

表 8-8 列管式冷却器特性参数

系列	公称压力 /MPa	介质 黏度	进油温度 /℃	进水温度 /℃	压力损失/MPa		油水 流量比	热交换系数 /W·(m²·℃)⁻¹
					油侧	水侧		
GLC	0.63、1、1.6	N68	55±1	≤30	≤0.1	≤0.05	1:1	≥350
GLL	0.63	N68	50±1	≤30	≤0.1	≤0.05	1:1.5	≥320
GLL-L	0.63	N68	50±1	≤30	≤0.1	≤0.05	1:1.5	≥320

表 8-9 列管式冷却器的型号和油流量

型号	流量/(L·min⁻¹)	型号	流量/(L·min⁻¹)
GLC1	0.6~5.1	GLC4	250~650
GLC2	1.8~9	GLL5	625~1 250
GLC3	75~250	GLL6	1 500~2 500
GLC4	230~470	GLL-L5	625~1 250
GLC3	75~150	GLL-L6	1 500~2 500

注:各型号又分有若干小型号,各有具体的油流量。

(3)螺旋板式冷却器

它的结构是由两张相互平行的钢板卷制而成,形成通道,两种介质在各自通道内逆向流动,换热线路长,有较高换热系数。

(4)复波伞式冷却器

它的板片用 1Cr18Ni9Ti 钢板制成,冷却器的换热系数为 348 W/(m²·℃),冷却效果一般,价格较高。

(5)风冷式冷却器

它由换热翅片的管束构成的翅管和轴流风扇组成。用风扇强制通风来冷却在管内流动的油液。翅管可用铝、铜、钢或不锈钢制造并钎焊或滚压扩管连接于集流排。空气靠风扇鼓风或抽风流过翅管。它应用于缺乏冷却水源或者周围空气温度至少比油液温度低6～10 ℃的地方。其优点是,消除了水—油渗漏的可能性。其缺点是,风机噪声较大,要求大扬程的油泵(如齿轮泵),造价较高。这种冷却器换热系数为 46 W/(m² · ℃)。

(6)塔式冷却器

是较大型的水冷却器,它依靠离心泵把热水提升到塔顶,由上部流下经过散热器冷却。

8.7 淬火冷却系统热工计算

8.7.1 淬火介质需要量计算

1.淬火件放出的热量

$$Q = G(C_{s1}t_{s1} - C_{s2}t_{s2}) \tag{8-1}$$

式中　Q——每批淬火件放出的热量,kJ/批;

　　　G——每批淬火件的质量,kg;

　　　t_{s1}, t_{s2}——工件冷却开始和终了的温度,℃;

　　　C_{s1}, C_{s2}——工件冷却开始和终了的比热容,kJ/(kg·℃)。

2.淬火介质需要量

$$V = Q/[\rho \overline{C}_0 (t_{01} - t_{02})] \tag{8-2}$$

式中　V——计算的淬火介质需要量,m³;

　　　$\overline{C}_0$——淬火介质平均比热容,kJ/(kg·℃),对于 20～100 ℃ 的油,$\overline{C}_0 = 1.88 \sim 2.09$ kJ/(kg·℃),对于 10% NaOH,$\overline{C}_0 = 3.52$ kJ/(kg·℃),对于水,$\overline{C}_0 = 4.18$ kJ/(kg·℃);

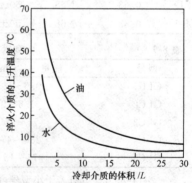

　　　t_{01}, t_{02}——介质终了和开始的温度,℃;

　　　ρ——淬火介质密度,kg/m³,油为 87 kg/m³。

实际选用的介质需要量,对油应加大 10%～25%(质量分数)。图 8-22 为 1 kg 钢材从 850 ℃冷却到 30 ℃时,淬火介质的上升温度与冷却介质的体积的关系。

图 8-22　淬火介质的上升温度与冷却介质的体积的关系

表 8-10 为淬火件质量与水淬火介质体积的关系。表 8-11 为淬火件的质量与油淬火介质体积的关系。

表 8-10		淬火件质量与水淬火介质体积的关系								
淬火介质体积/L	钢材质量/kg									
	淬火温度/℃	10[①]	20[①]	30[①]	40[①]	50[①]	10[②]	20[②]	30[②]	40[②]	50[②]
950		149	298	447	596	745	74	148	222	296	370
900		140	280	420	560	700	70	140	210	280	350
850		133	266	399	532	665	66	132	198	264	330
800		125	250	375	500	625	62	124	186	248	310
750		117	234	351	468	585	58	116	174	232	290

注:①淬火前水温 10 ℃,淬火后水温 20 ℃,$\Delta t = 10$ ℃;

②淬火前水温 10 ℃,淬火后水温 30 ℃,$\Delta t = 20$ ℃。

表 8-11		淬火件质量与油淬火介质体积的关系								
淬火介质体积/L	钢材质量/kg									
	淬火温度/℃	10[①]	20[①]	30[①]	40[①]	50[①]	10[②]	20[②]	30[②]	40[②]	50[②]
1 000		192 (77)	384 (154)	576 (231)	768 (308)	960 (385)	128 (64)	256 (128)	384 (192)	512 (256)	640 (320)
950		182 (73)	364 (146)	546 (219)	728 (292)	910 (365)	122 (61)	244 (122)	366 (183)	488 (244)	610 (305)
900		172 (69)	344 (138)	516 (207)	688 (276)	860 (345)	115 (58)	230 (116)	345 (174)	460 (232)	575 (290)
850		161 (65)	322 (130)	483 (195)	644 (260)	805 (325)	108 (54)	216 (108)	324 (162)	432 (216)	540 (270)
800		151 (61)	302 (162)	453 (183)	604 (244)	755 (305)	101 (51)	202 (102)	303 (153)	404 (204)	505 (255)

注:①淬火前油温为 50 ℃,淬火后油温为 70 ℃,$\Delta t = 20$ ℃;

②淬火前油温为 50 ℃,淬火后油温为 80 ℃,$\Delta t = 30$ ℃。

括号中的数字是最初的油温为 20 ℃(室温)时的值。

8.7.2 冷却器的计算

选择冷却器的主要指标是换热面积和冷却介质循环量。

1. 换热面积计算式

$$A = q/(\alpha_{\Sigma} \Delta t_{\mathrm{m}}) \tag{8-3}$$

式中　A——所需的换热面积,通常以通油一侧为准,m^2;

　　　q——每小时换热量,W;

　　　α_{Σ}——冷却器综合换热系数,$W/(m^2 \cdot ℃)$;

　　　Δt_{m}——热介质与冷却水的平均温差,℃。

(1)换热量

需要冷却器完成的热交换量等于冷却系统总发热量减去冷却系统自然散失的热量。一般取淬火件每小时传给淬火介质的热量。

(2)冷却器综合换热系数

换热系数与冷却器的结构形式、材料、冷却介质黏度、温度及流速等因素有关,工程计算多从冷却器的产品样本中查得。图 8-23 为板式油冷却器的换热系数与油在板片间流速的关系,在图中还表示了油流在冷却器流动过程中的阻力损失 Δp。

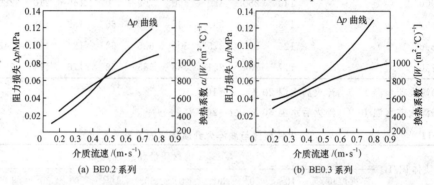

图 8-23　板式油冷却器的换热系数与油在板片间流速的关系

(3)热介质与冷却水的平均温差 Δt_m

通常按下式求出对流平均温差 Δt_m。

$$\Delta t_\mathrm{m} = \frac{(t_{01} - t_{w2}) - (t_{02} - t_{w1})}{\ln\left(\dfrac{t_{01} - t_{w2}}{t_{02} - t_{w1}}\right)} \tag{8-4}$$

式中　t_{01},t_{02}——进、出口热介质温度,℃;

　　　t_{w1},t_{w2}——进、出口水温度,一般地区分别取 18 ℃和 28 ℃;夏季水温较高的地区分别取 28 ℃,34 ℃。

2. 冷却器油流量及水流量

每个冷却器都有其油流量的指标,见表 8-9。对某一型号的冷却器,在该流量和热冷介质的条件下,油每循环一次可降低的温度是定值。例如,进油温度 50 ℃,出油温度为 42 ℃,降温 8 ℃。若该流量的淬火油要降低 40 ℃,则应循环 5 次。这里存在着工艺时间的问题,即工艺上要求间隔多长时间将油降低 40 ℃。因此,冷却器的选择,应根据热处理工艺要求,计算换热面积,同时核对一下冷却器的油流量及降温特性。

冷却水的用量,可通过冷却器内平衡求得。工程应用时,可从冷却器产品样本中直接查出。

3. 板式冷却器流程组合形式

所谓冷却器流程组合形式是指热、冷介质在冷却器中分股和流向的组合。以图 8-24 板式冷却器流程组合为例,该冷却器由 21 片板组成,形成 20 个通道;热、冷介质逆向流动,流程组合形式为(2×3+1×4)/(2×3+1×4),分子表示热介质流程组合形式,分母表示冷介质的组合形式;该组合形式表示 2 组 3 通道加 1 组 4 通道。组数(流程数)是 3,为奇数流程,此流程热介质从固定板上口流入从活动板的下口流出。此流程热介质在板间通道内的流速等于总流量除于 3 个通道的截面积。由此可见,板式冷却器的流程组合形式影响介质在冷却器内的流速和进出口位置。流速影响冷却器的换热系数和流动阻力,设计者必须均衡此两参数,合理确定组合形式。

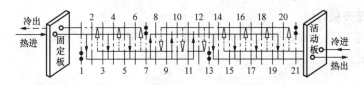

图 8-24　板式冷却器流程组合示例

8.8　淬火槽输送机械

8.8.1　淬火槽输送机械的作用

淬火槽输送机械的作用是实现淬火过程机械化,并为自动控制创造条件,以提高淬火冷却均匀度、淬火过程控制准确性及淬火效果和减小变形和开裂等。

淬火槽输送机械应与淬火工艺方法、淬火介质、淬火件形状、生产批量、作业方式及前后工序的输送机械式相适应。

8.8.2　间隙作业淬火槽提升机械

1. 悬臂式提升机

图 8-25 所示为一种悬臂式气动升降台提升机,由提升气缸通过活塞杆使承接淬火件的托盘上下运动。

2. 提斗式提升机

图 8-26 所示为提斗式提升机,由气缸带动料筐托盘沿导向柱上下运动。

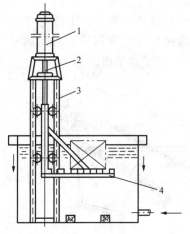

图 8-25　悬臂式气动升降台提升机
1—气缸;2—活塞杆;3—导向架;4—托盘

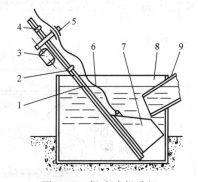

图 8-26　提斗式提升机
1—支架;2、4—限位开关;3—电动机;5—螺母;
6—丝杠;7—料斗;8—淬火槽;9—滑槽

3. 翻斗式缆车提升机

图 8-27 所示为翻斗式缆车提升机,由缆索拉料筐沿倾斜导向架上升,到极限位置翻倒。

4. 吊筐式提升机

图 8-28 所示为吊筐式提升机,由吊车吊着活动料筐,料筐沿导向支架上升到极限位置,倾斜将工件倒出。

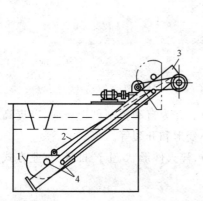

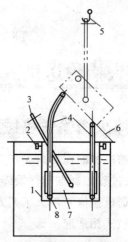

图 8-27　翻斗式缆车提升机

1—料斗;2—缆索;3—导轨;4—滚轮

图 8-28　吊筐式提升机

1—摇筐架;2—摇筐滚轮;3—摇筐吊杆;4—倒料导轨;5—吊车吊钩;6—料筐侧壁活叶;7—活动料筐;8—料筐导向滚轮

8.8.3　连续作业淬火输送机械

1. 输送带式输送机械

图 8-29 所示为输送带式输送机。输送带分为水平和提升两部分。工件主要在水平部分上冷却,然后由提升部分运送出淬火槽。输送带运动速度可以依据淬火时间调节。输送带的倾斜角为 $30°\sim45°$。在输送带上常焊上横向挡板,以防工件下滑。

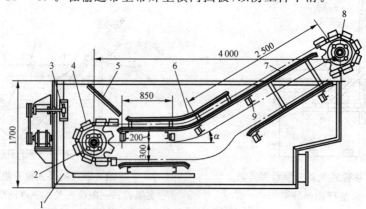

图 8-29　输送带式输送机

1—淬火槽;2—从动链轮;3—搅拌器;4—输送链;5—落料导向板;
6—改向板;7—托板;8—主动链轮;9—横支撑

2. 螺旋滚筒输送机

图 8-30 所示为螺旋滚筒输送机。由涡轮蜗杆带动滚筒旋转,凭借筒内壁上的螺旋叶片向上运送工件。

3. 振动传送垂直提升机

图 8-31 所示为振动传送垂直提升机。由电磁振动器使立式螺旋输送带发生共振,工件则沿螺旋板振动上升。

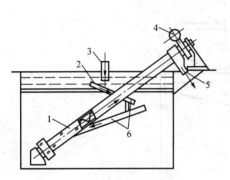

图 8-30 螺旋滚筒输送机

1—内螺旋滚筒;2、6—工件冷却导槽;3—下料口;
4—涡轮蜗杆;5—出料口

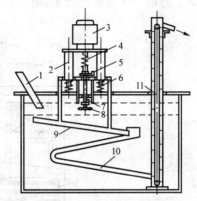

图 8-31 振动传送式提升机

1—淬火工件导槽;2—支柱;3—电动机;4—扭力簧;
5—上偏心块;6—弹簧;7—下偏心块;8—搅拌叶片;
9—振动滑板;10—滚道;11—立式输送带

4. 液流式提升机

图 8-32 所示为液流式提升机。由液压泵向淬火管道喷入淬火介质,高速的淬火介质将落入管道中的工件输送出淬火槽。

5. 磁吸引提升机

图 8-33 所示为配磁吸引提升机的淬火槽,磁吸铁条安在输送带下滑道内部,保护它不受损伤。淬火件通过电动机带动密封在滑道支架内部的磁吸引输送带而被提出淬火槽,在输送带端部通过消磁器进入收集箱中。

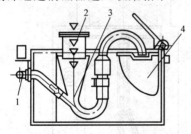

图 8-32 液流式提升机

1—液压泵;2—料斗;3—淬火管道弯管口;
4—储料斗

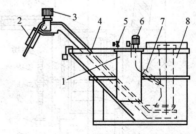

图 8-33 配磁吸引提升机的淬火槽

1—油冷却器;2—消磁器;3—提升电动机;
4—磁吸引输送带;5—恒温器;6—液压泵;
7—喷嘴;8—油槽

该淬火槽设有油喷射装置,将淬火液喷向落料口。在淬火槽旁设油冷却器,有两个恒温控制器,一个是双触点恒温控制器,控制淬火槽加热和冷却;另一个是安全控温器,防止油温过热。

8.8.4 升降、转位式淬火机械

1. 回转托架式升降、转位机

图 8-34 所示为一种回转托架式升降、转位机。由气缸拉动链条装置,使托架沿导向柱上下运动。另设一气缸推动齿条,通过齿轮使导向柱旋转,实现托架转位。

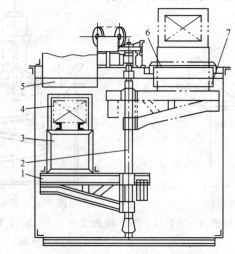

图 8-34 回转托架式升降、转位机

1—托架;2—回转架;3—料台;4—装载工件的料盘;5—升料口;6—水封盖;7—出料口

2. 曲柄连杆式升降、转位机

图 8-35 所示为一种曲柄连杆式升降、转位机。由气缸推动齿条,通过齿轮带动两对连杆机构,使托架升降。

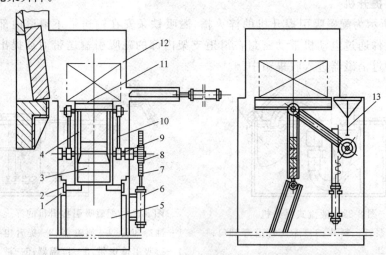

图 8-35 曲柄连杆式升降、转位机

1—导板;2—导轮;3—配重;4—连杆臂;5—淬火槽;6—液压缸;7—齿条;8—齿轮;
9—转轴;10—连杆;11—升降托板;12—淬火槽进出料室;13—限位隔板

3. V 形缆车式升降、转位机

图 8-36 所示为 V 形缆车式升降、转位机。它依靠缆车拖动托架沿倾斜滑道做上下运动,在下位点由另一缆车拖动机械承接工件,实现转位。

4. 转位升降机在推杆式连续渗碳炉中的应用

图 8-37 所示为在推杆式连续渗碳炉中应用的直升降式淬火装置与转位式淬火装置的比较。采用转位式淬火装置可使淬火室的气氛稳定,防止因开炉门时空气侵入引起爆炸,可减少因开炉门造成保护气体的损失。

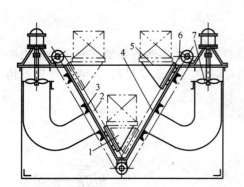

图 8-36　V 形缆车式升降、转位机

1—装载工件的缆车Ⅰ;2、6—链条;3、4—导轨;
5—装载工件的缆车Ⅱ;7—搅拌机

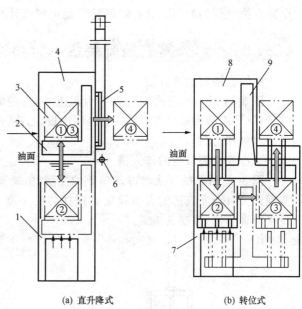

(a) 直升降式　　　　(b) 转位式

图 8-37　直升降式淬火装置与转位式淬火装置的比较

1、7—淬火槽;2—直上下升降机;3—工件;4、8—淬火冷却室;5—炉门;6—火帘;9—转位升降机

注:图中①②③④表示淬火件动作位置的顺序

8.9　冷却过程的控制装置

8.9.1　冷却过程的控制参数

1. 淬火介质成分

淬火介质成分指介质类别、型号、溶液中溶质的成分和含量及使用过程中成分的稳定性。在目前生产状况下,淬火介质成分是事先选择的。选择的主要依据是钢材的特性,即钢材相变特性、导热特性以及淬火件的技术要求。

2. 淬火介质温度

淬火介质温度指温度的设定值及淬火过程中温度的变化值。温度影响介质黏度、流动性、淬火溶液溶质的附着状态,从而影响介质与工件的热交换和冷却速度。介质温度控制主要是对淬火槽容量、流量、介质冷却器和加热器的控制。

3. 淬火介质运动状态

淬火介质运动状态是指介质流动形态,即层流或紊流及介质运动相对于工件的方向。介质运动状态影响淬火介质的烈度和介质在槽内温度均匀度。介质运动状态决定于介质搅动形式、介质流速和运动方向。

4. 淬火过程时间

淬火过程时间不但指总冷却时间,还指通过相变区特性点的冷却时间,即通过钢材 C 曲线最不稳定点和马氏体转变点的时间,以及冷却过程中蒸汽膜阶段、沸腾阶段、对流阶段三个热交换过程的时间。这些时间阶段是由理论计算,并经试验验证的。

8.9.2 淬火槽的控制装置

1. 综合控制的淬火槽

图 8-38 所示的淬火槽采取手动调速装置;控制搅拌器的速度;淬火台淬火中进行上下脉动,脉动次数和幅度在 PC 机的程序内设定;在淬火位置两侧布置喷射管和喷嘴,以控制喷射的时刻和时间。

2. 设液流调节器的淬火槽

图 8-39 所示的淬火槽冷却参数的控制,主要通过控制搅拌器转速和液流通道的阻力来实现淬火时介质流速的自由设定。搅拌器的速度通过频率变换器来控制,在液流导向管内设水流调节器,改变其流量。

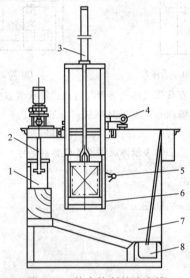

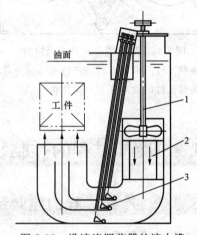

图 8-38　综合控制的淬火槽

1—导流筒;2—搅拌器;3—升降液压缸;4—平移液压缸;5—喷射喷嘴;6—淬火台;7—槽体;8—清渣装置

图 8-39　设液流调节器的淬火槽

1—油搅拌器;2—导向管;3—油调节器

3. 冷却过程控时浸淬系统

控时浸淬系统是在冷却过程中划分时间阶段进行控制的装置。控制的主要手段是控制搅拌强度,使工件在淬火冷却的各个时间阶段获得不同的冷却速度。例如,在淬火初始阶段搅拌速度最大,在接近马氏体转变点时,搅拌速度降到最小。冷却过程的时间和搅拌速度是由计算机控制的。

控时浸淬系统已在生产中应用。图 8-40 为周期式控时浸淬系统装置,在导流管中安装两台转速连续可调的叶轮搅拌器(也可用泵搅拌),搅拌速度用速度计以不同马达频率标定。

图 8-41 为连续式控时浸淬系统装置。此系统的特点是工件在蒸汽膜冷却阶段和沸腾冷却阶段时用上输送带传送工件;上输送带运行时工件的冷却速率由搅拌强度和传送带速度控制;在对流冷却阶段用下输送带传送工件。叶轮搅拌器放置在输送带的出口区域。

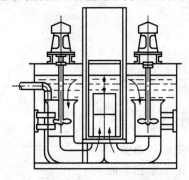

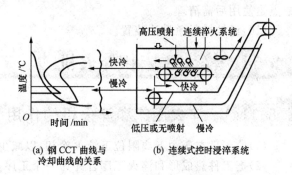

图 8-40　周期式控时浸淬系统装置　　　　图 8-41　连续式控时浸淬系统装置

8.10　淬火油槽防火

8.10.1　油槽发生火灾的原因

(1)油的闪点和着火点过低。

(2)油槽容量不足,油冷却器能力太小,造成油温过高。

(3)油液不流动,或油黏度过大,造成淬火部位局部的油液温度过高,热量不能及时散到周围介质中去。

(4)油中掺有水分,粘着油的水泡上浮到槽表面,水泡爆破时喷射油雾,引起着火。

(5)过热的工件提出油槽或在输送带上着火。

(6)长轴件淬火时,吊车下降速度太慢,热工件将油引燃。

(7)长轴件(特别是中空轴件)淬火时引起喷油而着火。

(8)热油蒸汽从槽盖等处冒出,引起着火。

(9)油泄漏而着火。

8.10.2　预防火灾的措施

(1)合理选用淬火油,油的闪点应高于使用温度 80 ℃以上。

(2)控制油的温度在一个合理的范围,过高易被点燃;过低黏度大,易局部过热。

(3)设置油循环系统,淬火时,液面热油能及时溢出。

(4)经常排除混入油中的水。

(5)长轴件淬火应选用能快速下降的吊车。

(6)油槽设槽盖及排烟装置。

(7)在油槽液面上部设灭火喷管,当油液面着火时,喷射 CO_2,隔绝空气。CO_2 的优点是不污染油,喷完后不需要清理;缺点是其保护作用是短时的,CO_2 散开后即失去作用,需要较大的储存量。对密封淬火槽也可用 CO_2 密封。

（8）喷射干粉，即由高压氮气使碳酸氢钠干粉通过喷管喷出，干粉可覆盖油液表面，隔绝空气，灭火速度快。缺点是干粉对淬火油有所污染。碳酸氢钠干粉储存时需防潮，应加入防潮剂或适量的润滑剂。

（9）车间内设灭火器，喷射灭火泡沫，产生许多耐火泡沫，浮在油液表面后形成隔离层，缺点是使用后需清理。

（10）设油槽紧急排油装置。

8.11　淬火压床和淬火机

8.11.1　淬火压床和淬火机的作用

（1）使工件在压力下或限位下淬火冷却，以减少工件变形和翘曲。

（2）把工件热成形和淬火工序合并为一个工序，以简化工序和节能。

（3）工件在机械夹持下淬火，便于控制冷却参数，即控制介质量、压力、冷却时间等，有利于冷却过程控制。

8.11.2　轴类淬火机

轴类零件淬火机的基本原理是将工件置于旋转中的三个轧辊子之间，在压力下滚动，再喷液冷却；在滚动中使变形的轴类工件得到校直，然后冷却，达到均匀冷却的效果。图 8-42 所示为滚动淬火装置。

图 8-43 所示为锭杆滚淬压力机。其动作过程是将加热后的锭杆，由推料机送入三个旋转着的轧辊之间，轧辊外形与锭杆吻合；锭杆在压力作用下校直，随后淋油冷却淬火。

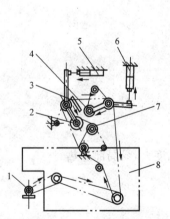

图 8-42　滚动淬火装置

1—电动机；2、4—动轧辊；3—落入工件的滑板；5、6—气缸；7—定轧螺丝；8—液槽

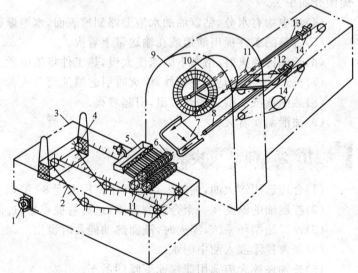

图 8-43　锭杆滚淬压力机

1—电动机；2—运送链；3—油槽；4—料筐；5—淋油槽；6—轧螺丝；7—斜置滑板；8—第二根推杆；9—加热炉；10—加热圈；11—锭杆；12—送料板；13—第一根推杆；14—拨叉

8.11.3　大型环状零件淬火机

这类淬火机是使环状零件在旋转中淬火,均匀冷却,校直变形。图 8-44 为大型轴承套圈淬火机。其主体是一对安放在淬火油槽中的锥形滚杠,它由链条带动,高速旋转。淬火的动作过程是,从加热炉输送带送出的套圈,经出料托板置于升降台上,挂在垂直的链条挂钩上,链条转动,再将套圈送到滚杠上,随滚杠旋转,沿轴向推进,淬火冷却,最后掉在油槽输送带上。

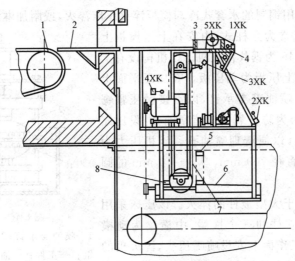

图 8-44　大型轴承套圈淬火机

1—加热炉前输送带;2—出料托板;3、8—挂钩;4—升降台;5—工件;6—锥形滚杠;7—链条

8.11.4　齿轮淬火压床

齿轮淬火压床是在淬火冷却过程中对齿轮间歇地施以脉冲压力,泄压时,淬火件自由变形;加压时,矫正变形;在压力交替作用下,工件淬火变形得到矫正。该压床可由移动的工作台和易装卸的压模组成,主要结构有主机、液压系统、冷却系统和电气控制系统。主机由床身、上压模组成,如图 8-45所示。

上压模由内压环、外压环、中心压杆以及整套连接装置组成。内、外压环和中心压杆可分别独立对零件施压。施压形式依工艺要求有三种选择:

(1)内外压环和中心压杆都为定压。

(2)内外压环和中心压杆都为脉动施压。

(3)内压环、外压环脉动施压,中心压杆定压。

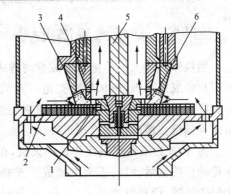

图 8-45　齿轮淬火压床主机结构

1—扩张模;2—下压模工作台;3—外压环;
4—内压环;5—扩张模压杆;6—工件

下压模由底模套圈、支承块、花盘和平面凸轮组成。底模套圈用来调整凹面和凸面。

压床的工作顺序是:工作台前进→上压模下降→滑块锁紧→内、外压环和中心压杆施压→喷油→滑块松开→上压模上升→工作台复位。

应依据产品的特性和要求,正确使用和调节压床,选择施压的组合形式、压力大小、脉动施压频率、上压模下降的速度及冷却时间等参数。调整中心压杆的压力常有较好的效果。

8.11.5 板件淬火压床

薄片弹簧钢板常用铜制的水套式冷却模板淬火压床淬火,或附加淋浴冷却模板和工件。

大钢板的淬火机常为立柱式,由安在上压模板上部的油缸施压。图 8-46 为锯片淬火机。该机构设有上下压板,下压板固定,上压板为动压板。在加压平面上沿同心圆布置 308 个喷油嘴支承钉,以点接触压紧锯片,并喷油冷却锯片。为防止氧化皮堵塞油孔,设压缩空气管路与油路相连,以便清理喷油孔。该机压力为 100 kN,适用于处理直径 700 mm,厚 6～10 mm 的圆锯片。

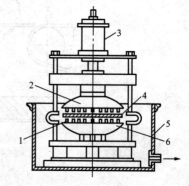

图 8-46 锯片淬火机
1—喷油支承钉;2—上压平板;3—液压缸;4—工件;5—油槽;6—下压平板

有一淬火压床用于大型板件的淬火。该压床采用梁柱式结构,有六支立柱和三个横梁,中横梁为动横梁。在中、下横梁的工作面上安设喷嘴压头,淬火机的压力为 2 000 kN,由四个液压缸同步施压,压力、行程和运动速度可调。压床的动作过程可自动也可手动,工作过程是,工件出热处理炉后直接由辊子输送机送到压床淬火位置,动横梁随即快速下降,当进入压淬工件的区域时,动横梁转为慢速下降,最后停在触及工件的限位处,喷水冷却钢板,定时冷却后,立即将工件输送到回火炉,此压床对大型板件淬火有较理想的效果。

8.11.6 钢板弹簧淬火机

钢板弹簧淬火机是把压力成形与淬火合并为一个工序的淬火机。如图 8-47 所示,其上下压板做成月牙形,压板的夹头由一系列可移动的滑块组成,便于调整板弹簧形状,同时不影响淬火介质通过冷却。此淬火机夹持热工件后,浸入淬火槽中,由液压缸带动摇摆机构,使淬火模板在槽中摇摆冷却工件。

图 8-48 为滚筒式钢板弹簧淬火机,在滚筒旋转过程中,活动横梁受靠模板的控制,经杠杆传动作往复运动,将板簧夹紧成形或松开装料、卸料,完成弯曲和淬火操作。滚筒连续回转时的转数,调整时为 0.4 r/min,工作时为 3.74 r/min。板簧在油中冷却时间约 20 s,淬火机每小时可生产 55～80 组板簧。

现代汽车采用单支变截面弹簧,其生产程序是,把轧制成形和随后淬火工序组成生产线,利用轧制余热进行淬火,淬火也在淬火机中进行。

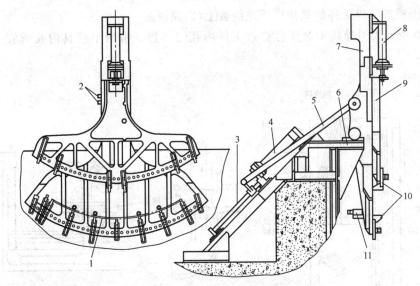

图 8-47　摇摆式钢板弹簧淬火机

1—成形板簧；2—限位开关；3—导杆；4—摇摆液压缸；5—拉杆；6—机座；
7—下夹；8—夹紧液压缸；9—上夹；10—夹具；11—脱料液压缸

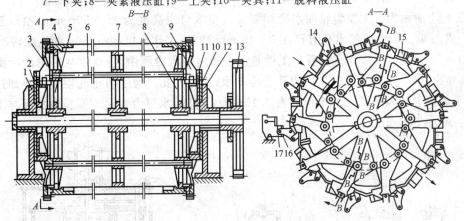

图 8-48　滚筒式钢板弹簧淬火机

1—左支架；2—左鼓轮；3—左杠杆；4—活动槽梁；5—左五边形支架；6—杠杆轴；7—中支
架；8—右五边形支架；9—右杠杆；10—右鼓轮；11—靠模板；12—右支座；13—大齿轮；
14—冲包机构；15—固定槽梁；16、17—靠模板

8.12　喷射式淬火装置

8.12.1　喷液淬火装置

　　将淬火介质直接喷射到工件表面上，这种冷却方法广泛地应用于感应加热和火焰加热的表面淬火，或强化工件局部和孔洞部位的淬火，或小尺寸零件的喷射淬火。

　　图 8-49 所示为将淬火介质喷射到落料通道内冷却工件的装置。冷却油由安在淬火通道下部的喷嘴喷出，冷却放置在通道中的工件，热油上浮，从侧面溢出，经过滤网，再流入热

油槽,再流出槽外。淬火件的氧化皮落在隔板上,以便清除。

图 8-50 所示为引导或喷射介质通过工件内孔的装置。常用于模具内孔或管子内孔的淬火。

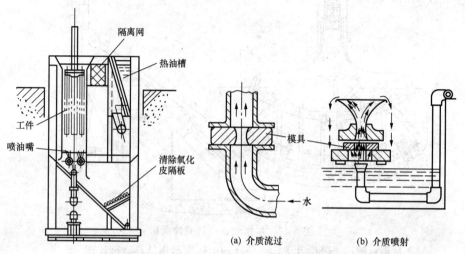

(a) 介质流过　　　　　(b) 介质喷射

图 8-49　淬火介质喷射工件的淬火槽　　　图 8-50　淬火介质喷射模具内孔的装置

图 8-51 所示为一大型齿轮喷水冷却装置。喷水自由高度为 25～500 mm,喷口至冷却部位距离为 6～18 mm,喷水孔直径在 3～15 mm 变动,工作台以 30 r/min 的速度转动。

图 8-52 为轧辊喷液淬火装置。工件悬吊在槽内的激冷圈中,冷却水从环形激冷圈内壁的小孔喷出,同时下导水管向工件内孔通冷却水,冷却内孔。为了防止轧辊辊颈冷却过分剧烈,上下辊颈各加隔热罩。供水压力为 0.15～0.2 MPa,水温为 5～25 ℃。激冷圈与工件的距离为 300～500 mm。

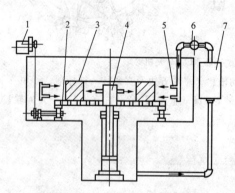

图 8-51　大型齿轮喷水冷却装置
1—传动机构;2—托盘;3—工件;4—喷头;5—可伸缩喷头;6—泵;7—冷却器

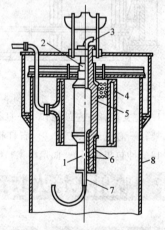

图 8-52　轧辊喷液淬火装置
1—下隔热罩;2—上隔热罩;3—上导水管;4—激冷圈;5—轧辊;6—隔热材料;7—下导水管;8—槽子

图 8-53 所示为带光电控制喷液淬火时间的淬火装置。当灼热的工件放到淬火台上后，其光线就被光敏接受器接收，发生信号给继电器，使管路上的电磁阀开启，开始喷液。当工件冷却，工件光线减弱到一定程度，接受器信号减弱，致使喷液阀关闭。

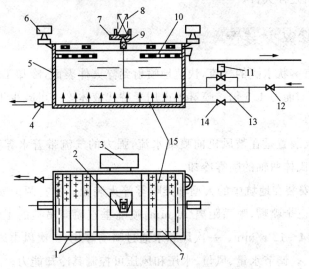

图 8-53　带光电控制喷液淬火时间的淬火装置

1—多孔插板；2—定位板；3—光电继电器(JGH-TA)；4—排水阀；5—淬火水槽；6—接收器；7—淬火台；8—工件(投光器)；9—喷射嘴；10—多孔铝板；11—电磁阀(J011SA-15)；12—进水控制阀；13—旁通阀；14—喷水控制阀；15—环形喷水管

8.12.2　气体淬火装置

气体淬火主要应用于冷速大于静止空气，小于油的淬火场所。淬火室需密封，以防止喷入的空气泄漏和气压损失。其冷却能力随冷却气体的种类、温度和流速而变化，冷却效果还和淬火件表面积与质量比有关。图 8-54 所示为大型汽轮机转子锻件气淬装置。

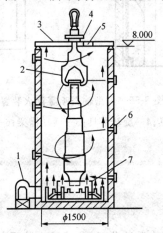

图 8-54　大型汽轮机转子锻件气淬装置

1—鼓风机；2—悬挂吊环；3—悬挂梁；4—转动齿轮；5—放出空气口；6—切向高压空气进口；7—空气屏幕

淬火件放在密封的淬火筒中,在冷却过程中工件连续旋转,冷却空气一部分从安设在筒壁上的六个风口以切线方向喷入,围绕工件旋转冷却,另一部分从底部鼓入,通过布风幕,稳定均匀地自下而上流过淬火件。

8.12.3 喷雾淬火装置

喷雾淬火是含有雾状水滴的气流,快速地喷射到淬火件表面,冷却工件。空气流中添加水滴或雾,可增加冷却能力 4.5 倍。喷雾淬火用于替代液体淬火可减少工件变形,通常应用于大型淬火件。

简单的喷雾淬火装置是在鼓风机前喷细水流,强力的气流带着水雾直接喷吹放在淬火台上的工件,例如贝氏体曲轴的喷雾冷却。

图 8-55 为一个安装在地坑中的大型轴类喷雾淬火装置。左右两个喷雾筒各有 16 个喷口,每个风口中装有三个喷嘴,喷嘴距离 16 mm,喷嘴垂直喷向吊挂的工件。工件由旋转吊具带动转动,转速为 4~12 r/min。一次风和水通过喷嘴雾化,二次风由风口吹出加强雾流,有力地喷射在工件上。调节水量、风量、水压和风压可控制其冷却能力。

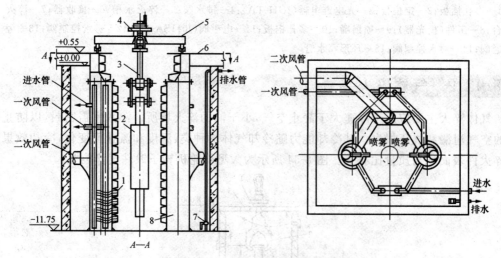

图 8-55 大型轴类喷雾淬火装置

1—喷嘴;2—工件;3—穿孔吊具;4—旋转吊具;5—活动槽梁;6—平台 ;7—排水泵;8—喷雾筒

8.13 冷处理设备

8.13.1 制冷原理

制冷设备的制冷原理是,固态物质液化、气化或液态物质气化,均会吸收熔解潜热或气化潜热,使周围环境降温。制冷机的制冷过程是,将制冷气体压缩形成高压气体,气体升温;该气体通过冷凝器,降低温度,形成高压液体;该液体通过节流阀,膨胀,成为低压液体;低压液体进入蒸发器,吸收周围介质热量,蒸发成气体,蒸发器降温,此蒸发器的空间就成为低温容器。

图 8-56 为单级压缩制冷循环系统。由于压缩机的压缩比不能过大,排气温度不能过高,因而单级压缩制冷受到限制,为获得更低的温度,采用双级压缩制冷,如图 8-57 所示。低压压缩机压缩的气体,经中间冷却后再由高压压缩机压缩,进行第二级制冷循环,将冷冻室深冷。

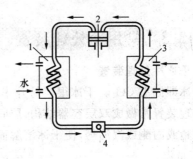

图 8-56 单级压缩制冷循环系统

1—冷凝器;2—压缩机;3—汽化器;4—节流阀

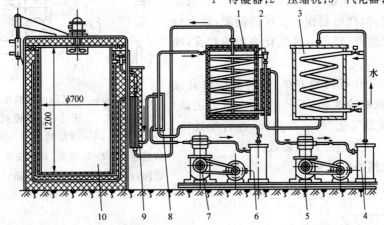

图 8-57 双级冷冻机冷处理装置

1—汽化器;2,9—过冷器;3—冷凝器;4,6—油分离器;5,7—压缩机;8—换热器;10—冷冻室

8.13.2 制冷剂

制冷剂是制冷设备的工质,常用制冷剂的物理性能如表 8-12 所示。

表 8-12 常用制冷剂的物理性能

制冷剂	分子式	20 ℃时密度/(kg·cm^{-3})	液体密度/(kg·cm^{-3})	沸点/℃	凝固点/℃	沸点时蒸发热/(kJ·kg^{-1})	20 ℃时比热容/(kJ·kg^{-1}·K^{-1}) 定压	20 ℃时比热容/(kJ·kg^{-1}·K^{-1}) 定容	沸点时定压比热容/(kJ·kg^{-1}·K^{-1})
氧	O_2	1.429	1 140	−183	−218.98	212.9	0.911	0.652	1.69
氮	N_2	1.252	808	−195	−210.01	199.2	1.05	0.75	2.0
空气		1.293	861	−192		196.46	1.007	0.719	1.98
二氧化碳	CO_2	1.524	—	−78.2	−56.6	561.0	—	—	2.05
氨	NH_3	0.771	682	−33.4	−77.7	1 373.0	2.22	1.67	4.44
F-11	$CFCl_3$	—	—	+23.7	−111.0				
F-12	CF_2Cl_2	5.4	148	−29.8	−155	167			
F-13	CF_3Cl	4.6	—	−81.5	−180				
F-14	CF_4	—	—	−128	−184				
F-21	$CHFCl_2$	—	—	+8.9	−135				
F-22	CHF_2Cl	3.85	141	−40.8	−160	233.8			
F-23	CHF_3	—	—	−90	−163				

8.13.3 常用冷处理装置

1. 干冰冷处理装置

干冰即固态 CO_2。干冰很容易升华,很难长期储存。储存装置应很好密封和保温。干冰冷处理装置常做成双层容器结构,层间填以绝热材料或抽真空。冷处理时,除干冰外还需加入酒精或丙酮或汽油等,使干冰溶解而制冷。改变干冰加入量可调节冷冻液的温度,可达 $-78\ ℃$ 低温。

2. 液氮超冷装置

利用液氮可实现超冷处理,达 $-196\ ℃$。液氮储罐需专门设计,严格制作。普通的储罐,除十分良好的隔热保温外,要留有氮气化逸出的细孔,确保安全。

液氮超冷处理有两种方法,一种是工件直接放入液氮中,此法冷速大,不常用;另一种方法是,在工作室内液氮气化、使工件降温,进行冷处理。图 8-58 所示为液氮超冷处理装置流程。

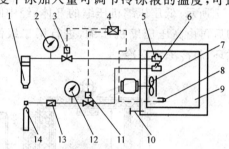

图 8-58　液氮超冷处理装置流程
1—液 N_2;2—气压计;3—电磁阀;4—温控仪;5—N_2 喷口;6—CO_2 喷口;7—风扇;8—温度传感器;9—冷处理室;10—安全开关;11—电磁阀;12—气压计;13—过滤器;14—液态 CO_2

3. 低温冰箱冷处理装置

对 $-18\ ℃$ 的冷处理,可用普通的深冷冰箱进行处理。

4. 低温空气冷处理装置

图 8-59 所示为用空气作制冷剂的制冷装置流程。制冷温度可达 $-107\ ℃$。

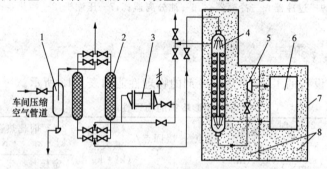

图 8-59　用空气作制冷剂的制冷装置流程
1—油水分离器;2—干燥器;3—电加热器;4—烧管式热交换器;5—透平膨胀机;6—零件处理保温箱;7—冷箱;8—保温材料(珠光砂)

8.13.4 低温低压箱冷处理装置

此种低温箱有较高的真空度和较低的温度。箱体采用内侧隔热,箱内有一铝板或不锈钢板制的工作室。箱内设有轴流式风机和在空气通道中装有加热器,作高温试验工况时用。门框间安有密封垫片,为防冻结,在垫片下设有小功率电热器。图 8-60 为低温低压箱结构。

其容积较小,可达−120～−80 ℃低温。常用低温低压箱技术规格及性能见表8-13。

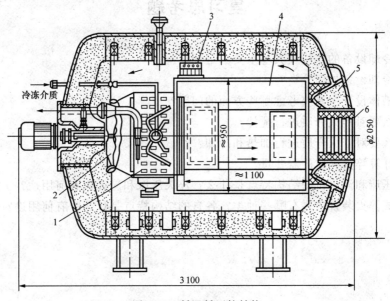

图 8-60　低温低压箱结构
1—冷风器;2—风扇;3—加热器;4—冷冻室;5—门框;6—带观察窗的门

表 8-13　　　　　　　　　　常用低温低压箱技术规格及性能

型号	制冷室尺寸 （长×宽×高）/ (cm×cm×cm)	控制温度 范围/℃	最低 温度/℃	功率/kW	制冷介质	质量/ kg
D60-120	50×40×60	−60～−30±2.5	−60	1.1×2	F-22、F-13	550
D60/0.6	151×80×50	−60±2	−60	4	F-22、F-13	1 000
D60/1.0	110×97.5×97.5	−60±2	−60	4	F-22、F-13	1 200
D02/80	60×70×47.5	−80±2	−80	4	F-22、F-13	—
D-8/0.2	53×53×70	−80±2	−80	4	F-22、F-13	750

8.13.5　冷处理负荷和制冷机制冷量

在制冷室内冷处理的冷负荷由如下三部分组成:

(1)冷处理件降温放出的热量。

(2)由制冷装置外壁传入的热量。

(3)由通风或开门造成外界空气进入工作室带走的热量。

选用的制冷装置的制冷量必须与冷处理的冷负荷平衡,制冷室才能维持冷处理温度。

复习思考题

1. 淬火冷却设备的作用及其基本要求是什么？
2. 淬火冷却设备如何分类？
3. 淬火槽体设计主要应考虑哪些方面的问题？
4. 为什么要对淬火介质进行搅拌？
5. 为什么要对淬火介质进行加热和冷却？
6. 如何计算淬火介质的需要量？
7. 淬火压床和淬火机的结构特点是什么？淬火压床和淬火机有何用途？
8. 喷射式淬火装置主要有哪些种类？各自的结构特点是什么？有何用途？

参考文献

[1]　中国机械工程学会热处理专业分会《热处理手册》编委会.热处理手册[M].北京：机械工业出版社,2001.

[2]　赵振业,潘健生.中国热处理与表层改性技术路线图[M].北京：中国工程院,2013.

[3]　夏立芳.金属热处理工艺学[M].5版.哈尔滨：哈尔滨工业大学出版社,2012.

[4]　王顺兴.金属学热处理原理与工艺[M].哈尔滨：哈尔滨工业大学出版社,2009.

[5]　侯旭明.热处理原理与工艺[M].北京：机械工业出版社,2015.

[6]　王振东,牟俊茂.钢材感应加热快速热处理[M].北京：化学工业出版社,2012.

[7]　马伯龙,杨满.热处理技术图解手册[M].北京：机械工业出版社,2015.

[8]　叶宏.金属热处理原理与工艺[M].北京：化学工业出版社,2011.

[9]　沈庆通,梁文林.现代感应热处理技术[M].北京：机械工业出版社,2008.

[10]　徐祖耀.相变与热处理[M].上海：上海交通大学出版社,2014.

[11]　刘宗昌.材料组织结构转变原理[M].北京：冶金工业出版社,2006.

[12]　叶宏.金属材料与热处理[M].2版.北京：化学工业出版社,2015.

[13]　王书田.金属材料与热处理[M].大连：大连理工大学出版社,2015.

[14]　汪庆华.热处理工程师指南[M].北京：机械工业出版社,2011.

[15]　王晓丽.金属材料与热处理[M].北京：机械工业出版社,2012.

[16]　冯英宇.金属材料及热处理[M].北京：化学工业出版社,2012.

[17]　胡凤翔,于艳丽.工程材料及热处理[M].北京：北京理工大学出版社,2012.

[18]　汪庆华.热处理工程师指南[M].北京：机械工业出版社,2011.

[19]　马永杰.热处理工艺方法600种[M].北京：化学工业出版社,2008.

[20]　吴广河,沈景祥,庄蕾.金属材料与热处理[M].北京：北京理工大学出版社,2012.

[21]　王淑花.热处理设备[M].哈尔滨：哈尔滨工业大学出版社,2011.

[22]　王书田.热处理设备[M].长沙：中南大学出版社,2011.

[23]　齐宝森,李玉婕,王忠诚.复合热处理技术与典型实例[M].北京：化学工业出版社,2015.

[24]　沈庆通,梁文林.现代感应热处理技术[M].北京：机械工业出版社,2008.

[25]　侯旭明.热处理原理与工艺[M].北京：机械工业出版社,2015.

[26]　马伯龙.热处理工艺设计与选择[M].北京:机械工业出版社,2013.

[27]　王英杰,金升.金属材料及热处理[M].北京:机械工业出版社,2006.

[28]　阎承沛.真空热处理工艺与设备设计[M].北京:机械工业出版社,1998.

[29]　王毅坚,索忠源.金属学及热处理[M].北京:化学工业出版社,2014.

[30]　王忠诚.真空热处理技术[M].北京:化学工业出版社,2015.